中国海洋生物多样性丛书

中国
海洋游泳生物

黄宗国　伍汉霖　邵广昭　林　茂等　著

科学出版社

北　京

内 容 简 介

本书介绍了各类游泳生物对游泳生活的适应，头足纲 Cephalopoda、甲壳纲 Crustacea、盲鳗纲 Myxini、七鳃鳗纲 Petromyzontia、软骨鱼纲 Chondrichthyes、辐鳍鱼纲 Actinopterygii、爬行纲 Reptilia 和哺乳纲 Mammalia 等海洋游泳生物的种类和分布，中国海域鱼类的栖息习性，以及中国海域主要游泳生物的集群和洄游特征，并围绕海洋游泳生物的利用，梳理了中国海域游泳生物的调查和研究成果，系统全面地展示了中国海域游泳生物多样性现状。

本书既适于海洋、生物、环境等专业的科研工作者及高校师生参考使用，又是海洋管理、决策部门的重要参考资料，还可供广大海洋爱好者、生态环境保护志愿者阅读。

图书在版编目（CIP）数据

中国海洋游泳生物 / 黄宗国等著 . — 北京：科学出版社，2022.12
（中国海洋生物多样性丛书）
国家出版基金项目
ISBN 978-7-03-073827-1

Ⅰ.①中… Ⅱ.①黄… Ⅲ.①海洋生物－水生动物－研究－中国
Ⅳ.① Q178.53

中国版本图书馆 CIP 数据核字（2022）第 221171 号

责任编辑：王　静　朱　瑾　白　雪 / 责任校对：郑金红
责任印制：赵　博 / 封面设计：无极书装

科 学 出 版 社 出版
北京东黄城根北街 16 号
邮政编码：100717
http://www.sciencep.com

涿州市般润文化传播有限公司印刷
科学出版社发行　各地新华书店经销
*

2022 年 12 月第 一 版　开本：889×1194　1/16
2025 年 2 月第二次印刷　印张：22 1/4
字数：720 000
定价：398.00 元
（如有印装质量问题，我社负责调换）

"中国海洋生物多样性丛书"编委会

主 编　黄宗国　林　茂　王春光

编 委（按姓氏笔画排序）

<table>
<tr><td>王文卿</td><td>王春光</td><td>伍汉霖</td><td>许振祖</td><td>孙　军</td><td>李少菁</td></tr>
<tr><td>李荣冠</td><td>李新正</td><td>连光山</td><td>吴仲庆</td><td>邹景忠</td><td>宋微波</td></tr>
<tr><td>张崑雄</td><td>陈济生</td><td>邵广昭</td><td>林　茂</td><td>林昭进</td><td>郑元甲</td></tr>
<tr><td>单锦城</td><td>徐奎栋</td><td>郭玉清</td><td>黄　勇</td><td>黄　晖</td><td>黄小平</td></tr>
<tr><td>黄宗国</td><td>焦念志</td><td>雷霁霖</td><td>Gray A. Williams</td><td></td><td></td></tr>
</table>

丛 书 序

海洋孕育了丰富多样的生命，是地球的重要组成部分。海洋生物多样性极其丰富，贡献了全球约50%的净初级生产力，产生了全球生态系统约三分之二的服务价值，是人类赖以生存的基础。中国海域范围广大，空间的异质性和生境的多样性为不同种类海洋生物共存创造了有利条件。截至2013年，中国海域已记录的海洋生物种数位居全球前三位，蕴藏着有巨大科学研究价值和开发利用价值的自然资源。

自然资源部第三海洋研究所黄宗国和林茂两位研究员，在2012年组织全国112位海洋专家学者，编撰完成了"中国海洋物种和图集"系列专著10册。这次又组织我国相关机构的近百位海洋专家学者，以世界海洋生物的研究作为背景材料，基于中国有资料记录的海洋生物调查研究成果，完成了"中国海洋生物多样性丛书"。丛书分为7个分册：《中国海洋生物多样性概论》《中国海洋生物多样性保护》《中国海洋生物遗传多样性》《中国海洋浮游生物》《中国海洋游泳生物》《中国海洋底栖生物》《中国珊瑚礁、红树林和海草场》。丛书涉及物种全面，内容系统完整，是目前国内首部集大成的海洋生物多样性丛书。

围绕着生物多样性及其相关属性，该丛书更新了中国已知海洋物种的"家底"，首次系统地阐述了我国海洋生物各层次和组分的多样性，内容集中反映了近年来我国海洋生物多样性的研究成果和最新进展，成果拓宽和加深了对我国海洋生物多样性的系统认知，具有重要的理论学术价值和广泛的应用价值。丛书的出版将推动我国海洋生物多样性保护和研究，进而推动海洋生物开发利用的进步与发展，对国家生态文明建设具有非常重要的价值和意义。丛书将成为一系列集成我国海洋生物多样性研究成果的科学典籍。

　　该丛书的出版是我国海洋生物多样性领域取得的一项前瞻性成果，将在国际上提升我国生物多样性研究、保护和开发利用的话语权，对支撑学科发展、促进经济社会发展和科技进步具有至关重要的作用。

唐启升

中国工程院院士

中国水产科学研究院黄海水产研究所研究员

2021 年 8 月 11 日

丛书前言

海洋是生命的诞生之地，孕育着丰富的海洋生物，生物多样性非常珍贵，在人类文明的演进中扮演着重要的角色。20世纪50年代末以来，随着深海生物群落陆续被发现，人类更加确信海洋可能有比我们料想还丰富的生物多样性。对海洋生物的调查不得不提到为期10年的"海洋生物普查计划"，该计划调查了全球海洋生物多样性、分布和丰度等，推动了人类探知海洋生物研究。近年来，随着沿海地区经济的不断发展，资源开发与环境保护之间的矛盾日益凸显，海洋生态系统面临威胁。生态兴则文明兴，生态衰则文明衰，经济发展不能以牺牲生态环境为代价。

生物多样性保护是生态文明建设的重要组成部分。2021年中国主办了《生物多样性公约》第十五次缔约方大会，大会聚焦全球生物多样性的热点，体现了生物多样性在全球的受关注度。全面提升生态文明建设是建设人与自然和谐共生的美丽中国的重要组成部分。海洋生物多样性是指示海洋生态环境的"晴雨表"。近年来，我国对海洋生态保护越来越重视，与海洋生物多样性保护和恢复相关的重大项目纷纷付诸实施，并取得了很多成果。

本研究团队多年来一直从事海洋生物多样性方向的研究，此次组织我国相关领域的专家学者，完成了"中国海洋生物多样性丛书"（以下简称"本丛书"）的7个分册：《中国海洋生物多样性概论》《中国海洋生物多样性保护》《中国海洋生物遗传多样性》《中国海洋浮游生物》《中国海洋游泳生物》《中国海洋底栖生物》《中国珊瑚礁、红树林和海草场》。

本丛书是全面反映中国海域生物多样性的一套丛书，也是涉及物种非常全面的一套丛书。书中内容侧重于中国海域生物编目和形态，通过彩色图集的展示和文字上的进一步论述，全面反映了我国海洋生物多样性现状。本丛书以世界海洋生物的研究作为背景材料，以物种多样性、遗传多样性、生态系统多样性为主线，以中国海域水体中的浮游生物、游泳生物及底栖生物为主要内容，首次收录我国香港和台湾地区特有的海洋生物，同时专论了珊瑚礁、红树林和海草场生态系统，系统总结和归纳了近年来海洋生物研究的成果和资料。

《中国海洋生物多样性概论》分册介绍了中国海域生物多样性的总体情况，主要论述了中国海域生态系统的生境多样性、生物群落和生态过程的多样性，并梳理了海洋生物多样性的遗传学基础及遗传多样性保护、中国海域水层生态系统多样性、中国海域底栖生物多样性和中国珊瑚礁生态系统多样性，分析了中国各个海区游泳生物的种数及分布等。

《中国海洋生物多样性保护》分册以生物分类概述为基础，归纳了中国海域生物的多样性与保护物种、渔业生物资源现状与渔业物种增殖保护的总体情况及研究进展。目前中国海域已记录的海洋生物达 29 100余种，其中被列为国家重点保护的野生海洋动物有 560 种，野生海洋植物有 9 种，为中国海域生物多样性研究和保护提供了可引证的数据资料。

《中国海洋生物遗传多样性》分册以海洋生物多样性的遗传学为基础，集中论述了遗传多样性的研究方法及其应用：基于形态学标记的外部形态和表型性状，基于细胞学标记的染色体数目、核型、染色体带型，基于生化标记的同工酶、等位酶和蛋白质，基于分子标记的基因组序列的多样性特征；分析了中国海域生物多样性现状；梳理了中国海域植物界和动物界生物在 GenBank 的登录物种和每种的登录号。中国海域动物界记录的纽形动物门、动吻动物门、腹毛动物门、线虫动物门、棘头虫动物门、轮虫动物门、曳鳃动物门、半索动物门在 GenBank 的登录物种中尚不完善。

《中国海洋浮游生物》分册收集了记录于中国海域的浮游生物种类，汇总了中国海域浮游生物种类名录。这一分册总论综述了中国海域浮游生物的调查和研究史、分类和多样性，分论按习用的浮游生物学概念体系，将浮游生物研究对象分为蓝藻类、硅藻类、甲藻类、金藻类、黄藻类、定鞭藻类、隐藻类、裸藻类、单细胞绿藻类、水母类、栉水母类、多毛类、异足类、翼足类、枝角类、介形类、桡足类、端足类、糠虾类、磷虾类、十足类、毛颚类和被囊类，对其种类组成和常见种形态特征进行描述。

《中国海洋游泳生物》分册介绍了各类游泳生物对游泳生活的适应，中国海域头足纲、甲壳纲、盲鳗纲、七鳃鳗纲、软骨鱼纲、辐鳍鱼纲、爬行纲和哺乳纲等的种类和分布，中国海域鱼类的栖息习性，以及中国海域主要游泳生物的集群和洄游特征，梳理了中国海域游泳生物的调查和研究成果，系统全面地展示了中国海域游泳生物多样性现状。

《中国海洋底栖生物》分册论述了中国海域大型底栖生物和小型底栖生物多样性现状。中国海域大型底栖生物部分梳理了中国海域大型底栖生物的调查研究历史、种类组成和常见种，以及中国海域潮间带、沿岸浅海、陆架、深海大型底栖生物的分布。中国海域小型底栖生物部分梳理了中国海域小型底栖生物的研究概述、种类组成和常见类群的形态特征，以及渤海、黄海、东海和南海小型底栖生物的类群组成、数量分布、群落结构与多样性。

《中国珊瑚礁、红树林和海草场》分册介绍了珊瑚礁、红树林和海草场三个典型生态系统，论述了全球海草和真红树植物的种类组合与地理分布特征，并提出了海草和真红树植物分类系统。这一分册结合我国学者的研究成果，尤其是物种鉴定中的新定种、修订种、同种异名和异种同名等信息，特别梳理了中国珊瑚礁、红树林和海草场的分布，分析了栖息于其中的生物群落的多样性，旨在使读者对中国珊瑚礁、红树林和海草场生态系统的生物多样性有较为全面而系统的了解和认识。

本丛书凝聚了海洋生物学各研究方向专家学者的心血，丛书编委会成员多年来持续梳理历史资料和各项科学研究成果，结合最新进展，将其精心编排成稿。同时丛书编委会也聘请了各相关领域的专家负责审稿工作，各位专家高度负责，认真，提出多项宝贵意见和修改建议，保证了丛书内容的准确性和权威性。本丛书的撰写和出版适时且及时，顺应当前国家生态文明建设和美丽中国建设的需要，能够为从事海洋生物学等相关科学研究的科研工作者和学生提供重要参考和学习资料，也可为科研管理部门和政府部门制定海洋生态环境保护决策提供科学数据和支撑。本丛书的出版,将有利于今后进一步针对海洋生物多样性开展更加深入的调查和研究,对海洋生物多样性保护和恢复有着重要作用。丛书内容具有广泛的应用价值,丛书出版后可作为海洋生物学、生态学、环境科学等相关领域研究人员常备案头的宝典书。

在本丛书编撰和出版过程中,我们得到了专家和同仁的大力帮助,在出版之际唐启升院士为本丛书作序,在此一并表示感谢。本丛书的出版还得到了国家出版基金的资助,在此向国家出版基金规划管理办公室致以崇高的敬意。对科学出版社编辑们严谨细致的工作态度,作者在此表以敬意。受著者能力及学术水平所限,本丛书的不足之处在所难免,恳请广大读者批评指正。

中国海洋生物多样性丛书

主编

2021 年 8 月 2 日

前　言

　　海洋游泳生物资源是与人类关系最为密切的海洋生物资源，因为海洋游泳生物资源寓于海洋游泳生物多样性之中，所以如何可持续利用这一自然赋予人类的财富，首先得从认识和认知海洋游泳生物的多样性开始。同时，海洋游泳生物是与人类关系最为密切的海洋生态类群，中国海域游泳生物多样性研究也得到了蓬勃发展。随着对海洋游泳生物多样性认识的不断深入，著者深感需要进一步加强中国海域游泳生物多样性研究的系统性，将中国海域游泳生物多样性成果梳理编研成册，以期对中国海域游泳生物多样性有更全面和系统的认识。

　　本书的撰写团队由来自自然资源部第三海洋研究所、上海海洋大学、台湾生物多样性研究中心、中国水产科学研究院东海水产研究所、厦门大学、中国科学院海洋研究所等研究单位的专家组成，将中国海域游泳生物多样性的调查和研究成果整理、整合成册。本书围绕海洋游泳生物的多样性，对头足纲 Cephalopoda、甲壳纲 Crustacea、盲鳗纲 Myxini、七鳃鳗纲 Petromyzontia、软骨鱼纲 Chondrichthyes、辐鳍鱼纲 Actinopterygii、爬行纲 Reptilia 和哺乳纲 Mammalia 等海洋游泳生物的种类组成、分布，以及中国海域鱼类的栖息习性和区系特征做了全面扼要的论述；围绕海洋游泳生物资源的多样性，详细叙述了日本鳗鲡 *Anguilla japonica*、鳓 *Ilisha elongata*、黄泽小沙丁鱼 *Sardinella lemuru*、日本鲭 *Scomber japonicus*、蓝点马鲛 *Scomberomorus niphonius*、海鳗 *Muraenesox cinereus*、多鳞鱚 *Sillago sihama*、北鲳 *Pampus punctatissimus*、大黄鱼 *Larimichthys crocea*、小黄鱼 *Larimichthys polyacti*、叫姑鱼 *Johnius grypotus*、真

鲷 *Pagrus major*、二长棘犁齿鲷 *Evynnis cardinalis*、日本带鱼 *Trichiurus japonicus* 等 42 种中国海域主要经济鱼类，中国明对虾 *Fenneropenaeus chinensis*、管鞭虾 *Solenocera* spp.、新对虾 *Metapenaeus* spp.、仿对虾 *Parapenaeopsis* spp. 等中国海域主要经济虾类，剑尖枪乌贼 *Uroteuthis edulis*、中国枪乌贼 *Uroteuthis chinensis*、日本枪乌贼 *Loliolus japonica*、太平洋褶柔鱼 *Todarodes pacific*、日本无针乌贼 *Sepiella japonica* 等中国海域主要经济头足类，绿海龟 *Chelonia mydas*、棱皮龟 *Dermochelys coriacea* 等中国海域爬行类，以及灰鲸 *Eschrichtius robustus*、大翅鲸 *Megaptera novaeangliae*、瓶鼻海豚 *Tursiops truncatus*、中华白海豚 *Sousa chinensis*、斑海豹 *Phoca largha* 等 11 种中国海域哺乳类的集群和洄游特征；围绕海洋游泳生物的利用，论述了全球和中国海域的主要捕捞种类及捕捞产量。

本书的创新在于，使读者从中国海域的视域，系统全面地了解中国海域游泳生物多样性，可为海洋生物资源的保护和具有实际或潜在价值的海洋游泳生物资源开发提供科学依据。限于著者的水平，不足之处在所难免，敬请读者批评指正。

著　者
2022 年 1 月

目 录

第一章

游泳生物

第一节　海洋空间和三大生态类型

一、海洋水体三个梯度

全球海洋面积 $3.62 \times 10^8 \text{km}^2$，约占地球面积的 71%。平均深度为 3800m，最大深处超过 10 000m。水体总体积达 $1.37 \times 10^9 \text{km}^3$，比陆地和淡水有生命存在的空间大 300 倍（沈国英等，2010）。

海洋的三大环境梯度对海洋生物的生活、生产力和时空分布都有重要影响。这三大环境梯度如下。

（1）纬度梯度：从赤道向两极太阳辐射强度逐渐减弱，季节差异逐渐增大，不同纬度每日光照持续时间不同，从而直接影响光合作用的季节差异和不同纬度海区的温跃层模式。温度影响物种的分布及其生长、发育，也决定物种的适温度属性（冷水种和暖水种）。

（2）深度梯度：从海面到海底的深度梯度主要是由光照只能透入海水表层，其下方只有微弱的光或是无光造成的。同时，温度也有明显的垂直变化，表层因太阳辐射而温度较高，底层温度很低且较恒定。压力也随深度的增加而不断增大（水深每增加 10m，增加一个大气压）。有机食物在深层稀少，靠光合作用的自养生物只分布在海水表层（水深 200m 是大致的光补偿点）。

（3）水平梯度：从沿岸向外延伸到近海、大洋的水平梯度，主要涉及深度、营养盐和海水混合作用的变化，也包括其他环境因素（如温度、盐度）的波动，呈现从沿岸向外洋减小的变化。

二、海洋空间的两大部分

海洋空间包括水体和海底两大部分。它们各自又可分成不同的环境区域（图 1-1）。

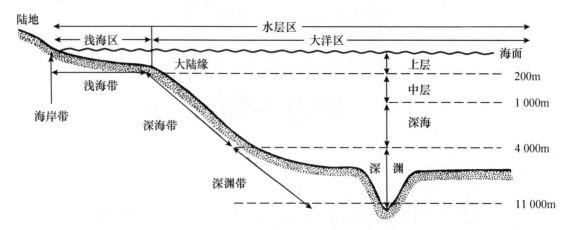

图 1-1　海洋空间主要分区示意图（仿 Tait，1980；沈国英等，2010）

（一）水体

水体在水平方向上分为浅海区和大洋区。

（1）浅海区：大陆架上的水体，平均水深一般不超过 200m，宽度变化极大，平均约为 80km。本区由于受大陆影响，水文情况、化学成分、沉积物比较复杂多变。生物物种多、数量大。

（2）大洋区：大陆坡以外的水体，是海洋的主体，其水文、化学条件较浅海区恒定。大洋水体按垂直方向可被分为如下 4 层。

上层：从海面至 150~200m 深的水层。该层阳光照射强，但光照强度随深度增加而呈指数式下降。多数海区温度存在季节差异和温跃层。

中层：从上层下限至 800~1000m 深的水层。该层光线极为微弱或几乎没有光线透入，温度梯度不明显，且没有明显的季节变化。由于不能进行有效的光合作用，加之上方下沉的有机物不断分解，所以该层常出现氧气含量最小值和硝酸盐、磷酸盐含量最大值。

深海：1000~4000m 深水层。该层除了生物发光以外，几乎是黑暗的环境，水温低而恒定，水压力大。

深渊：超过 4000m 的深海区和海沟。这里既黑暗，又寒冷，压力最大，食物最少。

（二）海底

从海岸至大洋深渊的海底大致分为如下 5 个带。

潮间带　潮水涨落之间的地带，包括高潮时浪花可溅到的岸线。潮间带是陆地和海洋之间狭窄的过渡地带，随涨潮和退潮周期性浸没和露出。

潮下带　低潮线以下 10~20m 深的海底。

大陆架　潮下带往外至水深 200m 的海域，地形较为平缓，坡度小。

大洋底　大陆坡以外的洋底，其中深海平原是大洋底的主体。大洋底还有洋中脊和深海沟（沈国英等，2010）。

海岸带　1980 年开始的"全国海岸带和海涂资源综合调查"把海岸带定义为：海岸带系指自海岸线向陆地扩展到 10km，向海扩展到 15~20m 等深线这一狭长地带（全国海岸带和海涂资源综合调查成果编委会，1991）。

1975 年生效的《关于特别是作为水禽栖息地的国际重要湿地公约》规定：潮间带在低潮时水深不超过 6m 的水域为海洋湿地。

三、海洋生物三大生态类型

海洋生物根据其生活方式和生境，可被分为浮游生物、游泳生物和底栖生物三大生态类型。前两者是水体（水层）生物，后者是海底生物。

浮游生物　被动地漂浮在水体中的生物。缺乏或没有发达的运动器官，运动能力弱或完全没有运动能力，只能随水流移动，具有多种多样适应浮游生活的结构，多数个体小。

游泳生物　生活于水层中，能克服水流阻力自由游动的生物。具发达的运动器官和适于游泳的体型，包括鱼类、头足类、哺乳类、爬行类和甲壳类。许多游泳生物有定向的周期性洄游，包括产卵洄游、索饵洄游和越冬洄游。游泳生物个体大，是海洋捕捞的主要对象。

底栖生物　生活于海底表面和沉积物中的植物、动物和微生物。海底生境比水体复杂多样，因此底栖生物是一个很大的生态类群，其物种组成和数量、生活方式都比前两个类型复杂多样。

三大生态类型中的一些物种，同时属于游泳和底栖 2 个生态类型。有些物种的生活史中幼虫和幼体阶段营浮游生活，成体营游泳或底栖生活。还有些物种营寄生生活。浮游幼虫在《中国海洋浮游生物》一书中论述。本书游泳生物所指的是成体，寄生种计入底栖种。

第二节　游泳生物对游泳生活的适应

游泳生物的体型、运动器官及内脏和生理方面都体现出与游泳生活相适应的特点，分述如下。

一、鱼

鱼的体型与其运动状态和速度紧密相关，游泳鱼类的体型大致有纺锤型、侧扁型和圆筒型，底栖鱼类的体型为平扁型。除这些基本体型外，还有一些特殊体型，如马头状的海马（*Hippocampus*），球状的多纪鲀（*Takifugu*）、刺鲀（*Diodon*），箱型的箱鲀（*Ostracion*）及翻车鲀（*Mola mola*）等。

纺锤型（鱼雷型）：这种体型可大大降低水的阻力，这类鱼是游泳速度最快的大洋性鱼类。这类鱼不停地游动，包括进食、繁衍和"休息"都在运动中进行，其身体的形态、功能都有益于加强游泳能力。这类鱼身体表面无鳞、光滑，皮肤能分泌黏液，鳔无或退化，具红色和白色两种肌肉。例如，鲭科（Scombridae）都是大洋中上层鱼类，其背鳍和臀鳍后方尾柄上、下都有数个小鳍，有助于克服水的阻力。金枪鱼（*Thunnus* spp.）、马鲛（*Scomberomorus* spp.）、鲭（*Scomber* spp.）、鲣（*Katsuwonus* spp.）、舵鲣（*Auxis* spp.）和鲔（*Euthynnus* spp.）在中国海域都很常见。软骨鱼纲的真鲨科（Carcharhinidae）分布在中国海域的 26 个种也都是长纺锤型、大洋性、游泳迅速的物种，如镰状真鲨（*Carcharhinus falciformis*）、沙拉真鲨（*C. sorrah*）都是常见种（图 1-2）。

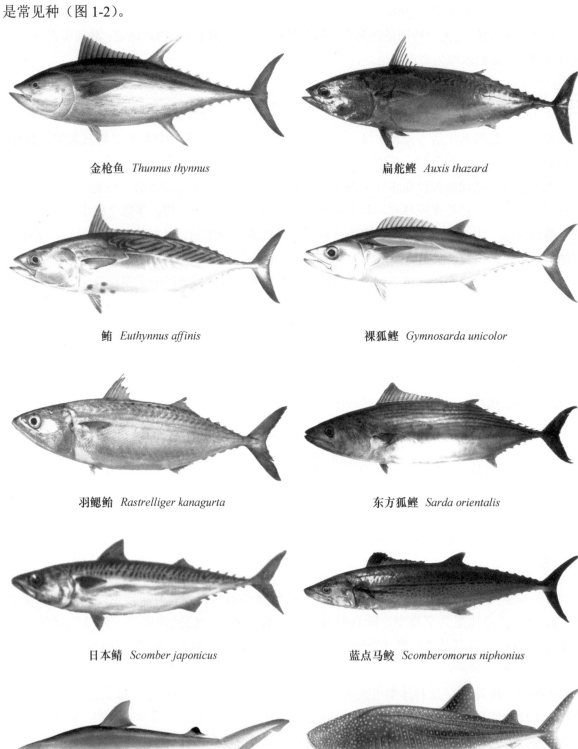

金枪鱼 *Thunnus thynnus*　　　　　　　　扁舵鲣 *Auxis thazard*

鲔 *Euthynnus affinis*　　　　　　　　裸狐鲣 *Gymnosarda unicolor*

羽鳃鲐 *Rastrelliger kanagurta*　　　　　　东方狐鲣 *Sarda orientalis*

日本鲭 *Scomber japonicus*　　　　　　蓝点马鲛 *Scomberomorus niphonius*

镰状真鲨 *Carcharhinus falciformis*　　　　　鲸鲨 *Rhincodon typus*

图 1-2　中国海洋纺锤型鱼类

　　侧扁型：内湾和近海中、上层许多鱼身体都呈侧扁型，多数有鳞片，并且体表有黏液、侧线、臀鳍。具有用于运动和平衡的背鳍、尾鳍、臀鳍和成对的胸鳍及腹鳍。与纺锤型的大洋性鱼相比，侧扁型鱼类有上、下垂直移动的习性。有些栖息于中、下水层，甚至接近海底，游泳速度不那么快。侧扁型鱼类体型变化比较大，生境也比较多样，物种多样性大，如有鲱形目的鳓（*Ilisha* spp.），以及鳀科（Engraulidae）、鲱科（Clupeidae）、天竺鲷科（Apogonidae）、鲷科（Sparidae）和石首鱼科（Sciaenidae）等的全部或大部分种（图 1-3）。侧扁型鱼类占海洋鱼类的大部分。

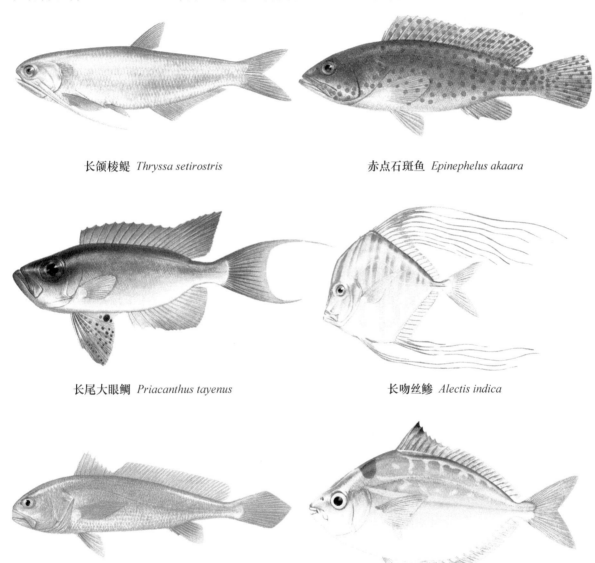

长颌棱鳀 *Thryssa setirostris*

赤点石斑鱼 *Epinephelus akaara*

长尾大眼鲷 *Priacanthus tayenus*

长吻丝鲹 *Alectis indica*

大黄鱼 *Larimichthys crocea*

黄斑光胸鲾 *Photopectoralis bindus*

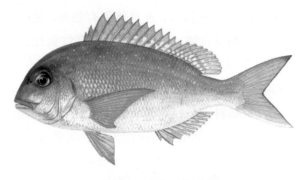

真鲷 *Pagrus major*

银鲳 *Pampus argenteus*

图 1-3　中国海洋侧扁型鱼类

圆筒型：身体长圆形，无鳞，体表有黏液，游泳时扭曲前进，如海鳗（*Muraenesox cinereus*）、原鹤海鳗（*Congresox talabon*）等海鳗科的 7 个种。圆筒型鱼类有许多种是底栖、穴居和礁区鱼类，主要是鳗鲡目的鳗、鳝等。

二、软体动物头足纲（Cephalopoda）

本纲的枪形目（Teuthoida）、乌贼目（Sepiida）和耳乌贼目（Sepiolida）都营游泳生活，能进行长距离游泳。外套膜演化成肌肉很厚的胴部，两侧有肉鳍，枪形目和乌贼目胴部是纺锤形或锥形，耳乌贼目胴部呈短圆筒形；前者游泳很快，后者游泳较慢。头部腹面有一漏斗口，水从此喷出使身体前进。漏斗口、肉鳍都是头足类动物的游泳器官。在游泳生物类群中，头足类的种类和数量仅次于鱼类，但游泳器官和游泳方式与鱼不同。头足类靠头部腹面的漏斗口和肉鳍运动，由漏斗口往后喷水推进头足类向前运动，漏斗口向前喷水推动头足类向后运动，漏斗口能灵活向各个方向伸弯，头足类就能自如朝各个方向游动。乌贼具内壳（海螵蛸），内壳比水轻，与肉鳍一样对运动具平衡作用（图 1-4）。

三、爬行纲（Reptilia）

龟鳖目（Testudiformes）的海龟科（Cheloniidae）中国海域记录 4 种。海龟具桨状四肢，头不能缩入坚硬的龟壳内。研究表明其可耗时两个多月，穿越大洋 2200km，从大洋到沙滩产卵。对世界各地繁殖群体 DNA 的标记表明，不同海域交配的海龟其 DNA 有差别，显示海龟总是执着地一代一代返回相同的地点。棱皮龟（*Dermochelys coriacea*）是棱皮龟科（Dermochelyidae）的单一种，桨状四肢更宽大，没有坚硬的龟壳，是大洋游泳种，能深潜 640m（图 1-5）。

蛇目（Serpentiformes）：中国海域记录有眼镜蛇科（Elapidae）海蛇亚科 16 种海蛇，都营近岸游泳生活。海蛇尾呈桨状，身体侧扁，腹鳞，有关肌肉高度退化。多数海蛇仅吃鱼而不吃无脊椎动物。海蛇是由陆生动物次生地返回海中生活，所以仍需经常浮出水面用肺呼吸（图 1-5）（赵尔宓，2006）。

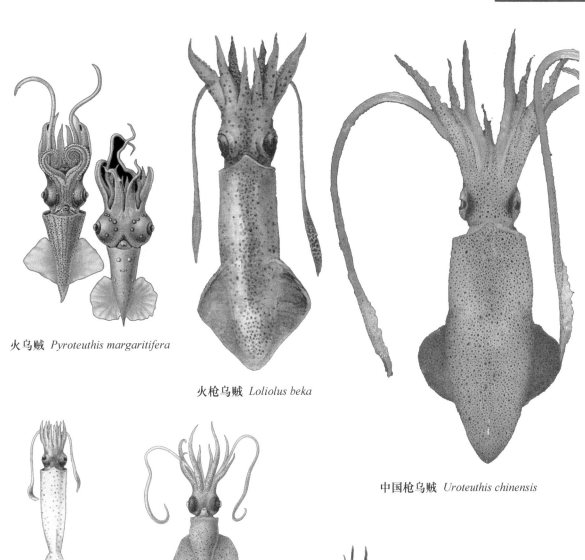

火乌贼 *Pyroteuthis margaritifera*

火枪乌贼 *Loliolus beka*

中国枪乌贼 *Uroteuthis chinensis*

孔雀乌贼 *Taonius pavo*　心鳍鞭乌贼 *Idioteuthis cordiformis*

白斑乌贼 *Sepia latimanus*

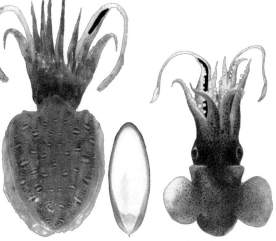

拟目乌贼 *Sepia lycidas*　双喙耳乌贼 *Sepiola birostrat*

图 1-4　中国海洋头足纲游泳生物

蠵龟 *Caretta caretta* 长120cm 重200kg

绿海龟 *Chelonia mydas* 长100cm以上 重100kg以上

玳瑁 *Eretmochelys imbricata* 长75~85cm 重100kg以上

太平洋丽龟 *Lepidochelys olivacea*
长62~72cm 重100kg左右

棱皮龟 *Dermochelys coriacea* 长130~150cm 重300~500kg

棘鳞海蛇 *Astrotia stokesii* 1.2~1.6m

蓝灰扁尾海蛇 *Laticauda colubrina* 0.9~1.3m

青环海蛇 *Hydrophis cyanocinctus* 1.7m左右

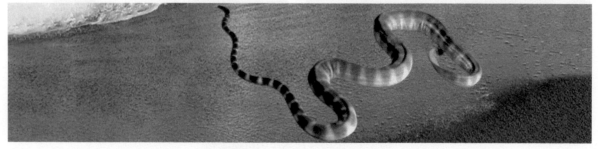

小头海蛇 *Hydrophis gracilis* 0.8~1.1m

图 1-5 中国海洋海龟（四肢桨状）及海蛇（尾平扁）

四、鸟纲（Aves）

海鸟是水鸟的组成部分，仅占全部鸟类种数的 3%~8%。海鸟具羽毛丰厚、骨骼中空等特征，这也是鸟类的共同特点。海鸟除繁殖外，大部分生活是在海（洋）面迁移游荡，所有海鸟都具有蹼状脚以便游泳和潜水觅食。真正的海鸟有 250~260 种，主要是企鹅目（SpheBisciformes），生活于极地。鸥科（Laridae）、鹲科（Phaethontidae）、鲣鸟科（Sulidae）、鸬鹚科（Phalacrocoracidae）、军舰鸟科（Fregatidae）、潜鸟科（Gaviidae）、鹱科（Procellariidae）等科的全部或部分种是海鸟。海鸟既在海面游荡、潜水觅食，又在空中飞翔和在岛上繁殖，并非典型的海洋游泳生物。海鸟的食物是鱼，它们用各种方法猎取鱼类。

五、哺乳纲（Mammalia）

鲸目（Cetacea）、海牛目（Sirenia）和鳍脚目（Pinnipedia）与海鸟一样是温血动物。海洋游泳哺乳类保持恒温、胎生、哺乳和用肺呼吸等陆生哺乳动物的生理特点。

鲸目分须鲸和齿鲸，须鲸有须，以鲸须滤食磷虾等浮游生物；齿鲸有齿，猎捕海中鱼类和头足类。通常，人们把个体大的称为鲸，包括所有须鲸和抹香鲸科、剑吻鲸科、巨头鲸科3 科的齿鲸。齿鲸中个体小的称为豚，包括海豚科、灰海豚科、鼠海豚科。鲸和豚俗称鲸豚。

鲸豚是主要游泳生物类群，其形态、骨骼、器官及生理特征等都呈现出对水生游泳生活的适应。体呈流线型、体表光滑、毛退化、外耳壳退化消失、鼻孔（喷水孔）在头的顶部。衍生出背鳍（无骨骼）和上下平扁的尾鳍（鱼尾鳍左右侧扁）。五趾形的前肢呈桨状，后肢退化消失，仅留下腰痕骨（后肢骨）。雄性阴茎和睾丸（隐睾）缩入体内。皮下脂肪厚，利于在水中保暖和增加浮力。整个骨骼系统的骨质疏松、重量轻。例如，厦门一头成体中华白海豚，其骨骼的干重仅占身体湿重的 2.51%（黄宗国和刘文华，2000）。海豚肺单叶、很大，横隔膜特别厚，保证了肺容量及每次跃出水面呼吸时有高效的气体交换。血红蛋白、肌红蛋白含量大，能携带更多氧气，由此延长了潜水的时间（图 1-6）。

鳍脚目：海豹、海狮和海狗都属鳍脚目，四肢都呈桨状，身体流线型，适于在水中游泳。这类动物善游泳，但必须在陆上产仔或休息。其中海豹用前鳍肢爬行，用后脚游泳，无外耳、隐睾。例如，西北太平洋的斑海豹（*Phoca largha*），每年 10 月以后从俄罗斯远东海域洄游到中国辽东湾，1~2 月在冰上产仔，翌年 3~4 月连同幼仔游出渤海。斑海豹全身披毛，幼仔毛白色，成体毛有大的黑斑。海狮和海狗用前肢游泳，用后脚爬行，与海豹相反。

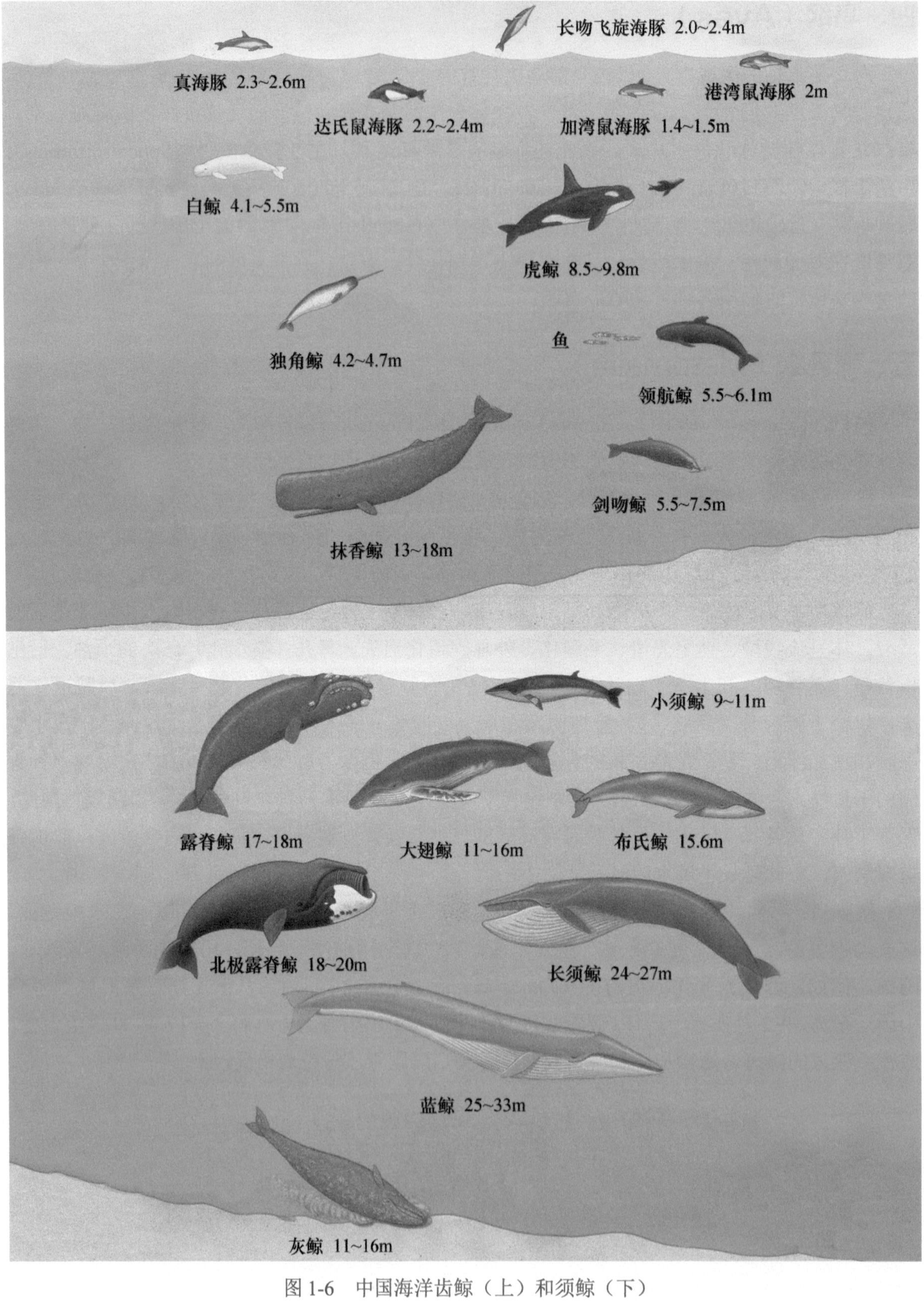

长吻飞旋海豚 2.0~2.4m

真海豚 2.3~2.6m

达氏鼠海豚 2.2~2.4m

港湾鼠海豚 2m

加湾鼠海豚 1.4~1.5m

白鲸 4.1~5.5m

虎鲸 8.5~9.8m

独角鲸 4.2~4.7m

鱼

领航鲸 5.5~6.1m

剑吻鲸 5.5~7.5m

抹香鲸 13~18m

小须鲸 9~11m

露脊鲸 17~18m

大翅鲸 11~16m

布氏鲸 15.6m

北极露脊鲸 18~20m

长须鲸 24~27m

蓝鲸 25~33m

灰鲸 11~16m

图 1-6　中国海洋齿鲸（上）和须鲸（下）

参 考 文 献

别洛波利斯基 Л.О., 舒恩托夫 В.П. 1991. 海洋鸟类. 刘喜悦, 庄一纯, 译. 北京: 海洋出版社.

成庆泰. 1987. 海洋鱼类 // 中国大百科全书总编辑委员会本卷编辑委员会. 中国大百科全书: 大气科学 海洋科学 水文科学. 上海: 中国大百科全书出版社 .

董正之. 1988. 中国动物志: 软体动物门 头足纲 . 北京: 科学出版社.

冯士筰, 李凤岐, 李少菁. 2007. 海洋科学导论. 北京: 高等教育出版社.

黄宗国, 刘文华. 2000. 中华白海豚及其它鲸豚. 厦门: 厦门大学出版社.

李荣冠. 2003. 中国海陆架及邻近海域大型底栖生物. 北京: 海洋出版社.

李太武. 2013. 海洋生物学. 北京: 海洋出版社.

李新正, 刘录三, 李宝泉. 2010. 中国海洋大型底栖生物: 研究与实践. 北京: 海洋出版社.

尼贝肯 J. W. 1991. 海洋生物学: 生态学探讨. 林光恒, 李和平, 译. 北京: 海洋出版社.

全国海岸带和海涂综合调查报告编委会. 1991. 中国海岸带和海涂资源综合调查报告. 北京: 海洋出版社.

上海水产学院. 1961. 鱼类学 (上册). 北京: 农业出版社.

沈国英, 黄凌风, 郭丰, 等. 2010. 海洋生态学 (第三版). 北京: 科学出版社.

孙湘平. 2006. 中国近海区域海洋. 北京: 海洋出版社.

王颖. 2013. 中国海洋地理. 北京: 科学出版社.

谢树成, 殷鸿福, 史晓颖, 等. 2011. 地球生物学: 生命与地球环境的相互作用和协同演化 . 北京: 科学出版社.

徐恭昭. 1987. 海洋游泳生物 // 中国大百科全书总编辑委员会本卷编辑委员会. 中国大百科全书: 大气科学 海洋科学 水文科学. 上海: 中国大百科全书出版社.

赵尔宓. 2006. 中国蛇类(上、下册). 合肥: 安徽科学技术出版社.

Castro P, Huber M E. 2010. Marine Biology. 8th ed. New York: McGraw Hill.

Jefferson T A, Leatherwood A, Webber M A. 1993. Marine Mammals of the World. Rome: Food and Agriculture Organization of the United Nations.

McIntyre A D. 2010. Life in the World's Oceans: Diversity, Distribution, and Abundance. Chichester: Wiley-Blackwell.

Moore H B. 1958. Marine Ecology. London: Chapman & Hall.

Norse E A. 1993. Global Marine Biological Diversity: A Strategy for Building Conservation into Decision Making. Covelo: Island Press.

Tait V R. 1980. Elements of Marine Ecology. 3rd ed. London: Butterworths-Heinemann.

第二章

中国海洋游泳生物

第一节　种数与组成

一、种数和类别组成

中国海域已记录游泳生物 4388 种（附表 2-1、附表 2-2）。纯营游泳生活和营游泳生活兼底栖生活的种约各占半数。

游泳生物一般个体都比较大并有发达的游泳器官。在二域五界分类系统中，4388 种中仅真核生物域动物界较高等的门类才有营游泳生活的物种。游泳生物包括 3 门 9 纲。其中辐鳍鱼纲占 78.76%、甲壳纲占 11.33%、软骨鱼纲占 5.40%、头足纲占 2.21%，其他类别都在 1% 以下（表 2-1）。从类别组成界定，游泳生物也可被称为游泳动物。类别组成在生态上不能完全反映食物关系，在渔业上也无法完全说明各类的实际意义。

表 2-1　中国海域各分类阶元游泳生物及其种数的百分组成

分类阶元	种数	占比（%）
软体动物门 MOLLUSCA		
头足纲 Cephalopoda	97	2.21
节肢动物门 ARTHROPODA		
甲壳纲 Crustacea	497	11.33
脊索动物门 CHORDATA		
盲鳗纲 Myxini	13	0.30
七鳃鳗纲［头甲纲］Petromyzontia	1	0.02
软骨鱼纲 Chondrichthyes	237	5.40
辐鳍鱼纲 Actinopterygii	3456	78.76
爬行纲 Reptilia	22	0.50
鸟纲（海鸟）Aves	25	0.57

续表

分类阶元	种数	占比（%）
哺乳纲 Mammalia	40	0.91
合计	4388	100

注：盲鳗在鱼体内营寄生，暂按宿主的生活类群统计。2014 年辐鳍鱼纲新增加 25 种，正文仍按本表鱼类种数3707 种分析

二、鱼类的组成

图 2-1~ 图 2-36 给出了游泳或游泳和底栖兼有目的代表种的形态图。

盲鳗纲（Myxini）：脊椎动物最原始的纲，体近鳗形，没有上、下颌和眼。体侧具黏液孔，黏液腺发达。以鱼为食，营半寄生，多数分布在较深水层。中国海域记录 13 种。

七鳃鳗纲（Petromyzontia）：也称头甲纲（Cephalaspidomorphi）。仅发现一种日本叉牙七鳃鳗（*Lethenteron japonicum*），分布于黄海、渤海，降海洄游鱼类，兼营游泳和底栖生活。

软骨鱼纲（Chondrichthyes）：中国海域已记录 237 种。真鲨目种数最多，其次为角鲨目、鳐目和鲼目。仅营游泳生活的只有 14 种，如鲸鲨（*Rhincodon typus*）、长尾鲨（*Alopias* spp.）和双髻鲨（*Sphyrna* spp.）。147 种同时营游泳和底栖生活（图 2-1、图 2-2）。有 71 种仅营底栖生活，鳐和魟多数种仅营底栖生活。

辐鳍鱼纲（Actinopterygii）：曾称硬骨鱼纲（Osteichthyes）。中国海域已记录 3456 种。鲈形目种数最多，目以下再分为 13 个亚目，鲈亚目、虾虎鱼亚目、隆头鱼亚目、鳚亚目的种数都超过百种（图 2-8~ 图 2-19）。专一营游泳生活的仅 1450 种，包括海鲢科（Elopidae）、鳀科（Engraulidae）和鲱科（Clupeidae）的大多数种，如全部 8 种侧带小公鱼（*Stolephorus* spp.）和11 种小沙丁鱼（*Sardinella* spp.）。鲻科（Mugilidae）全部 18 种，飞鱼科（Exocoetidae）和鱵科（Hemiramphidae）全部共 50 多种，天竺鲷科（Apogonidae）全部近 100 种，鲹科（Carangidae）68 种，羊鱼科（Mullidae）25 种，蝴蝶鱼科（Chaetodontidae）和刺盖鱼科（Pomacanthidae）共 85 种，雀鲷科（Pomacentridae）和隆头鱼科（Labridae）共 243 种，三鳍鳚科（Tripterygiidae）106 种，篮子鱼科（Siganidae）和刺尾鱼科（Acanthuridae）共 58 种，鲭科（Scombridae）、剑鱼科（Xiphiidae）和旗鱼科（Istiophoridae）共 61 种都是专一营游泳生活的主要成员（图 2-21~图 2-36）。

1 蒲氏黏盲鳗 *Eptatretus burgeri*

2 日本叉牙七鳃鳗 *Lethenteron japonicum*

3 狭纹虎鲨 *Heterodontus zebra*

4 条纹斑竹鲨 *Chiloscyllium plagiosum*

5 噬人鲨 *Carcharodon carcharias*

6 霍氏光尾鲨 *Apristurus herklotsi*

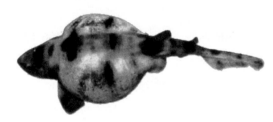

7 阴影绒毛鲨 *Cephaloscyllium umbratile*

8 梅花鲨 *Halaelurus burgeri*

9 皱唇鲨 *Triakis scyllium*

10 路氏双髻鲨 *Sphyrna lewini*

11 镰状真鲨 *Carcharhinus falciformis*

12 沙拉真鲨 *C. sorrah*

图 2-1　中国海洋游泳鱼类：软骨鱼纲（1）

1 扁头哈那鲨 *Notorynchus cepedianus*

2 笠鳞棘鲨 *Echinorhinus cookei*

3 长吻角鲨 *Squalus mitsukurii*

4 低鳍刺鲨 *Centrophorus lusitanicus*

5 乌鲨 *Etmopterus lucifer*

6 铠鲨 *Dalatias licha*

7 日本扁鲨 *Squatina japonica*

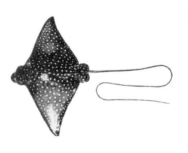

8 纳氏鹞鲼 *Aetobatus narinari*

9 爪哇牛鼻鲼 *Rhinoptera javanica*

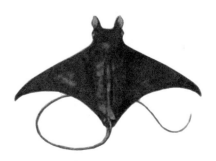

10 日本蝠鲼 *Mobula japonica*

图 2-2 中国海洋游泳鱼类：软骨鱼纲（2）

1 大海鲢 *Megalops cyprinoides*

2 日本鳗鲡 *Anguilla japonica*

3 云纹蛇鳝 *Echidna nebulosa*

4 斑点裸胸鳝 *Gymnothorax meleagris*

5 褐海鳗 *Muraenesox bagio*

6 星康吉鳗 *Conger myriaster*

7 花鰶 *Clupanodon thrissa*

8 脂眼鲱 *Etrumcus teres*

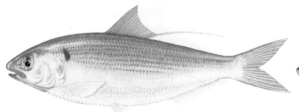

9 斑鰶 *Konosirus punctatus*

10 青鳞小沙丁鱼 *Sardinella zunasi*

图 2-3　中国海洋游泳鱼类：海鲢目、鳗鲡目、鲱形目

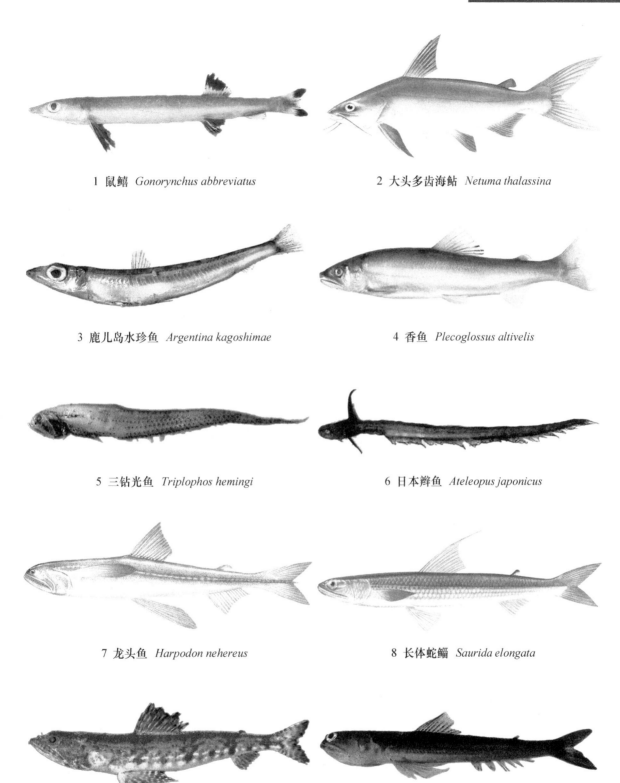

1 鼠鱚 *Gonorynchus abbreviatus*　　2 大头多齿海鲇 *Netuma thalassina*

3 鹿儿岛水珍鱼 *Argentina kagoshimae*　　4 香鱼 *Plecoglossus altivelis*

5 三钻光鱼 *Triplophos hemingi*　　6 日本簪鱼 *Ateleopus japonicus*

7 龙头鱼 *Harpodon nehereus*　　8 长体蛇鲻 *Saurida elongata*

9 红斑狗母鱼 *Synodus ulae*　　10 大头狗母鱼 *Trachinocephalus myops*

图2-4　中国海洋游泳鱼类：鼠鱚目、海鲇目、水珍鱼科、巨口鱼目、仙女鱼目

1 斑点月鱼 *Lampris guttatus*

2 多斑扇尾鱼 *Desmodema polystictum*

3 短须须鳂 *Polymixia berndti*

4 麦氏犀鳕 *Bregmaceros macclellandi*

5 蒲原腔吻鳕 *Coelorinchus kamoharai*

6 滑软首鳕 *Malacocephalus laevis*

7 大头鳕 *Gadus macrocephalus*

8 前棱龟鲛 *Chelon affinis*

9 鲻 *Mugil cephalus*

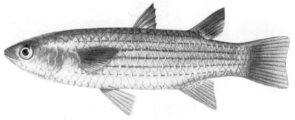

10 黄鲻 *Ellochelon vaigiensis*

图 2-5　中国海洋游泳鱼类：月鱼目、须鳂目、鳕形目、鲻形目

1　凡氏下银汉鱼　*Hypoatherina valenciennei*　　　　2　燕鳐须唇飞鱼　*Cheilopogon agoo*

3　少鳞燕鳐　*Cypselurus oligolepis*　　　　4　瓜氏下鱵　*Hyporhamphus quoyi*

5　黑背圆颌针鱼　*Tylosurus acus melanotus*　　　　6　凹颌锯鳞鱼　*Myripristis berndti*

7　白边锯鳞鱼　*M. murdjan*　　　　8　黑鳍新东洋鳂　*Neoniphon opercularis*

9　日本骨鳂　*Ostichthys japonicus*　　　　10　黑鳍棘鳞鱼　*Sargocentron diadema*

图 2-6　中国海洋游泳鱼类：银汉鱼目、颌针鱼目、金眼鱼目

1 海蛾鱼 *Pegasus laternarius*

2 细吻剃刀鱼 *Solenostomus paradoxus*

3 管海马 *Hippocampus kuda*

4 大吻海蝎鱼 *Halicampus macrorhynchus*

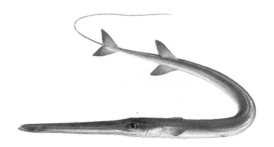

5 鳞烟管鱼 *Fistularia petimba*

6 玻甲鱼 *Centriscus scutatus*

7 单指虎鲉 *Minous monodactylus*

8 棘绿鳍鱼 *Chelidonichthys spinosus*

9 东方黄鲂鮄 *Peristedion orientale*

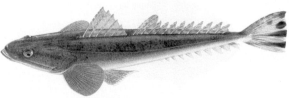

10 鲬 *Platycephalus indicus*

图 2-7　中国海洋游泳鱼类：刺鱼目、鲉形目

1 尾纹双边鱼 *Ambassis urotaenia*

2 中国花鲈 *Lateolabrax maculatus*

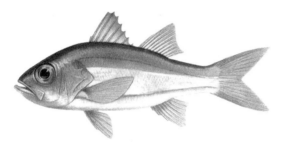

3 日本发光鲷 *Acropoma japonicum*

4 许氏菱齿鲔 *Caprodon schlegelii*

5 斑点九棘鲈 *Cephalopholis argus*

6 双带黄鲈 *Diploprion bifasciatum*

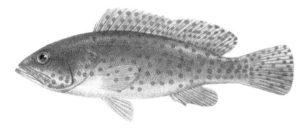

7 赤点石斑鱼 *Epinephelus akaara*

8 青石斑鱼 *E. awoara*

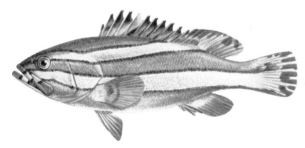

9 纵带石斑鱼 *E. latifasciatus*

10 六带石斑鱼 *E. sexfasciatus*

图 2-8 中国海洋游泳鱼类：鲈形目鲈亚目（1）

1 桃红大花鮨 *Giganthias immaculatus*

2 侧带拟花鮨 *Pseudanthias pleurotaenia*

3 珠樱鮨 *Sacura margaritacea*

4 姬鮨 *Tosana niwae*

5 黑线戴氏鱼 *Labracinus melanotaenia*

6 紫青拟雀鲷 *Pseudochromis tapeinosoma*

7 香港后颌䲢 *Opistognathus hongkongiensis*

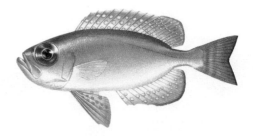

8 短尾大眼鲷 *Priacanthus macracanthus*

9 坚头天竺鲷 *Apogon crassiceps*

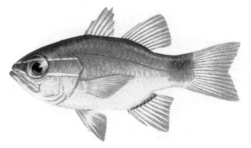

10 斑柄天竺鲷 *A. fleurieu*

图 2-9　中国海洋游泳鱼类：鲈形目鲈亚目（2）

1 扁头天竺鲷 *Apogon hyalosoma*

2 褐条天竺鲷 *A. nitidus*

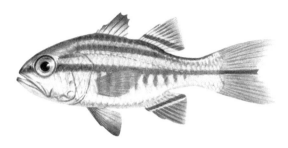

3 四线天竺鲷 *A. quadrifasciatus*

4 红纹长鳍天竺鲷 *Archamia fucata*

5 新加坡巨牙天竺鲷 *Cheilodipterus singapurensis*

6 显斑乳突天竺鲷 *Fowleria marmorata*

7 多鳞鱚 *Sillago sihama*

8 乳香鱼 *Lactarius lactarius*

9 棘鲯鳅 *Coryphaena equiselis*

10 军曹鱼 *Rachycentron canadum*

图 2-10　中国海洋游泳鱼类：鲈形目鲈亚目（3）

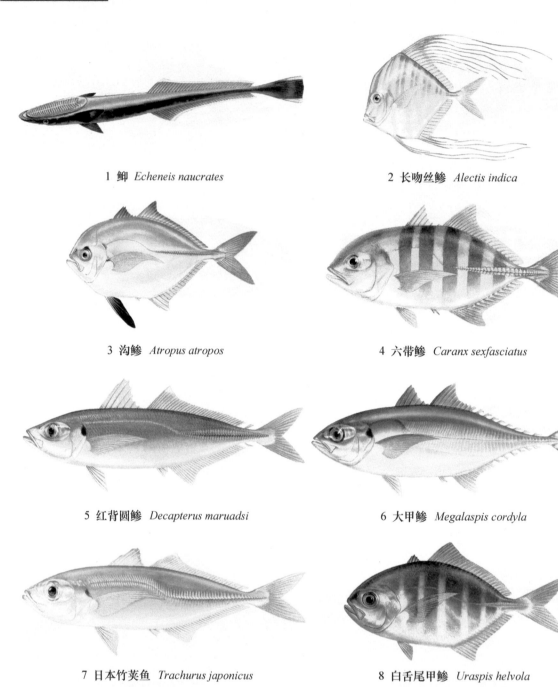

1 䲟 *Echeneis naucrates*

2 长吻丝鲹 *Alectis indica*

3 沟鲹 *Atropus atropos*

4 六带鲹 *Caranx sexfasciatus*

5 红背圆鲹 *Decapterus maruadsi*

6 大甲鲹 *Megalaspis cordyla*

7 日本竹荚鱼 *Trachurus japonicus*

8 白舌尾甲鲹 *Uraspis helvola*

9 眼镜鱼 *Mene maculata*

10 小牙鲾 *Gazza minuta*

图 2-11　中国海洋游泳鱼类：鲈形目鲈亚目（4）

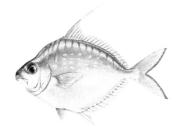

1　长棘鲾　*Leiognathus fasciatus*

2　红棱鲂　*Taractes rubescens*

3　史氏谐鱼　*Emmelichthys struhsakeri*

4　紫红笛鲷　*Lutjanus argentimaculatus*

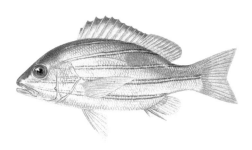

5　五线笛鲷　*L. quinquelineatus*

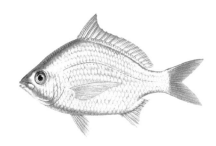

6　红尾银鲈　*Gerres erythrourus*

7　红鳍裸颊鲷　*Lethrinus haematopterus*

8　单列齿鲷　*Monotaxis grandoculis*

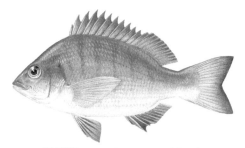

9　黑棘鲷　*Acanthopagrus schlegelii*

10　四长棘鲷　*Argyrops bleekeri*

图 2-12　中国海洋游泳鱼类：鲈形目鲈亚目（5）

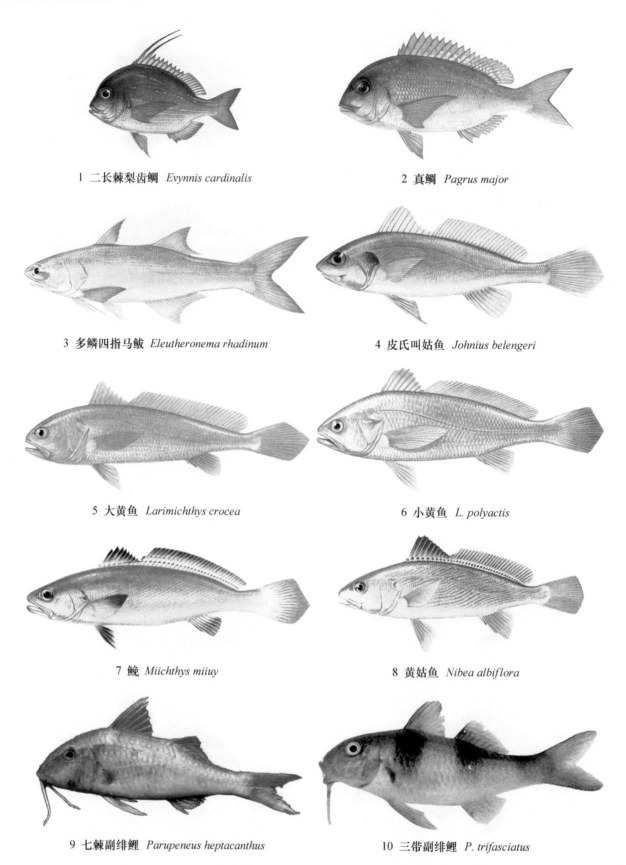

1 二长棘犁齿鲷 *Evynnis cardinalis*

2 真鲷 *Pagrus major*

3 多鳞四指马鲅 *Eleutheronema rhadinum*

4 皮氏叫姑鱼 *Johnius belengeri*

5 大黄鱼 *Larimichthys crocea*

6 小黄鱼 *L. polyactis*

7 鮸 *Miichthys miiuy*

8 黄姑鱼 *Nibea albiflora*

9 七棘副绯鲤 *Parupeneus heptacanthus*

10 三带副绯鲤 *P. trifasciatus*

图 2-13 中国海洋游泳鱼类：鲈形目鲈亚目（6）

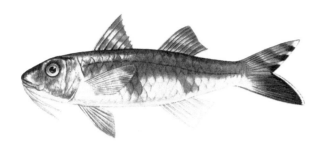

1 日本绯鲤 *Upeneus japonicus*

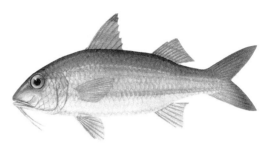

2 黄带绯鲤 *U. sulphureus*

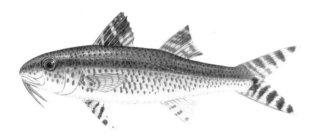

3 黑斑绯鲤 *U. tragula*

4 日本单鳍鱼 *Pempheris japonicus*

5 银大眼鲳 *Monodactylus argenteus*

6 长鳍鲹 *Kyphosus cinerascens*

7 斑点鸡笼鲳 *Drepane punctata*

8 密点蝴蝶鱼 *Chaetodon citrinellus*

9 鞭蝴蝶鱼 *C. ephippium*

10 斑带蝴蝶鱼 *C. punctatofasciatus*

图 2-14 中国海洋游泳鱼类：鲈形目鲈亚目（7）

1 少女鱼 *Coradion chrysozonus*

2 马夫鱼 *Heniochus acuminatus*

3 黑刺尻鱼 *Centropyge nox*

4 蓝带荷包鱼 *Chaetodontoplus septentrionalis*

5 黑斑月蝶鱼 *Genicanthus melanospilos*

6 主刺盖鱼 *Pomacanthus imperator*

7 四带牙鯛 *Pelales quadrilineatus*

8 鯔形汤鲤 *Kuhlia mugil*

9 鹰金鯒 *Cirrhitichthys falco*

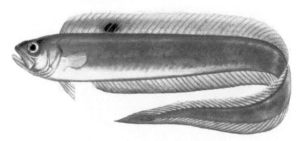

10 印度棘赤刀鱼 *Acanthocepola indica*

图 2-15　中国海洋游泳鱼类：鲈形目鲈亚目（8）

1 孟加拉豆娘鱼 *Abudefduf bengalensis*

2 五带豆娘鱼 *A. vaigiensis*

3 鞍斑双锯鱼 *Amphiprion polymnus*

4 蓝绿光鳃鱼 *Chromis viridis*

5 韦氏光鳃鱼 *C. weberi*

6 青金翅雀鲷 *Chrysiptera glauca*

7 宅泥鱼 *Dascyllus aruanus*

8 眼斑椒雀鲷 *Plectroglyphidodon lacrymatus*

9 三斑雀鲷 *Pomacentrus tripunctatus*

10 王子雀鲷 *P. vaiuli*

图 2-16 中国海洋游泳鱼类：鲈形目隆头鱼亚目（1）

1 胸斑眶锯雀鲷 *Stegastes fasciolatus*

2 荧斑阿南鱼 *Anampses caeruleopunctatus*

3 似花普提鱼 *Bodianus anthioides*

4 管唇鱼 *Cheilio inermis*

5 蓝猪齿鱼 *Choerodon azurio*

6 黑缘丝隆头鱼 *Cirrhilabrus melanomarginatus*

7 露珠盔鱼 *Coris gaimard*

8 伸口鱼 *Epibulus insidiator*

9 杂色尖嘴鱼 *Gomphosus varius*

10 帝汶海猪鱼 *Halichoeres timorensis*

图 2-17 中国海洋游泳鱼类：鲈形目隆头鱼亚目（2）

1 三斑海猪鱼 *Halichoeres trimaculatus*

2 黑鳍厚唇鱼 *Hemigymnus melapterus*

3 环纹细鳞盔鱼 *Hologymnosus annulatus*

4 胸斑裂唇鱼 *Labroides pectoralis*

5 珠斑大咽齿鱼 *Macropharyngodon meleagris*

6 带尾美鳍鱼 *Novaculichthys taeniourus*

7 单带尖唇鱼 *Oxycheilinus unifasciatus*

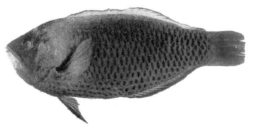

8 摩鹿加拟凿齿鱼 *Pseudodax moluccanus*

9 红海高体盔鱼 *Pteragogus flagellifer*

10 三线紫胸鱼 *Stethojulis trilineata*

图 2-18 中国海洋游泳鱼类：鲈形目隆头鱼亚目（3）

1 鞍斑锦鱼 *Thalassoma hardwicke*

2 三叶锦鱼 *T.trilobatum*

3 剑唇鱼 *Xiphocheilus typus*

4 驼峰大鹦嘴鱼 *Bolbometopon muricatum*

5 双色鲸鹦嘴鱼 *Cetoscarus bicolor*

6 蓝头绿鹦嘴鱼 *Chlorurus sordidus*

7 纤鹦嘴鱼 *Leptoscarus vaigiensis*

8 网纹鹦嘴鱼 *Scarus frenatus*

9 黄鞍鹦嘴鱼 *S. oviceps*

10 棕吻鹦嘴鱼 *S. psittacus*

图 2-19 中国海洋游泳鱼类：鲈形目隆头鱼亚目（4）

1 圆拟鲈 *Parapercis cylindrica*

2 六带拟鲈 *P. sexfasciata*

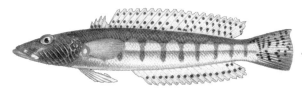

3 黄纹拟鲈 *P. xanthozona*

4 毛背鱼 *Trichonotus setiger*

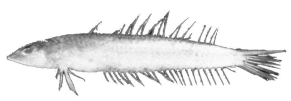

5 须棘吻鱼 *Acanthaphritis barbata*

6 绿尾低线鱼 *Chrionema chlorotaenia*

7 太平洋玉筋鱼 *Ammodytes personatus*

8 箕作布氏筋鱼 *Bleekeria mitsukurii*

9 双斑䲢 *Uranoscopus bicinctus*

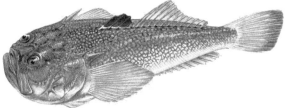

10 日本䲢 *U. japonicus*

图 2-20　中国海洋游泳鱼类：鲈形目龙䲢亚目

1 筛口双线鳚 *Enneapterygius etheostomus*

2 小双线鳚 *E. minutus*

3 金带弯线鳚 *Helcogramma striata*

4 跳弹鳚 *Alticus saliens*

5 雷氏唇盘鳚 *Andamia reyi*

6 纵带盾齿鳚 *Aspidontus taeniatus*

7 颊纹穗肩鳚 *Cirripectes castaneus*

8 多斑穗肩鳚 *C. polyzona*

9 线纹异齿鳚 *Ecsenius lineatus*

10 尾带犁齿鳚 *Entomacrodus caudofasciatus*

图 2-21　中国海洋游泳鱼类：鲈形目鳚亚目（1）

1　短豹䲁　*Exallias brevis*　　　　2　暗纹动齿䲁　*Istiblennius edentulus*

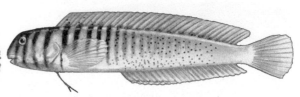

3　黑带稀棘䲁　*Meiacanthus grammistes*　　　　4　美肩鳃䲁　*Omobranchus elegans*

5　八部副䲁　*Parablennius yatabei*　　　　6　短头跳岩䲁　*Petroscirtes breviceps*

7　粗吻短带䲁　*Plagiotremus rhinorhynchos*　　　　8　吻纹矮冠䲁　*Praealticus striatus*

9　细纹凤䲁　*Salarias fasciatus*　　　　10　带䲁　*Xiphasia setifer*

图 2-22　中国海洋游泳鱼类：鲈形目䲁亚目（2）

1 乌塘鳢 *Bostrychus sinensis*

2 斑尾刺虾虎鱼 *Acanthogobius ommaturus*

3 点纹钝塘鳢 *Amblyeleotris guttata*

4 白条钝虾虎鱼 *Amblygobius albimaculatus*

5 星塘鳢 *Asterropteryx semipunctatus*

6 沃氏软塘鳢 *Austrolethops wardi*

7 髯毛虾虎鱼 *Barbuligobius boehlkei*

8 深虾虎鱼 *Bathygobius fuscus*

9 大弹涂鱼 *Boleophthalmus pectinirostris*

10 冲绳美虾虎鱼 *Callogobius okinawae*

图 2-23　中国海洋游泳鱼类：鲈形目虾虎鱼亚目（1）

1 眼斑丝虾虎鱼 *Cryptocentrus nigrocellatus*

2 谷津氏丝虾虎鱼 *C. yatsui*

3 矶塘鳢 *Eviota abax*

4 希氏矶塘鳢 *E. sebreei*

5 纵带鹦虾虎鱼 *Exyrias puntang*

6 长棘纺锤虾虎鱼 *Fusigobius longispinus*

7 舌虾虎鱼 *Glossogobius giuris*

8 斑纹舌虾虎鱼 *G. olivaceus*

9 颌鳞虾虎鱼 *Gnatholepis anjerensis*

10 橙色叶虾虎鱼 *Gobiodon citrinus*

图 2-24　中国海洋游泳鱼类：鲈形目虾虎鱼亚目（2）

1 红点叶虾虎鱼 *Gobiodon erythrospilus*

2 砂鳉虾虎鱼 *Gobiopsis arenarius*

3 白头虾虎鱼 *Lotilia graciliosa*

4 西海竿虾虎鱼 *Luciogobius saikaiensis*

5 大口巨颌虾虎鱼 *Mahidolia mystacina*

6 阿部鲻虾虎鱼 *Mugilogobius abei*

7 触角沟虾虎鱼 *Oxyurichthys tentacularis*

8 黄副叶虾虎鱼 *Paragobiodon xanthosomus*

9 须鳗虾虎鱼 *Taenioides cirratus*

10 髭缟虾虎鱼 *Tridentiger barbatus*

图 2-25 中国海洋游泳鱼类：鲈形目虾虎鱼亚目（3）

1 纹缟虾虎鱼 *Tridentiger trigonocephalus*

2 大眼磨塘鳢 *Trimma macrophthalmum*

3 孔虾虎鱼 *Trypauchen vagina*

4 双带凡塘鳢 *Valenciennea helsdingenii*

5 石壁凡塘鳢 *V. muralis*

6 丝条凡塘鳢 *V. strigata*

7 云斑裸颊虾虎鱼 *Yongeichthys nebulosus*

8 大口线塘鳢 *Nemateleotris magnifica*

9 黑尾鳍塘鳢 *Ptereleotris evides*

10 细鳞鳍塘鳢 *P. microlepis*

图 2-26 中国海洋游泳鱼类：鲈形目虾虎鱼亚目（4）

1 白鲳 *Ephippus orbis*

2 燕鱼 *Platax teira*

3 金钱鱼 *Scatophagus argus*

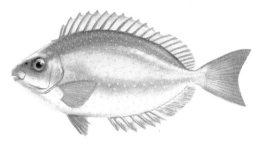

4 长鳍篮子鱼 *Siganus canaliculatus*

5 褐篮子鱼 *S. fuscescens*

6 爪哇篮子鱼 *S. javus*

7 蓝带篮子鱼 *S.virgatus*

8 角镰鱼 *Zanclus cornutus*

9 纵带刺尾鱼 *Acanthurus lineatus*

10 白面刺尾鱼 *A. nigricans*

图 2-27 中国海洋游泳鱼类：鲈形目刺尾鱼亚目（1）

1 橙斑刺尾鱼 *Acanthurus olivaceus*

2 横带刺尾鱼 *A. triostegus*

3 栉齿刺尾鱼 *Ctenochaetus striatus*

4 短吻鼻鱼 *Naso brevirostris*

5 颊吻鼻鱼 *N. lituratus*

6 单角鼻鱼 *N. unicornis*

7 三棘多板盾尾鱼 *Prionurus scalprum*

8 黄尾副刺尾鱼 *Paracanthurus hepatus*

9 横带高鳍刺尾鱼 *Zebrasoma velifer*

10 鲭鲈 *Scombrolabrax heterolepis*

图 2-28 中国海洋游泳鱼类：鲈形目刺尾鱼亚目（2）、鲭鲈亚目

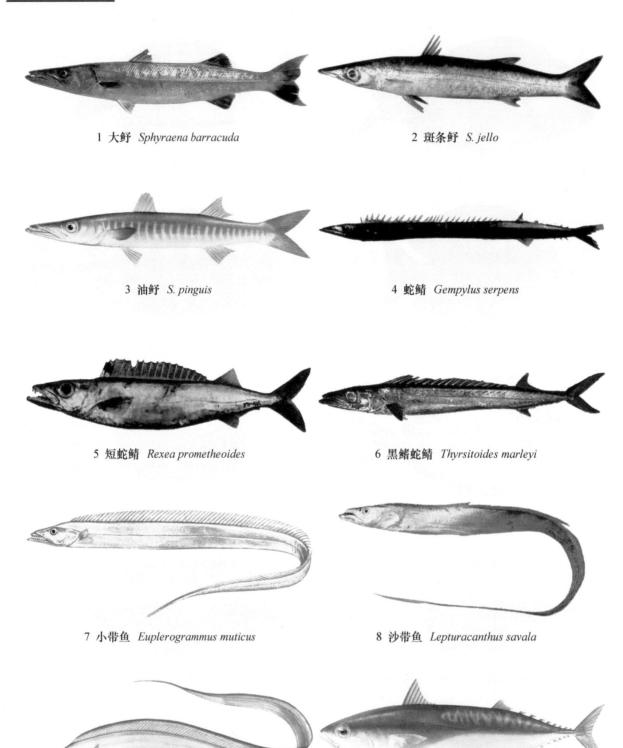

1 大魣 *Sphyraena barracuda*

2 斑条魣 *S. jello*

3 油魣 *S. pinguis*

4 蛇鲭 *Gempylus serpens*

5 短蛇鲭 *Rexea prometheoides*

6 黑鳍蛇鲭 *Thyrsitoides marleyi*

7 小带鱼 *Euplerogrammus muticus*

8 沙带鱼 *Lepturacanthus savala*

9 带鱼 *Trichiurus japonicus*

10 扁舵鲣 *Auxis thazard*

图 2-29　中国海洋游泳鱼类：鲈形目鲭亚目（1）

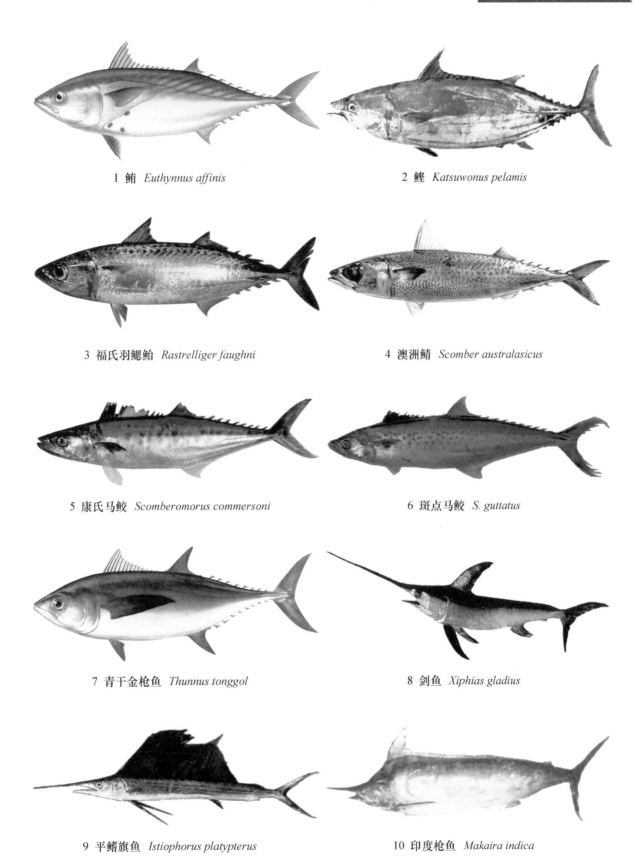

1 鲔 *Euthynnus affinis*

2 鲣 *Katsuwonus pelamis*

3 福氏羽鳃鲐 *Rastrelliger faughni*

4 澳洲鲭 *Scomber australasicus*

5 康氏马鲛 *Scomberomorus commersoni*

6 斑点马鲛 *S. guttatus*

7 青干金枪鱼 *Thunnus tonggol*

8 剑鱼 *Xiphias gladius*

9 平鳍旗鱼 *Istiophorus platypterus*

10 印度枪鱼 *Makaira indica*

图 2-30　中国海洋游泳鱼类：鲈形目鲭亚目（2）

1 刺鲳 *Psenopsis anomala*

2 拟鳞首方头鲳 *Cubiceps squamicephaloides*

3 水母双鳍鲳 *Nomeus gronovii*

4 琉璃玉鲳 *Psenes cyanophrys*

5 花瓣玉鲳 *P. pellucidus*

6 印度无齿鲳 *Ariomma indicum*

7 银鲳 *Pampus argenteus*

8 中国鲳 *P. chinensis*

9 红菱鲷 *Antigonia rubescens*

10 绯菱鲷 *A. rubicunda*

图 2-31 中国海洋游泳鱼类：鲈形目鲳亚目、羊鲂亚目

1 阿氏管吻鲀 *Halimochirurgus alcocki*

2 双棘三刺鲀 *Triacanthus biaculeatus*

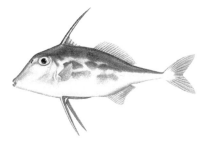

3 布氏三足刺鲀 *Tripodichthys blochii*

4 宽尾鳞鲀 *Abalistes stellatus*

5 波纹钩鳞鲀 *Balistapus undulatus*

6 圆斑拟鳞鲀 *Balistoides conspicillum*

7 黑边角鳞鲀 *Melichthys vidua*

8 红牙鳞鲀 *Odonus niger*

9 黄边副鳞鲀 *Pseudobalistes flavimarginatus*

10 叉斑锉鳞鲀 *Rhinecanthus aculeatus*

图 2-32 中国海洋游泳鱼类：鲀形目（1）

1 项带多棘鳞鲀 *Sufflamen bursa*

2 缰纹多棘鳞鲀 *S. fraenatum*

3 线斑黄鳞鲀 *Xanthichthys lineopunctatus*

4 单角革鲀 *Aluterus monoceros*

5 棘尾前孔鲀 *Cantherhines dumerilii*

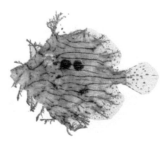

6 单棘棘皮鲀 *Chaetodermis penicilligerus*

7 中华单角鲀 *Monacanthus chinensis*

8 尖吻鲀 *Oxymonacanthus longirostris*

9 锯尾副革鲀 *Paraluteres prionurus*

10 绒纹副单角鲀 *Paramonacanthus sulcatus*

图 2-33 中国海洋游泳鱼类：鲀形目（2）

1 红尾前角鲀 *Pervagor janthinosoma*

2 丝背细鳞鲀 *Stephanolepis cirrhifer*

3 绿鳍马面鲀 *Thamnaconus septentrionalis*

4 棘箱鲀 *Kentrocapros aculeatus*

5 角箱鲀 *Lactoria cornuta*

6 粗突箱鲀 *Ostracion cubicus*

7 白点箱鲀 *O. meleagris*

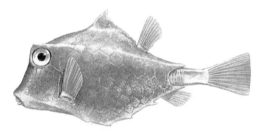

8 驼背真三棱箱鲀 *Tetrosomus gibbosus*

9 纹腹叉鼻鲀 *Arothron hispidus*

10 白点叉鼻鲀 *A. meleagris*

图 2-34　中国海洋游泳鱼类：鲀形目（3）

1 星斑叉鼻鲀 *Arothron stellatus*

2 点线扁背鲀 *Canthigaster bennetti*

3 圆斑扁背鲀 *C. janthinoptera*

4 水纹扁背鲀 *C. rivulata*

5 凹鼻鲀 *Chelonodon patoca*

6 黑鳃兔头鲀 *Lagocephalus inermis*

7 月兔头鲀 *L. lunaris*

8 棕斑兔头鲀 *L. spadiceus*

9 圆斑扁尾鲀 *Pleuranacanthus sceleratus*

10 密沟圆鲀 *Sphoeroides pachygaster*

图 2-35 中国海洋游泳鱼类：鲀形目（4）

1 铅点多纪鲀 *Takifugu alboplumbeus*

2 暗纹多纪鲀 *T. fasciatus*

3 星点多纪鲀 *T. niphobles*

4 紫色多纪鲀 *T. porphyreus*

5 虫纹多纪鲀 *T. vermicularis*

6 黄鳍多纪鲀 *T. xanthopterus*

7 瘤短刺鲀 *Chilomycterus affinis*

8 短棘圆刺鲀 *Cyclichthys orbicularis*

9 六斑刺鲀 *Diodon holocanthus*

10 翻车鱼 *Mola mola*

图 2-36 中国海洋游泳鱼类：鲀形目（5）

三、中国各海区鱼类的种数及其 4 种生境的物种数

以往统计中国海域鱼类 3707 种，2014 年又增加 25 种，共计 3732 种，按此数统计各海区鱼类的种数（表 2-2、表 2-3）。在鱼的栖息习性（生境）方面，按游泳、底栖和两者兼有划分，并据此分析鱼的其他方面习性。之后，又按中上层、珊瑚礁、中下层、深海 4 种生境进一步划分鱼的栖息习性。结果表明，中下层鱼类最多（52.71%），之后依序为珊瑚礁（21.36%）、深海（15.65%）、中上层（10.29%）（表 2-4）。

表 2-2　中国各海区游泳生物的种数及其占本纲游泳种数的百分比

类别	渤海		黄海		东海		台湾周边海域		南海	
	种数	占比（%）	种数	占比（%）	种数	占比（%）	种数	占比（%）	种数	占比（%）
头足纲	6	6.19	23	23.71	59	60.82	79	81.44	70	72.16
甲壳纲	22	4.43	52	10.46	128	25.75	141	28.37	497	100
盲鳗纲	0	0	1	7.70	8	61.54	13	100	7	53.85
七鳃鳗纲	1	100	1	100	0	0	0	0	0	0
软骨鱼纲	42	17.72	62	26.16	167	70.46	161	67.93	163	68.78
辐鳍鱼纲	198	5.73	411	11.90	2076	60.07	2611	75.55	2418	69.97
爬行纲	5	22.73	9	40.91	13	59.10	17	77.27	15	68.18
鸟纲	0	0	0	0	2	8.00	7	28.00	14	56.00
哺乳纲	12	30.00	20	50.00	28	70.00	23	57.50	24	60.00
合计种数	286		579		2481		3052		3208	

表 2-3　中国各海区鱼类的种数及其占总种数的百分比

项目	渤海	黄海	东海	台湾周边海域	南海
种数	250	495	2270	2814	2599
占比*（%）	6.70	13.26	60.83	75.40	69.64

* 占中国鱼类总种数 3732 种的百分比，2014 年统计

表 2-4　中国海域不同栖息习性鱼类的种数及其占总种数的百分比

项目	中上层	珊瑚礁	中下层	深海
种数	384	797	1967	584
占比*（%）	10.29	21.36	52.71	15.65

* 占中国鱼类总种数 3732 种的百分比，2014 年统计

第二节 分布与区系

游泳生物的空间分布包括水平分布和垂直分布，本节仅论述数量较多的游泳生物在中国各海区的分布（表2-3）。

一、中国各海区的物种数

表2-2表明，各海区的物种数差别很大，自北向南依次增加。

头足纲：软体动物门仅头足纲枪形目的97种专一营游泳生活，渤海和黄海的种数较少（6~23种），仅占总种数的6%~24%。而东海、台湾周边海域和南海种数多（59~79种），占总种数的60%~82%。

甲壳纲：甲壳纲中的虾类主要营底栖生活，也兼营游泳生活，包括对虾类大型种、小型种和真虾类。各海区的物种数由北向南递增（22~497种）。南海珊瑚礁的真虾类种数多，研究也较深入，而对台湾周边海域珊瑚礁虾类研究相对较少。

盲鳗纲：营游泳和半寄生生活，中国海域记录13种，除渤海外，其他4个海区都有记录。

七鳃鳗纲：仅在渤海和黄海发现1种，是江海洄游温水性鱼类。

软骨鱼纲：包括营游泳生活的鲨和营底栖生活的𫚉、鳐。中国海域记录营游泳生活的软骨鱼237种，渤海（42种）和黄海（62种）都不足百种，其他3个海区都是160多种。许多鲨类是开阔水域的大洋性鱼类。

辐鳍鱼纲：是游泳生物最主要的类群，种数最多、数量最大、分布广，中国海域已记录3481种（包括了2014年新增加的25种）。游泳辐鳍鱼类在渤海（198种）和黄海（411种）都较少，仅占该海区全部种数的5.73%和11.90%。东海、台湾周边海域和南海的种数都在2000种以上，占全部种数60%~76%。本纲鱼类从沿岸水域至外洋都有，以沿岸水域和珊瑚礁水域最多。

爬行纲：包括海龟和海蛇，中国海域记录海龟2科5种，海龟科的4种除渤海外，其他4个海区都有记录。棱皮龟在中国各海区都有记录，是大洋种，能深潜。海蛇在中国海域报道有17种，隶属眼镜蛇科（Elapidae）（16种）和瘰鳞蛇科（Acrochordidae）（1种），5个海区都有发现，北部海区少，南部海区较多。分布于海水表层，呼吸空气，渔业捕捞中有兼捕（赵尔宓，2006）。

鸟纲：本书仅录入海洋鸟类的4科，即鹲科（Phaethontidae）、鲣鸟科（Sulidae）、军舰鸟科（Fregatidae）和鹱科（Procellariidae），共18种。未录入鸭科（Anatidae）等中国其他许多沿岸水鸟（陆健健等，1994）。海鸟主要生活于大洋水域，能长距离在洋面游荡，在海岛营巢繁殖。中国的海鸟主要分布于南海、东海外海和台湾周边海域（Mackinnon and Phillipps，2000）。海鸟的数量很多，对海洋鱼类需求大，其繁殖期的粪便在岛上形成鸟粪层，是优质有机肥料。

哺乳纲：中国海域有鲸目（Cetacea）的34种、鳍脚目（Pinnipedia）全部、海牛目（Sirenia）的儒艮。鲸目在游泳生物生态类群中的重要性仅次于鱼类，在5个海区都有分布，渤海有10种，

其中北太平洋露脊鲸仅在本海域被发现过；黄海 17 种；东海、台湾周边海域和南海都发现过
23 种或 24 种。

二、物种分布与水温和海流关系

海洋游泳生物的分布与季节变化和海洋表层水温紧密相关，而海流状况又直接影响水温。
水温决定海域的温度带，也是游泳生物适温属性的依据。中国海域南北方向从辽东湾起至曾母
暗沙，纵跨 30 多个纬度。冬季辽东湾结冰，出现温度负值（−1.5℃），而南海曾母暗沙水温高
达 27℃。中国海域主要流系有黑潮、对马海流、黄海暖流、渤海环流、中国沿岸流和南海暖水等。
其中，黑潮和中国沿岸流对中国海洋生物的影响最大。

三、海洋鱼类在各海区间的分布

渤海有分布的鱼在黄海都有，从渤海分布至黄海的仅 25 种，后者许多种在南海是优势种。
渤海许多种季节性出现，特别是暖水种，仅在春末至秋初出现。有 31 种至今仅在黄海有记录。
有 52 种鱼仅在东海有记录，而从东海分布至南海的鱼多达 1406 种，是海区间鱼类分布的最多
记录。东海和南海广阔的大陆架水域连成一片，提供了鱼类的活动、生存空间和物种的相似性。
许多南海的鱼类仅温暖季节在东海出现。

台湾东部和南部海域的鱼类与南海的相似性很大，有 1360 种都有记录。仅在台湾周边海
域记录的有 910 种，仅在南海记录的有 439 种。源于北赤道流的黑潮主干流经台湾东部，台
湾东部和南部海域冬季的水温仍然保持在 26~29℃，接近甚至高于南海的表层水温（孙湘平，
2006），因而终年有大量共有的暖水性鱼类出现。

四、海洋鱼类的区系

（一）区划划分的依据

曾呈奎和张峻甫（1960）将世界海洋生物区系分为五大生物区系组（biotic group）、9 个生
物区系区（biotic region）。

Ⅰ. 北极寒带海洋生物区系组（arctic frigid biotic group）

Ⅱ. 北温带海洋生物区系组（boreal temperate biotic group）

    Ⅱ.1 北太平洋生物区系区（North Pacific biotic region）

    Ⅱ.1.1 冷温带亚区（cold temperate zone）

    Ⅱ.1.2 暖温带亚区（warm temperate zone）

    Ⅱ.2 北大西洋生物区系区（North Atlantic biotic region）

Ⅲ. 暖水海洋生物区系组（warm water biotic group）

    Ⅲ.1 印度 - 西太平洋生物区系区（Indo-West Pacific tropical biotic region）

Ⅲ.2 大西洋 - 东太平洋生物区系区（Atlanto-East Pacific tropical biotic region）

Ⅲ.3 地中海 - 大西洋生物区系区（Mediterranean-Atlantic subtropical biotic region）

Ⅳ.南温带海洋生物区系组（south-temperate biotic group）

Ⅳ.1 南暖温带生物区系区（south warm-temperate biotic region）

Ⅳ.2 南冷温带生物区系区（south cold-temperate biotic region）

Ⅴ.南极海洋生物区系组（antarctic biotic group）

中国海域大致隶属如下组区。

（1）渤海和黄海：北温带北太平洋生物区系 - 暖温带亚区；

（2）东海和南海北部大陆架海域：暖水海洋生物区系 - 亚热带亚区；

（3）南海南部和台湾东部海域：暖水海洋生物区系 - 热带亚区。

海洋生物对水温变化具有适应和忍耐的能力，曾呈奎（1963）根据生物区系的温度属性将海洋生物分为三种类型。

Ⅰ.冷水种（cold water species）：生长、生殖适温低于 4℃，自然分布区月平均水温低于 10℃

Ⅰ.1 寒带种（cold zone species），适温 0℃左右

Ⅰ.2 亚寒带种（subcold zone species），适温 0~4℃

Ⅱ.温水种（temperate water species）：生长、生殖适温 4~20℃，自然分布区月平均水温 0~25℃

Ⅱ.1 冷温种（cold temperate species），适温 4~20℃

Ⅱ.2 暖温种（warm temperate species），适温 12~20℃

Ⅲ.暖水种（warm water species）：生长、生殖适温高于 20℃，自然分布区月平均水温高于 15℃

Ⅲ.1 亚热带种（subtropical species），适温 20~25℃

Ⅲ.2 热带种（tropical species），适温 25℃以上

中国海洋游泳生物种的温度属性类型中最多的是暖水种（包括亚热带种和热带种）；次为温水种中的暖温种，仅少数为冷温种；没有或偶见极少数的冷水种。

（二）各海区游泳物种的适温性

本节根据海区和物种的温度属性，按海区分述如下。

1. 黄渤海

黄渤海地处温带，水文受到黑潮分支黄海暖流余脉和陆地气温影响，表层水温季节变化很大。冬季上、下层水温基本一致，都不超过 5℃。渤海近岸冬季结冰，夏季表层水温可达 28.5℃。因有黄海冷水团存在，深水区终年低温。

黄渤海区的游泳生物属北温带北太平洋生物区系 - 暖温带亚区，在已记录的 254 种中 26 种仅分布在黄海。以暖温种占优势，但也有一定数量的暖水种和冷温种，偶见冷水种。

暖温种占黄渤海鱼类种数的比例最大，为 50% 以上。有些种往南分布仅至东海，有些种分布可至南海北部，分布到南海的种多数为夏秋季出现。仅分布至东海的种有皱唇鲨（*Triakis scyllium*）、扁头哈那鲨（*Notorynchus cepedianus*）、黑鳃梅童鱼（*Collichthys niveatus*）、斑头六线鱼（*Hexagrammos agrammus*）、暗纹多纪鲀（*Takifugu fasciatus*）等。分布至南海北部的种有青鳞小沙丁鱼（*Sardinella zunasi*）、斑鰶（*Konosirus punctatus*）、日本竹荚鱼（*Trachurus japonicus*）、黑棘鲷（*Acanthopagrus schlegeli*）等。

暖水种占总数的 30% 左右（唐启升，2006）。这些种只分布在黄渤海至南海之间，不一定是从南海洄游到黄海，有可能是同种的不同种群，秋季返回黄海北部或黄海南部，仅在夏秋季才出现。这些亚热带种和热带种有宽尾斜齿鲨（*Scoliodon laticaudus*）、路氏双髻鲨（*Sphyrna lewini*）、黄鲫（*Setipinna tenuifilis*）、海鳗（*Muraenesox cinereus*）、多鳞鱚（*Sillago sihama*）、白姑鱼（*Argyrosomus argentatus*）、双棘三刺鲀（*Triacanthus biaculeatus*）等。

冷温种仅分布于黄渤海的有 49 种，如大头鳕（*Gadus macrocephalus*）、太平洋鲱（*Clupea pallasii*）、秋刀鱼（*Cololabis saira*），网纹狮子鱼（*Liparis chefuensis*）等 4 种狮子鱼，以及网纹多纪鲀（*Takifugu reticularis*）等。这些种的分布与黄海冷水团密切相关。

冷水种很少，仅占黄渤海区种数的 1% 左右，如远东宽突鳕（*Eleginus gracilis*）、黄线狭鳕（*Theragra chalcogramma*）。

2. 东海

东海共记录鱼类 1663 种（不含台湾周边海域），分近岸海域和外海海域。

（1）近岸海域自长江口以南至台湾海峡西部大陆架浅水，属亚热带海区。暖水种居首位（占总数的 40%~50%），暖温种次之，仅冬季在东海北部偶见冷温种。凡在黄海出现的暖水种，东海区都有分布。带鱼和乌贼渔场主要在东海区。南海一些暖水种向北也止于东海区，如长颌棱鳀（*Thryssa setirostris*）、中华小公鱼（*Stolephorus chinensis*）和斑鳍银姑鱼（*Pennahia pawak*）等。冷温种很少，如黄海的优势种赫氏高眼鲽（*Cleisthenes herzensteini*）、长鲽（*Tanakius kitaharae*）和吉氏绵鳚（*Zoarces gilli*）等冬季向南分布到东海北部。

（2）外海海域即大陆架外侧以东海域。本海域受黑潮高温水控制，属热带海域。鱼类主要为热带种，暖温种很少，无冷温种和冷水种。

3. 台湾周边海域

台湾周边海域源于赤道附近的黑潮主干流经台湾南部和东部海域，南海暖流穿越台湾海峡。海峡西岸冬季低温的沿岸流被海洋锋阻隔，也未受长江口径流的影响，全年表层水温都在 20~24℃ 及以上。本海域属热带水域、暖水海洋生物区系，鱼类种数高达 3285 种，42.8% 分布至东海和南海、41.4% 分布至南海，仅 15.8%（519 种）分布局限于台湾周边海域。本海域鱼类大部分是热带种，部分是亚热带种，除了具暖水性外，尚有 3 个特点：①珊瑚礁鱼类多；②大洋性鱼类多；③东部深海还有少数深海冷水种。

4. 南海

南海面积约 $3.5 \times 10^6 km^2$，相当于黄渤海和东海三者之和的 2.8 倍。南海的水体 $3.5 \times 10^6 \sim 3.8 \times 10^6 km^3$，相当于黄渤海和东海水体之和的 13 倍。南海水深 1000~1100m，已知最深点在马尼拉海沟南端，约 5567m。表 2-5 给出了南海三类地貌单元的面积与水深（王颖，2013）。

表 2-5 南海三类地貌单元的面积与水深

地貌	面积（$\times 10^4 km^2$）	所占比例（%）	水深（m）
大陆架和岛架	168.5	48.15	< 350
大陆坡和岛坡	126.4	36.11	200~4000
海盆	55.1	15.74	4000~5000

南海已记录鱼类 3396 种，向北分布到黄渤海的占 4.6%，分布到东海的占 41.4%，分布到台湾周边海域的占 40.0%，仅分布在南海的占 14.0%。南海的鱼类与东海和台湾周边海域的鱼类有许多相同的种。南海鱼类绝大多数是暖水种（热带种和亚热带种），还有少数的深海冷水种，没有暖温种。南海北部（近岸）和南部的鱼类有差别。

（1）南海北部：包括广东、广西和海南三省区近岸浅海，冬季和夏季水温虽然差 10℃左右，但仍比东海温暖。已记录鱼类 1700 种左右，以亚热带暖水种为主，暖温种少，偶有热带种，没有冷温种。大部分种与东海南部的种一样。有些个体大、数量多的鱼类是捕捞对象，如珠带鱼（*Trichiurus margarites*）、短带鱼（*T. brevis*）、红背圆鲹（*Decapterus russelli*）、金线鱼（*Nemipterus virgatus*）、深水金线鱼（*N. bathybius*）、花斑蛇鲻（*Saurida undosquamis*）、多齿蛇鲻（*S. tumbil*）、马六甲绯鲤（*Upeneus moluccensis*）、黄带绯鲤（*U. sulphureus*）、短尾大眼鲷（*Priacanthus macracanthus*）等。

（2）南海南部：包括海南岛以南海域、东沙群岛、西沙群岛、中沙群岛、南沙群岛，至曾母暗沙的大陆架和深海区。此区是热带海域，鱼类多数是热带外洋暖水种，也有些亚热带暖水种，在海盆和大陆坡深海区尚有深海冷水鱼类。

珊瑚礁鱼类、大洋性鱼类和深海鱼类是本海区鱼类区系的特色。

（1）珊瑚礁鱼类：南海水产研究所对西沙和南沙的永暑礁、美济礁、仁爱礁等多个珊瑚礁区，采用手钓、延绳钓和流刺网进行珊瑚礁鱼类调查，共记录西沙和南沙珊瑚礁区鱼类分别为 146 种和 143 种。细斑裸胸鳝（*Gymnothorax fimbriata*）等多种裸胸鳝，斑点九棘鲈（*Cephalopholis argus*）等多种九棘鲈，长棘石斑鱼（*Epinephelus longispinis*），白边侧牙鲈（*Variola albimarginata*）、叉尾鲷（*Aphareus furca*）和金带齿颌鲷（*Gnathodentex aureolineatus*）等多种笛鲷科和锥齿鲷科鱼类，三带蝴蝶鱼（*Chaetodon trifasciatus*）等多种蝴蝶鱼科鱼类，以及隆头鱼科和刺尾鱼科的许多鱼，都是常见的珊瑚礁鱼类（李永振等，2007）。近年来，最常见有六带豆娘鱼（*Abudefduf sexfasciatus*）、库拉索凹牙豆娘鱼（*Amblyglyphidodon curacao*）和蓝头绿鹦嘴鱼（*Chlorurus sordidus*）等。

（2）大洋性鱼类：最主要有鲭科的鲔（*Euthynnus affinis*）、鲣（*Katsuwonus pelamis*）、羽鳃

鲐（*Rastrelliger kanagurta*）、康氏马鲛（*Scomberomorus commersoni*）、蓝点马鲛（*S. niphonius*）、金枪鱼（*Thunnus thynnus*）和大眼金枪鱼（*T. obesus*）等 23 种。这些鱼个体大、身体呈纺锤形、游泳快，因个体大（如大眼金枪鱼最大叉长超过 2m，重 197kg），成为世界金枪鱼业的主要捕捞对象。此外，尚有剑鱼科（Xiphiidae）、旗鱼科（Istiophoridae）的一些种。软骨鱼类的条纹斑竹鲨（*Chiloscyllium plagiosum*）、灰星鲨（*Mustelus griseus*）、镰状真鲨（*Carcharhinus falciformis*）、宽尾斜齿鲨（*Scoliodon laticaudus*）、路氏双髻鲨（*Sphyrna lewini*）、中国团扇鳐（*Platyrhina sinensis*）、赤魟（*Dasyatis akajei*）、尖嘴魟（*D. zugei*）也都是南海外海的常见种和渔业对象（戴小杰等，2006）。

（3）深海鱼类：中国南海外海的深水鱼类主要是灯笼鱼目物种及仙女鱼目和奇金眼鲷目物种（杨家驹等，1996；陈素芝，2002）。灯笼鱼目鱼类身体的各部位有形状各异、排列规则、左右对称的发光器，在幽暗的深海能发出颜色各异的冷光。灯笼鱼目鱼类有在深水层中上下垂直移动（洄游）的习性。通常黄昏开始上升，夜间活动于中、上层，黎明时下降，呈昼降夜升的规律。这类鱼身体小，呈黑色或无色。表 2-6 列出分布超千米深的 22 种南海深海鱼。

表 2-6　南海分布超千米深的深海鱼类代表种

代表种	体长（mm）	采集水深（m）
灯笼鱼目 MYCTOPHIFORMES		
拟灯笼鱼 *Scopelengys tristis*	41~167	1040~1055
朗明灯鱼 *Diogenichthys laternatus*	10~12	1485~2121
耀眼底灯鱼 *Benthosema suborbital*	11~27	500~3122
芒光灯笼鱼 *Myctophum affine*	15	2754
椭锦灯鱼 *Centrobranchus choerocephalus*	32	1050
前臀月灯鱼 *Taaningichthys bathyphilus*	26~65	1020~1594
发光炬灯鱼 *Lampadena luminosa*	22~172	1080~1485
长鳍虹灯鱼 *Bolinichthys longipes*	11~42	362~4300
翼珍灯鱼 *Lampanyctus alatus*	27~41	1004~3000
浅黑尾灯鱼 *Triphoturus nigrescens*	17~24	2870~3000
光腺眶灯鱼 *Diaphus suborbitalis*	24~73	520~3240
仙女鱼目 AULOPIFORMES		
贡氏深海狗母鱼 *Bathypterois guentheri*	159~260	485~1030
闪光肩灯鱼 *Notoscopelus resplendens*	24~165	2121
珠目鱼 *Scopelarchus guentheri*	26~33	600~2571
尼纸拟珠目鱼 *Scopelarchoides nicholsi*	42	1808
舌齿深海珠目鱼 *Banthalbella linguidens*	67	2294
细眼拟强牙巨口鱼 *Odontostomops normalops*	71	1732

续表

代表种	体长（mm）	采集水深（m）
阿氏谷口鱼 *Coccorella atrata*	42	2626
锤颌鱼 *Omosudis lowei*	16~28	881~1250
帆蜥鱼 *Alepisaurus ferox*	169~723	216~1037
奇金眼鲷目 STEPHANOBERYCIFORMES		
网肩龙氏鲸头鱼 *Rondeletia loricata*	88~103	140~3500
方头狮鼻鱼 *Vitiaziella cubiceps*	47	2754

　　经过几代鱼类学家的研究，中国海洋鱼类的概况已较清晰。至今已记录鱼类3732种，隶属4纲，主要是暖水种（亚热带种和热带种），少数暖温种，偶见冷温种。从北往南种数递增，暖水种增多。台湾周边海域和南海的鱼类最多，绝大多数是暖水种，有许多种分布于珊瑚礁区及其外缘。

　　针对南海鱼类的调查和研究虽然已进行了大量工作，但尚需进一步研究，特别是针对珊瑚礁区的鱼类。

参 考 文 献

别洛波利斯基 Л.О., 舒恩托夫 В.П. 1991. 海洋鸟类. 刘喜悦, 庄一纯, 译. 北京: 海洋出版社.

陈素芝. 2002. 中国动物志: 硬骨鱼纲 灯笼鱼目 鲸口鱼目 骨舌鱼目. 北京: 科学出版社.

成庆泰, 田明诚. 1981. 南海深海鱼类的初步报告. 海洋科学集刊, (18): 233-276.

戴小杰, 许柳雄, 宋利明, 等. 2006. 东太平洋金枪鱼延绳钓兼捕鲨鱼种类及其渔获量分析. 上海水产大学学报, 15(4): 509-512.

邓思明, 许玉成, 倪勇, 等. 1988. 东海深海鱼类. 上海: 学林出版社.

丁平, 陈水华. 2008. 中国湿地水鸟. 北京: 中国林业出版社.

黄宗国, 林茂. 2012a. 中国海洋生物图集 (1-8 册). 北京: 海洋出版社.

黄宗国, 林茂. 2012b. 中国海洋物种多样性 (上、下册). 北京: 海洋出版社.

李永振, 贾晓平, 陈国宝, 等. 2007. 南海珊瑚礁鱼类资源. 北京: 海洋出版社.

陆健健, 朴仁珠, 吴志康, 等. 1994. 中国水鸟研究. 上海: 华东师范大学出版社.

邱永松, 曾晓光, 陈涛, 等. 2008. 南海渔业资源与渔业管理. 北京: 海洋出版社.

邵广昭, 陈静怡. 2003. 鱼类图鉴. 台北: 远流出版公司.

邵广昭, 陈丽淑. 2004. 鱼类入门. 台北: 远流出版公司.

孙湘平. 2006. 中国近海区域海洋. 北京: 海洋出版社.

唐启升. 2006. 中国专属经济区海洋生物资源与栖息环境. 北京: 科学出版社.

王颖. 2013. 中国海洋地理. 北京: 科学出版社.

伍汉霖, 陈义雄. 2010. 中国海洋鱼类物种多样性、名录及分类系统的叙述 // 林茂, 李春光. 第一届海峡两岸海洋生物多样性研讨会文集. 北京: 海洋出版社.

伍汉霖, 邵广昭, 赖春福, 等. 2012. 拉汉世界鱼类系统名典. 基隆: 水产出版社.

杨家驹, 黄增岳, 陈素芝, 等. 1996. 南沙群岛至南海东北部海域大洋性深海鱼类. 北京: 科学出版社.

曾呈奎. 1963. 关于海藻区系分析研究的一些问题. 海洋与湖沼, 5(4): 298-305.

曾呈奎, 张峻甫. 1960. 关于海藻区系性质的分析. 海洋与湖沼, 3(3): 177-187.

曾晓光, 李永振, 林昭进, 等. 2004. 南海主要岛礁生物资源调查研究. 北京: 海洋出版社.

赵尔宓. 2006. 中国蛇类 (上、下册). 合肥: 安徽科学技术出版社.

郑元甲, 洪万树, 张其永. 2013. 中国主要海洋底层鱼类生物学研究的回顾与展望. 水产学报, 37(1): 151-160.

郑元甲, 李健生, 张其永, 等. 2014. 中国重要海洋中上层经济鱼类生物学研究进展. 水产学报, 38(1): 149-160.

MacKinnon J, Phillipps K. 2000. A Field Guide to the Birds of China. Oxford: Oxford University Press.

附表 2-1 中国海洋部分鱼类的栖息习性和分布

物种	栖息习性				分布				
	中上层	珊瑚礁	底层或中下层	深海	渤海	黄海	东海	台湾周边海域	南海
盲鳗纲 MYXINI									
盲鳗目 MYXINIFORMES									
盲鳗科 MYXINIDAE									
蒲氏黏盲鳗 *E. burgeri*			√			++	+	+	+
陈氏黏盲鳗 *E. cheni*			√				+	+	+
中华黏盲鳗 *E. chinensis*			√				+	+	+
纽氏黏盲鳗 *E. nelsoni*			√				+	+	
紫黏盲鳗 *E. okinoseanus*			√				+	+	+
红身黏盲鳗 *E. rubicundus*			√					+	
沈氏黏盲鳗 *E. sheni*			√				+	+	+
台湾黏盲鳗 *E. taiwanae*			√					+	
杨氏黏盲鳗 *E. yangi*			√				+	+	
台湾盲鳗 *Myxine formosana*			√					+	+
郭氏盲鳗 *M. kuoi*			√					+	+
费氏副盲鳗 *Paramyxine fernholmi*			√				+	+	
怀氏副盲鳗 *P. wisneri*			√					+	
七鳃鳗纲 PETROMYZONTIA									
七鳃鳗目 PETROMYZONTIFORMES									
七鳃鳗科 PETROMYZONTIDAE									
日本叉牙七鳃鳗 *Lethenteron japonicum*			√		+	+			
软骨鱼纲 CHONDRICHTHYES									
银鲛目 CHIMAERIFORMES									
长吻银鲛科 RHINOCHIMAERIDAE									
扁吻银鲛 *Harriotta raleighana*				√		+	+		
太平洋长吻银鲛 *Rhinochimaera pacifica*				√			+	+	+
银鲛科 CHIMAERIDAE									
乔氏银鲛 *Chimaera jordani*				√			+	+	
黑线银鲛 *C. phantasma*			√		+	+	+++	+	++

续表

物种	栖息习性				分布				
	中上层	珊瑚礁	底层或中下层	深海	渤海	黄海	东海	台湾周边海域	南海
箕作氏兔银鲛 *Hydrolagus mitsukurii*			√				+	+	+
虎鲨目 HETERODONTIFORMES									
虎鲨科 HETERODONTIDAE									
宽纹虎鲨 *Heterodontus japonicus*			√		+	++	+	+	
狭纹虎鲨 *H. zebra*			√				++	+	++
须鲨目 ORECTOLOBIFORMES									
斑鳍鲨科 PARASCYLLIIDAE									
橙黄鲨 *Cirrhoscylliun expolitum*			√				++		++
台湾橙黄鲨 *C. formosanum*			√					+	
日本橙黄鲨 *C. japonicum*			√						+
须鲨科 ORECTOLOBIDAE									
日本须鲨 *Orectolobus japonicus*			√				+	+	+
斑纹须鲨 *O. maculatus*			√				+	+	+
长尾须鲨科 HEMISCYLLIIDAE									
灰斑竹鲨 *Chiloscyllium griseum*			√				+	+	+
印度斑竹鲨 *C. indicum*			√				+	+	+
条纹斑竹鲨 *C. plagiosum*			√		+	+	+++	+	+++
点纹斑竹鲨 *C. punctatum*			√				+	+	+
豹纹鲨科 STEGOSTOMATIDAE									
豹纹鲨 *Stegostoma fasciatum*			√				+	+	+
绞口鲨科 GINGLYMOSTOMATIDAE									
长尾光鳞鲨 *Nebrius ferrugineus*			√				+	+	+
鲸鲨科 RHINCODONTIDAE									
鲸鲨 *Rhincodon typus*	√					+	+	+	+
鼠鲨目 LAMNIFORMES									
砂锥齿鲨科 ODONTASPIDIDAE									
锥齿鲨 *Carcharias taurus*			√			+	++	+	+
尖吻鲨科 MITSUKURINIDAE									

续表

物种	栖息习性				分布				
	中上层	珊瑚礁	底层或中下层	深海	渤海	黄海	东海	台湾周边海域	南海
欧氏尖吻鲨 *Mitsukurina owstoni*			√				+	+	
拟锥齿鲨科 PSEUDOCARCHARIIDAE									
拟锥齿鲨 *Pseudocarcharias kamoharai*			√					+	
巨口鲨科 MEGACHASMIDAE									
巨口鲨 *Megachasma pelagios*			√				+	+	
长尾鲨科 ALOPIIDAE									
浅海长尾鲨 *Alopias pelagicus*			√				+	+	++
狐形长尾鲨 *A. vulpinus*			√		+	+	++	+	+
姥鲨科 CETORHINIDAE									
姥鲨 *Cetorhinus maximus*	√					+	+	+	
鼠鲨科 LAMNIDAE									
噬人鲨 *Carcharodon carcharias*	√					+	+	+	++
尖吻鲭鲨 *Isurus oxyrinchus*	√					+	+	+	+
长臂鲭鲨 *I. paucus*	√						+	+	
真鲨目 CARCHARHINIFORMES									
猫鲨科 SCYLIORHINIDAE									
高臀光尾鲨 *Apristurus canutus*			√				+		+
驼背光尾鲨 *A. gibbosus*			√						+
霍氏光尾鲨 *A. herklotsi*			√				+		+
中间光尾鲨 *A. internatus*			√				+		
日本光尾鲨 *A. japonicus*			√				+		+
长头光尾鲨 *A. longicephalus*			√				+	+	+
大吻光尾鲨 *A. macrorhynchus*			√				+	+	
大口光尾鲨 *A. macrostomus*			√						+
微鳍光尾鲨 *A. micropterygeus*			√						+
粗体光尾鲨 *A. pinguis*			√				+		
扁吻光尾鲨 *A. platyrhynchus*			√				+	+	+
中华光尾鲨 *A. sinensis*			√				+		+

续表

物种	栖息习性				分布				
	中上层	珊瑚礁	底层或中下层	深海	渤海	黄海	东海	台湾周边海域	南海
白斑斑鲨 *Atelomycterus marmoratus*	√						+	+	+
无斑深海沟鲨 *Bythaelurus immaculatus*				√					+
网纹绒毛鲨 *Cephaloscyllium fasciatum*			√					+	+
沙捞越绒毛鲨 *C. sarawakensis*			√						+
阴影绒毛鲨 *C. umbratile*			√			+	+++	+	++
伊氏锯尾鲨 *Galeus eastmani*			√				+	+	
日本锯尾鲨 *G. nipponensis*			√						+
沙氏锯尾鲨 *G. sauteri*			√				+	+	
梅花鲨 *Halaelurus burgeri*			√			+	++	+	++
无斑梅花鲨 *H. immaculatus*			√						+
黑鳃盾尾鲨 *Parmaturus melanobranchus*				√			+	+	+
虎纹猫鲨 *Scyliorhinus torazame*			√			+	+		
原鲨科 PROSCYLLIIDAE									
斑鳍光唇鲨［光唇鲨］ *Eridacnis radcliffei*			√				+	+	+
哈氏原鲨 *Proscyllium habereri*			√				+	+	+
维纳斯原鲨 *P. venustum*			√				+	+	+
拟皱唇鲨科 PSEUDOTRIAKIDAE									
小齿拟皱唇鲨 *Pseudotriakis microdon*				√				+	
皱唇鲨科 TRIAKIDAE									
杂纹半皱唇鲨 *Hemitriakis complicofasciata*			√					+	+
日本半皱唇鲨 *H. japonica*			√				+		+
下盔鲨 *Hypogaleus hyugaensis*			√				+	+	
灰星鲨 *Mustelus griseus*			√		+	+	+++	+	+++
白斑星鲨 *M. manazo*			√		+	+	++	+	
皱唇鲨 *Triakis scyllium*			√		+	+++	++		
半沙条鲨科 HEMIGALEIDAE									
大口尖齿鲨 *Chaenogaleus macrostoma*			√					+	+
小口半沙条鲨 *Hemigaleus microstoma*			√				+	+	+

续表

物种	栖息习性				分布				
	中上层	珊瑚礁	底层或中下层	深海	渤海	黄海	东海	台湾周边海域	南海
钝吻鲨［半锯鲨］ *Hemipristis elongatus*			√				+		+
邓氏副沙条鲨 *Paragaleus tengi*			√				+	+	
真鲨科 CARCHARHINIDAE									
白边真鲨 *Carcharhinus albimarginatus*			√				++	+	+
大鼻真鲨 *C. altimus*			√					+	
钝吻真鲨 *C. amblyrhynchos*			√				+	+	
短尾真鲨 *C. brachyurus*			√			+	+	+	
直齿真鲨 *C. brevipinna*			√				+	+	+
杜氏真鲨 *C. dussumieri*			√				+	+	
镰状真鲨 *C. falciformis*	√				+	+	+++	+	+++
半齿真鲨 *C. hemiodon*			√				+		+
低鳍真鲨［公牛真鲨］ *C. leucas*			√				+	+	
黑梢真鲨 *C. limbatus*			√			+	+	+	+
长鳍真鲨 *C. longimanus*	√							+	+
麦氏真鲨 *C. macloti*			√				+	+	
乌翅真鲨 *C. melanopterus*		√					+	+	+
灰真鲨 *C. obscurus*			√				+	+	
铅灰真鲨 *C. plumbeus*			√		+	++	+	+	
沙拉真鲨 *C. sorrah*			√		+	++	++	+	+
鼬鲨 *Galeocerdo cuvieri*	√					+	+		+
恒河露齿鲨［恒河鲨］ *Glyphis gangeticus*			√				+		+
特氏宽鳍鲨 *Lamiopsis temminckii*			√						+
弯齿鲨 *Loxodon macrorhinus*			√				++	+	+
尖齿柠檬鲨 *Negaprion acutidens*			√					+	+
大青鲨 *Prionace glauca*	√					+	+	+	+
尖吻斜锯牙鲨 *Rhizoprionodon acutus*			√		+	++	+		+
短鳍斜锯牙鲨 *R. oligolinx*			√				+		+

续表

物种	栖息习性				分布				
	中上层	珊瑚礁	底层或中下层	深海	渤海	黄海	东海	台湾周边海域	南海
宽尾斜齿鲨 [尖头斜齿鲨] *Scoliodon laticaudus*			√		+	++	+++	+	+++
三齿鲨 *Triaenodon obesus*		√						+	+
双髻鲨科 SPHYRNIDAE									
丁字双髻鲨 *Eusphyrna blochii*	√								+
路氏双髻鲨 *Sphyrna lewini*	√				+	+	+++	+	+++
无沟双髻鲨 *S. mokarran*	√							+	+
锤头双髻鲨 *S. zygaena*	√					+	++	+	+
六鳃鲨目 HEXANCHIFORMES									
皱鳃鲨科 CHLAMYDOSELACHIDAE									
皱鳃鲨 *Chlamydoselachus anguineus*			√					+	
六鳃鲨科 HEXANCHIDAE									
尖吻七鳃鲨 *Heptranchias perlo*			√				+	+	
灰六鳃鲨 *Hexanchus griseus*			√				+	+	+
长吻六鳃鲨 *H. nakamurai*			√			+	+	+	+
扁头哈那鲨 *Notorynchus cepedianus*			√		+	+	+++		
棘鲨目 ECHINORHINIFORMES									
棘鲨科 ECHINORHINIDAE									
笠鳞棘鲨 *Echinorhinus cookei*			√					+	
角鲨目 SQUALIFORMES									
角鲨科 SQUALIDAE									
长须卷盔鲨 *Cirrhigaleus barbifer*			√					+	
白斑角鲨 *Squalus acanthias*			√		+	+++	++		
尖吻角鲨 *S. acutirostris*			√						+
高鳍角鲨 *S. blainvillei*			√					+	
日本角鲨 *S. japonicus*			√				+	+	+
大眼角鲨 *S. megalops*			√		+	+	++	+	+
长吻角鲨 *S. mitsukurii*			√		+	+	++	+	+

续表

物种	栖息习性				分布				
	中上层	珊瑚礁	底层或中下层	深海	渤海	黄海	东海	台湾周边海域	南海
刺鲨科 CENTROPHORIDAE									
尖鳍刺鲨 [针刺鲨] *Centrophorus acus*				√			+	+	+
黑缘刺鲨 *C. atromarginatus*				√				+	
颗粒刺鲨 *C. granulosus*				√					+
同齿刺鲨 *C. uyato*				√			+		
低鳍刺鲨 *C. lusitanicus*				√				+	
皱皮刺鲨 *C. moluccensis*				√				+	+
台湾刺鲨 *C. niaukang*				√			+	+	
粗体刺鲨 *C. robustus*				√			+		
叶鳞刺鲨 *C. squamosus*				√			+	+	+
锯齿刺鲨 *C. tessellatus*				√					+
同齿刺鲨 *C. uyato*				√				+	+
喙吻田氏鲨 *Deania calcea*				√			+	+	
乌鲨科 ETMOPTERIDAE									
黑霞鲨 *Centroscyllium fabricii*				√					+
斑条霞鲨 *C. fasciatum*				√			+		+
蒲原霞鲨 *C. kamoharai*				√			+	+	+
乌霞鲨 *C. nigrum*				√					+
比氏乌鲨 *Etmopterus bigelowi*				√			+		+
短尾乌鲨 *E. brachyurus*				√			+	+	
伯氏乌鲨 *E. burgessi*				√				+	
乌鲨 *E. lucifer*				√			++	+	
莫氏乌鲨 *E. molleri*				√			+	+	
小乌鲨 *E. pusillus*				√			+	+	+
黑腹乌鲨 *E. spinax*				√					+
斯普兰汀乌鲨 *E. splendidus*				√				+	
褐乌鲨 *E. unicolor*				√					+
睡鲨科 SOMNIOSIDAE									

续表

物种	栖息习性				分布				
	中上层	珊瑚礁	底层或中下层	深海	渤海	黄海	东海	台湾周边海域	南海
大眼荆鲨 *Centroscymnus coelolepis*				√					+
欧氏荆鲨 *C. owstoni*				√			+		
太平洋睡鲨 *Somniosus pacificus*				√				+	
鳞睡鲨 *Zameus squamulosus*				√			+	+	+
铠鲨科 DALATIIDAE									
铠鲨 *Dalatias licha*				√			+	+	
巴西达摩鲨 *Isistius brasiliensis*				√				+	
唇达摩鲨 *I. labialis*				√					+
阿里拟角鲨 *Squaliolus aliae*				√				+	
扁鲨目 SQUATINIFORMES									
扁鲨科 SQUATINIDAE									
台湾扁鲨 *Squatina formosa*			√					+	
日本扁鲨 *S. japonica*			√		+	++	++	+	
星云扁鲨 *S. nebulosa*			√				+	+	++
拟背斑扁鲨 *S. tergocellatoides*			√					+	
锯鲨目 PRISTIOPHORIFORMES									
锯鲨科 PRISTIOPHORIDAE									
日本锯鲨 *Pristiophorus japonicus*			√			+	+	+	
电鳐目 TORPEDINIFORMES									
电鳐科 TORPEDINIDAE									
台湾电鳐 *Torpedo formosa*			√					+	
东京电鳐 *T. tokionis*			√				+	+	+
双鳍电鳐科 NARCINIDAE									
杨氏深海电鳐 *Benthobatis yangi*			√					+	+
坚皮单鳍电鳐 *Crassinarke dormitor*			√		+	++	++	+	+
短唇双鳍电鳐 *Narcine brevilabiata*			√				+	+	
舌形双鳍电鳐 *N. lingula*			√				++	+	+
黑斑双鳍电鳐 *N. maculata*			√						+

续表

物种	栖息习性				分布				
	中上层	珊瑚礁	底层或中下层	深海	渤海	黄海	东海	台湾周边海域	南海
前背双鳍电鳐 *N. prodorsalis*			√				+	+	
丁氏双鳍电鳐 *N. timlei*			√				++		+++
日本单鳍电鳐 *Narke japonica*			√		+	+	+++	+	+
锯鳐目 PRISTIFORMES									
锯鳐科 PRISTIDAE									
钝锯鳐［尖齿锯鳐］*Anoxypristis cuspidata*			√				+	+	+
小齿锯鳐 *Pristis microdon*			√						+
鳐目 RAJIFORMES									
圆犁头鳐科 RHINIDAE									
圆犁头鳐 *Rhina ancylostoma*			√				+	+	+
尖犁头鳐科 RHYNCHOBATIDAE									
及达尖犁头鳐 *Rhynchobatus djiddensis*			√			+	+	+	+
犁头鳐科 RHINOBATIDAE									
颗粒蓝吻犁头鳐 *Glaucostegus granulatus*			√			+	+	+	+
台湾犁头鳐 *Rhinobatos formosensis*			√				+	+	
斑纹犁头鳐 *R. hynnicephalus*			√			+	++	+	++
小眼犁头鳐 *R. microphthalmus*			√				+	+	
许氏犁头鳐 *R. schlegelii*			√		+	+	++	+	+
鳐科 RAJIDAE									
东海无鳍鳐 *Anacanthobatis donghaiensis*				√			+		
南海无鳍鳐 *A. nanhaiensis*				√					+
狭体无鳍鳐 *A. stenosoma*				√					+
贝氏深海鳐 *Bathyraja bergi*				√					+
黑肛深海鳐 *B. diplotaenia*				√					+
匀棘深海鳐 *B. isotrachys*				√			+	+	
林氏深海鳐 *B. lindbergi*				√					+
松原深海鳐 *B. matsubarai*				√			+	+	+
糙体深海鳐 *B. trachouros*				√			+	+	+

续表

物种	栖息习性				分布				
	中上层	珊瑚礁	底层或中下层	深海	渤海	黄海	东海	台湾周边海域	南海
日本隆背鳐 ［短鳐］ *Notoraja tobitukai*				√				+	+
巨长吻鳐 *Dipturus gigas*			√		+	+			+
广东长吻鳐 *D. kwangtungensis*			√						+
尖嘴长吻鳐 *D. lanceorostratus*			√				+	+	
大尾长吻鳐 *D. macrocauda*			√				+		+
美长吻鳐 *D. pulchra*			√		+	+	++		
天狗长吻鳐 *D. tengu*			√				+		+
汉霖长吻鳐 *D. wuhanlingi*			√						+
尖棘瓮鳐 *Okamejei acutispina*			√		+	+	+	+	
鲍氏瓮鳐 *O. boesemani*			√					+	
何氏瓮鳐 *O. hollandi*			√			+	+++		++
斑瓮鳐 *O. kenojei*			√		+++	++	++		
麦氏瓮鳐 *O. meedervoortii*			√				+		+
孟氏瓮鳐 *O. mengae*			√						+
久慈吻鳐 *Rhinoraja kujiensis*				√					+
婆罗洲海湾无鳍鳐 *Sinobatis borneensis*				√			+	+	+
黑体海湾无鳍鳐 *S. melanosoma*				√			+	+	+
团扇鳐科 PLATYRHINIDAE									
中国团扇鳐 *Platyrhina sinensis*			√		+	+	+++		+++
汤氏团扇鳐 *P. tangi*			√				+	+	
鲼目 MYLIOBATIFORMES									
六鳃𫚉科 HEXATRYGONIDAE									
比氏六鳃𫚉 *Hexatrygon bickelli*				√			+	+	+
深水尾𫚉科 PLESIOBATIDAE									
达氏深水尾𫚉 *Plesiobatis daviesi*				√				+	+
扁𫚉科 UROLOPHIDAE									
褐黄扁𫚉 *Urolophus aurantiacus*			√					+	+
𫚉科 DASYATIDAE									

续表

物种	栖息习性				分布				
	中上层	珊瑚礁	底层或中下层	深海	渤海	黄海	东海	台湾周边海域	南海
尖吻𫚉 *Dasyatis acutirostra*			√					+	
赤𫚉 *D. akajei*			√		+	+	+++	+	+++
黄𫚉 *D . bennetti*			√		+	+	+		+
光𫚉 *D. laevigatus*			√		+	+	+		
鬼𫚉 *D. lata*			√				+	+	
奈氏𫚉 *D. navarrae*			√		+	+	+	+	
中国𫚉 *D. sinensis*			√		+	+	++		
尤氏𫚉 *D. ushiei*			√				+	+	
尖嘴𫚉 *D. zugei*			√		+	+	++	+	+++
齐氏窄尾𫚉 *Himantura gerrardi*			√			+	+	+	
小眼窄尾𫚉 *H. microphthalma*			√			+	++	+	
花点窄尾𫚉 *H. uarnak*			√		+	+	+	+	+
古氏新𫚉 *Neotrygon kuhlii*			√		+	+	+	+	+
紫色翼𫚉 *Pteroplatytrygon violacea*			√				+	+	+
迈氏条尾𫚉 *Taeniura meyeni*			√					+	+
糙沙粒𫚉 *Urogymnus asperrimus*			√				+	+	+
燕𫚉科 GYMNURIDAE									
日本燕𫚉 *Gymnura japonica*			√		+	+	++	+	+
花尾燕𫚉 *G. poecilura*			√				++		+
条尾燕𫚉 *G. zonura*			√				+	+	++
鲼科 MYLIOBATIDAE									
无斑鹞鲼 *Aetobatus flagellum*	√					+	++		++
纳氏鹞鲼 *A. narinari*	√					+	+	+	+
花点无刺鲼 *Aetomylaeus maculatus*	√						+	+	+
鹰状无刺鲼 *A. milvus*	√						+	+	+
聂氏无刺鲼 *A. nichofii*	√						+	+	+
蝠状无刺鲼 *A. vespertilio*	√						+	+	+
双吻前口蝠鲼 *Manta birostris*	√					+	+	+	+

续表

物种	栖息习性				分布				
	中上层	珊瑚礁	底层或中下层	深海	渤海	黄海	东海	台湾周边海域	南海
日本蝠鲼 *Mobula japonica*	√				+	+	+		+
蝠鲼 *M. mobular*	√								+
褐背蝠鲼 *M. tarapacana*	√							+	+
鸢鲼 *Myliobatis tobijei*	√				+	+	+	+	+
海南牛鼻鲼 *Rhinoptera hainanica*	√								+
爪哇牛鼻鲼 *R. javanica*							+	+	+
辐鳍鱼纲 ACTINOPTERYGII									
鲟形目 ACIPENSERIFORMES									
鲟科 ACIPENSERIDAE									
中华鲟 *Acipenser sinensis*			√		+	+	+		
匙吻鲟科 POLYODONTIDAE									
白鲟 *Psephurus gladius*			√				+	+	
海鲢目 ELOPIFORMES									
海鲢科 ELOPIDAE									
大眼海鲢 *Elops machnata*	√						+	+	+
大海鲢科 MEGALOPIDAE									
大海鲢 *Megalops cyprinoides*	√						+	+	++
北梭鱼目 ALBULIFORMES									
北梭鱼科 ALBULIDAE									
北梭鱼 *Albula glossodonta*			√				++	+	+
长背鱼 *Pterothrissus gissu*			√				+	+	
海蜥鱼科 HALOSAURIDAE									
异鳞海蜥鱼 *Aldrovandia affinis*				√			+	+	+
裸头海蜥鱼 *A. phalacra*				√			+	+	+
短吻拟海蜥鱼 *Halosauropsis macrochir*				√			+	+	+
中华海蜥鱼 *Halosaurus sinensis*				√					+
背棘鱼科 NOTACANTHIDAE									
长吻背棘鱼 *Notacanthus abbotti*				√			+	+	

续表

物种	栖息习性				分布				
	中上层	珊瑚礁	底层或中下层	深海	渤海	黄海	东海	台湾周边海域	南海
白令海多刺背棘鱼 *Polyacanthonotus challengeri*				√				+	
鳗鲡目 ANGUILLIFORMES									
鳗鲡科 ANGUILLIDAE									
太平洋双色鳗鲡 *Anguilla bicolor pacifica*			√				+	+	+
孟加拉鳗鲡 *A. bengalensis*			√						+
西里伯鳗鲡 *A. celebesensis*			√					+	
日本鳗鲡 *A. japonica*			√		+	++	+++	+	+++
吕宋鳗鲡 *A. luzonensis*			√				+	+	
花鳗鲡 *A. marmorata*			√				++	+	++
云纹鳗鲡 *A. nebulosa*			√				+		
乌耳鳗鲡 *A. nigricans*			√				+		
蚓鳗科 MORINGUIDAE									
线蚓鳗 *Moringua abbreviata*			√				+	+	+
大头蚓鳗 *M. macrocephalus*			√				+	+	+++
大鳍蚓鳗 *M. macrochir*			√						+
小鳍蚓鳗 *M. microchir*			√				+		
草鳗科 CHLOPSIDAE									
扁吻唇鼻鳗 *Chilorhinus platyrhynchus*		√					+	+	
黑吻眶鼻鳗 *Kaupichthys atronasus*		√							+
双齿眶鼻鳗 *K. diodontus*		√					+	+	
海鳝科 MURAENIDAE									
褐高眉鳝 *Anarchias allardicei*			√				+	+	+
坎顿高眉鳝 *A. cantonensis*			√						+
宽带鳢鳝 *Channomuraena vittata*			√				+	+	+
台湾颌须鳝 *Cirrimaxilla formosa*			√				+	+	+
棕斑蛇鳝 *Echidna delicatula*			√						+
云纹蛇鳝 *E. nebulosa*			√				+	+	+

续表

物种	栖息习性				分布				
	中上层	珊瑚礁	底层或中下层	深海	渤海	黄海	东海	台湾周边海域	南海
多带蛇鳝 *E. polyzona*			√				+	+	+++
黄点蛇鳝 *E. xanthospilos*			√				+	+	
贝氏勾吻鳝 *Enchelycore bayeri*			√						+
比基尼勾吻鳝 [比基尼泽鳝] *E. bikiniensis*			√				+	+	+
苔斑勾吻鳝 [泽鳝] *E. lichenosa*			√				+	+	+
褐勾吻鳝 *E. nigricans*			√						+
豹纹勾吻鳝 *E. pardalis*			√				+	+	+
裂纹勾吻鳝 [裂纹泽鳝] *E. schismatorhynchus*			√				+	+	+
锐齿鳝 *Enchelynassa canina*			√						+
条纹裸海鳝 *Gymnomuraena zebra*		√					+	+	+
白缘裸胸鳝 *Gymnothorax albimarginatus*		√					+	+	
班第氏裸胸鳝 *G. berndti*		√					+	+	+
伯恩斯裸胸鳝 *G. buroensis*		√					+	+	+
云纹裸胸鳝 *G. chilospilus*		√					+	+	+
黑环裸胸鳝 *G. chlamydatus*		√					+	+	+
长背裸胸鳝 *G. dorsalis*		√					+	+	
霉身裸胸鳝 *G. eurostus*		√					+	+	+
豆点裸胸鳝 *G. favagineus*		√					+	+	+
细斑裸胸鳝 *G. fimbriatus*		√					+	+	++
黄边裸胸鳝 *G. flavimarginatus*		√					+	+	+
美丽裸胸鳝 *G. formosus*		√					+		
白边裸胸鳝 *G. hepaticus*		√					+	+	++
海氏裸胸鳝 *G. herrei*		√					+	+	
魔斑裸胸鳝 *G. isingteena*		√							+
爪哇裸胸鳝 *G. javanicus*		√					+	+	+
蠕纹裸胸鳝 *G. kidako*		√					+	+	
珠纹裸胸鳝 *G. margaritophorus*		√					+	+	+
黄体裸胸鳝 *G. melatremus*		√					+	+	+

续表

物种	栖息习性				分布				
	中上层	珊瑚礁	底层或中下层	深海	渤海	黄海	东海	台湾周边海域	南海
斑点裸胸鳝 *G. meleagris*		√					+	+	+
小裸胸鳝 *G. minor*		√					+	+	
眼斑裸胸鳝 *G. monostigma*		√					+	+	
细花斑裸胸鳝 *G. neglectus*		√						+	+
雪花斑裸胸鳝 *G. niphostigmus*		√					+	+	
裸犁裸胸鳝 *G. nudivomer*		√							+
花斑裸胸鳝 *G. pictus*		√					+	+	+
平氏裸胸鳝［褐裸胸鳝］*G. pindae*		√						+	
豹纹裸胸鳝 *G. polyuranodon*		√					+	+	+
锯齿裸胸鳝 *G. prionodon*		√					+	+	+
长身裸胸鳝 *G. prolatus*		√						+	+
密网裸胸鳝 *G. pseudothyrsoideus*		√						+	+
休氏裸胸鳝 *G. pseudoherrei*		√						+	
斑条裸胸鳝 *G. punctatofasciatus*		√							+
匀斑裸胸鳝 *G. reevesii*		√					+	+	++
网纹裸胸鳝 *G. reticularis*		√					++	+	+
异纹裸胸鳝 *G. richardsonii*		√					+	+	+
宽带裸胸鳝 *G. rueppelliae*		√						+	+
邵氏裸胸鳝 *G. shaoi*		√						+	
台湾裸胸鳝 *G. taiwanensis*		√						+	
密花裸胸鳝 *G. thyrsoideus*		√					+	+	
波纹裸胸鳝 *G. undulatus*		√					+	+	++
褐首裸胸鳝 *G. ypsilon*		√						+	
带尾裸胸鳝 *G. zonipectis*		√					+	+	+
拟蛇鳝 *Pseudechidna brummeri*		√					+	+	
大口管鼻鳝 *Rhinomuraena quaesita*		√					+	+	+
虎斑鞭尾鳝 *Scuticaria tigrina*		√					+	+	+
长尾弯牙海鳝 *Strophidon sathete*		√					+	+	+

续表

物种	栖息习性				分布				
	中上层	珊瑚礁	底层或中下层	深海	渤海	黄海	东海	台湾周边海域	南海
单色尾鳝 *Uropterygius concolor*			√						+
大头尾鳝 *U. macrocephalus*			√				+	+	+
花斑尾鳝［石纹尾鳝］*U. marmoratusus*			√				+		
小鳍尾鳝 *U. micropterus*			√				+	+	+
网纹尾鳝 *U. nagoensis*			√						+
少椎尾鳝 *U. oligospondylus*			√					+	
合鳃鳗科 SYNAPHOBRANCHIDAE									
前肛鳗 *Dysomma anguillaris*			√			+	++		+++
长身前肛鳗 *D. dolichosomatum*			√					+	+
高氏前肛鳗 *D. goslinei*			√					+	+
长吻前肛鳗 *D. longirostrum*			√					+	
黑尾前肛鳗 *D. melanurum*			√				+	+	
后臀前肛鳗 *D. opisthoproctus*			√					+	
多齿前肛鳗 *D. polycatodon*			√				+	+	
后肛鳗 *Dysommina rugosa*				√		+		+	+
深海旗鳃鳗 *Histiobranchus bathybius*				√			+	+	+
软泥鳗 *Ilyophis brunneus*				√				+	+
箭齿前肛鳗 *Meadia abyssalis*			√					+	
罗氏箭齿前肛鳗 *M. roseni*			√					+	
寄生鳗 *Simenchelys parasiticus*			√				+		
长鳍合鳃鳗 *Synaphobranchus affinis*			√				+	+	+
短背鳍合鳃鳗 *S. brevidorsalis*			√				+	+	+
高氏合鳃鳗 *S. kaupii*			√				+	+	+
蛇鳗科 OPHICHTHYIDAE									
骏河湾无鳍蛇鳗 *Apterichtus moseri*			√					+	
克氏褐蛇鳗 *Bascanichthys kirkii*			√					+	+
长鳍褐蛇鳗 *B. longipinnis*			√						+
须唇短体蛇鳗 *Brachysomophis cirrocheilos*			√				+	+	

续表

物种	栖息习性				分布				
	中上层	珊瑚礁	底层或中下层	深海	渤海	黄海	东海	台湾周边海域	南海
鳄形短体蛇鳗 *B. crocodilinus*			√		+	+	+	+	+
亨氏短体蛇鳗 *B. henshawi*			√				+	+	
长鳍短体蛇鳗 *B. longipinnis*			√				+	+	+
紫身短体蛇鳗 *B. porphyreus*			√			+	+	+	
喉鳃盲蛇鳗 *Caecula kuro*			√					+	
小鳍盲蛇鳗 *C. pterygera*			√						+
下口丽蛇鳗 *Callechelys catostoma*			√						+
斑纹丽蛇鳗 *C. maculatus*			√						+
云纹丽蛇鳗 *C. marmorata*			√				+	+	
中华须鳗 *Cirrhimuraena chinensis*			√		+	++	+++	+	+++
元鼎须鳗 *C. yuanding*			√						+
麦氏无鳍蛇鳗 *Cirricaecula macdowelli*			√					+	
小尾鳍蠕鳗 *Echelus uropterus*			√					+	+
明多粗犁鳗 *Lamnostoma mindora*			√					+	+
半环盖蛇鳗 *Leiuranus semicinctus*			√				+	+	+
裸鳍虫鳗 *Muraenichthys gymnopterus*			√		+	++	++		+
汤氏虫鳗 *M. thompsoni*			√						+
斑竹花蛇鳗 *Myrichthys colubrinus*			√				+	+	+
斑纹花蛇鳗 *M. maculosus*			√				+	+	+
陈氏油鳗 *Myrophis cheni*								+	+
小尾油蛇鳗 *M. microchir*			√				+		
微鳍新蛇鳗 *Neenchelys parvipectoralis*			√				+	+	+
弯鳍新蛇鳗 *N. retropinna*			√					+	+
高鳍蛇鳗 *Ophichthus altipennis*			√				+		
暗鳍蛇鳗 *O. aphotistos*			√			+		+	+
尖吻蛇鳗 *O. apicalis*			√		+	+	++	+	+++
浅草蛇鳗 *O. asakusae*			√				+	+	+
鲍氏蛇鳗 *O. bonaparti*			√					+	

续表

物种	栖息习性				分布				
	中上层	珊瑚礁	底层或中下层	深海	渤海	黄海	东海	台湾周边海域	南海
短尾蛇鳗 *O. brevicaudatus*			√				+		+
西里伯蛇鳗 *O. celebicus*			√						+
颈斑蛇鳗 *O. cephalozona*			√				+	+	+
斑纹蛇鳗 *O. erabo*			√					+	+
横带蛇鳗 *O. fasciatus*			√				+	+	
石蛇鳗 *O. lithinus*			√					+	
大鳍蛇鳗 *O. macrochir*			√				+	+	+
多斑蛇鳗 *O. polyophthalmus*			√				+	+	+
后鳍蛇鳗 *O. retrodorsalis*			√				+		
窄鳍蛇鳗 *O. stenopterus*			√				+	+	+
张氏蛇鳗 *O. tchangi*			√						+
锦蛇鳗 *O. tsuchidae*			√				+	+	
裙鳍蛇鳗 *O. urolophus*			√				+	+	+
大吻沙蛇鳗 *Ophisurus macrorhynchos*			√			+	+	+	
杂食豆齿鳗 *Pisodonophis boro*			√				+++		+++
食蟹豆齿鳗 *P. cancrivorus*			√				+++		+++
裸身蠕蛇鳗 *Scolecenchelys gymnotus*			√				+		
大鳍蠕蛇鳗 *S. macroptera*			√				+		
列齿鳗［光唇蛇鳗］*Xyrias revulsus*			√					+	+
短尾康吉鳗科 COLOCONGRIDAE									
日本短尾康吉鳗 *Coloconger japonicus*			√				+	+	+
蛙头短尾康吉鳗 *C. raniceps*			√				+	+	
施氏短尾康吉鳗 *C. scholesi*			√						+
项鳗科 DERICHTHYIDAE									
短吻项鳗 *Derichthys serpentinus*			√						+
海鳗科 MURAENESOCIDAE									
原鹤海鳗 *Congresox talabon*			√						+
似原鹤海鳗 *C. talabonoides*			√						+

续表

物种	栖息习性				分布				
	中上层	珊瑚礁	底层或中下层	深海	渤海	黄海	东海	台湾周边海域	南海
鳄头鳗 *Gavialiceps taeniola*			√						+
台湾鳄头鳗 *G. taiwanensis*			√					+	+
褐海鳗 *Muraenesox bagio*			√			+	+	+	+
海鳗［灰海鳗］*M. cinereus*			√		+	++	+++	+	+++
细颌鳗 *Oxyconger leptognathus*			√				+		+
线鳗科 NEMICHTHYIDAE									
喙吻鳗 *Avocettina infans*			√					+	+
线鳗 *Nemichthys scolopaceus*			√				+	+	+
康吉鳗科 CONGRIDAE									
顶鼻前唇鳗 *Acromycter nezumi*			√						
穴美体鳗 *Ariosoma anago*			√				++	+	+
拟穴美体鳗 *A. anagoides*			√						+
条纹美体鳗 *A. fasciatum*			√					+	
大美体鳗 *A. major*			√				+	+	+
米克氏美体鳗 *A. meeki*			√			+	+	+	+
白穴美体鳗 *A. shrioanago*			√				+		
小斑深海康吉鳗 *Bathycongrus guttulatus*				√				+	
大尾深海康吉鳗 *B. macrurus*				√					+
网格深海康吉鳗 *B. retrotinctus*				√				+	+
瓦氏深海康吉鳗 *B. wallacei*				√				+	+
锉吻渊油鳗［锉吻海康吉鳗］*Bathymyrus simus*			√			+	+	+	+
深海尾鳗 *Bathyuroconger vicinus*			√				+	+	+
灰康吉鳗 *Conger cinereus*			√			+	++	+	+
日本康吉鳗 *C. japonicus*			√		+	+	+	+	+
星康吉鳗 *C. myriaster*			√		+	+++	+++	+	++
大洋康吉鳗 *C. oceanicus*			√						+
大口康吉鳗 *Congriscus megastomus*			√				+		

续表

物种	栖息习性				分布				
	中上层	珊瑚礁	底层或中下层	深海	渤海	黄海	东海	台湾周边海域	南海
穴颌吻鳗 *Gnathophis nystromi ginanago*			√				+		
尼氏颌吻鳗 *G. nystromi nystromi*			√				+		+
尖尾颌吻鳗 *G. xenica*			√					+	
日本园鳗 *Gorgasia japonica*			√					+	+
台湾园鳗 *G. taiwanensis*			√					+	
哈氏异康吉鳗 *Heteroconger hassi*			√				+	+	+
小头日本康鳗 [南鳗] *Japonoconger sivicola*			√				+		+
短吻大头糯鳗 *Macrocephenchelys brevirostris*			√					+	+
短吻拟海蠕鳗 *Parabathymyrus brachyrhynchus*			√					+	
大眼拟海蠕鳗 *P. macrophthalmus*			√			+	+	+	+
黑尾吻鳗 *Rhynchoconger ectenurus*			√				+	+	+
尖尾鳗 *Uroconger lepturus*			√			+	+++	+	+
鸭嘴鳗科 NETTASTOMATIDAE									
小头丝鳗 [小头鸭嘴鳗] *Nettastoma parviceps*			√				+	+	
前鼻丝鳗 [前鼻鸭嘴鳗] *N. solitarium*			√						+
线尾蜥鳗 *Saurenchelys fierasfer*			√				+	+	+
台湾蜥鳗 *S. taiwanensis*			√					+	+
锯犁鳗科 SERRIVOMERIDAE									
锯犁鳗 *Serrivomer beani*			√				+		
长齿锯犁鳗 *S. sector*			√				+	+	+
囊鳃鳗目 SACCOPHARYNGIFORMES									
宽咽鱼科 EURYPHARYNGIDAE									
宽咽鱼 *Eurypharynx pelecanoides*				√				+	+
鲱形目 CLUPEIFORMES									
锯腹鳓科 PRISTIGASTERIDAE									
鳓 *Ilisha elongata*	√				+	++	+++	+	+++

续表

物种	栖息习性				分布				
	中上层	珊瑚礁	底层或中下层	深海	渤海	黄海	东海	台湾周边海域	南海
大鳍鳓 *I. megaloptera*	√								+
黑口鳓 *I. melastoma*	√					+	++	+	+++
缅甸鳓 *I. novacula*	√								+
后鳍鱼 *Opisthopterus tardoore*	√					+	+++	+	+++
伐氏后鳍鱼 *O. valenciennesi*	√						+		+
庇隆多齿鳓 *Pellona ditchela*	√							+	+
鳀科 ENGRAULIDAE									
发光鲚 *Coilia dussumieri*	√								+
七丝鲚 *C. grayi*	√						++		++
凤鲚 *C. mystus*	√				+	+	+++	+	++
刀鲚 *C. nasus*	√				++	+	+++		++
尖吻半棱鳀 *Encrasicholina heteroloba*	√						+	+	+++
寡鳃半棱鳀 *E. oligobranchus*	√							+	+
银灰半棱鳀 *E. punctifer*	√							+	+
鳀 [日本鳀] *Engraulis japonicus*	√				+	++	+++	+	
海州拟黄鲫 *Pseudosetipinna haizhouensis*	√					+			
小头黄鲫 *Setipinna breviceps*	√								+
黑鳍黄鲫 *S. melanochir*	√								+
黄鲫 *S. tenuifilis*	√				+	+	+	+	+++
中华侧带小公鱼 *Stolephorus chinensis*	√					+	+	+	+++
康氏侧带小公鱼 *S. commersonii*	√					+	+	+++	+++
印度侧带小公鱼 [印度小公鱼] *S. indicus*	√					+	+	++	+++
岛屿侧带小公鱼 [岛屿小公鱼] *S. insularis*	√							+	+
山东侧带小公鱼 *S. shantungensis*	√					+			
印尼侧带小公鱼 *S. tri*	√							+	+
韦氏侧带小公鱼 *S. waitei*	√							+	+
青带侧带小公鱼 [青带小公鱼] *S. zollingeri*	√								+

续表

物种	栖息习性				分布				
	中上层	珊瑚礁	底层或中下层	深海	渤海	黄海	东海	台湾周边海域	南海
汕头棱鳀 *Thryssa adelae*	√								+
贝拉棱鳀 *T. baelama*	√						+		
芝罘棱鳀 *T. chefuensis*	√				+	+	+	+	
杜氏棱鳀 *T. dussumieri*	√						+++	+	+++
汉氏棱鳀 *T. hamiltonii*	√						+++	+	+++
赤鼻棱鳀 *T. kammalensis*	√				+++	+++	+++	+	++
中颌棱鳀 *T. mystax*	√				+	+	++		+++
长颌棱鳀 *T. setirostris*	√						+++	+	+++
黄吻棱鳀 *T. vitirostris*	√							+	+++
宝刀鱼科 CHIROCENTRIDAE									
短颌宝刀鱼 *Chirocentrus dorab*	√					+	++	+	++
长颌宝刀鱼 *C. nudus*	√						+	+	+
鲱科 CLUPEIDAE									
短颌钝腹鲱 *Amblygaster clupeoides*	√					+	+		+
平胸钝腹鲱 *A. leiogaster*	√						+	+	+
斑点钝腹鲱 *A. sirm*	√						+	+	+
无齿鰶 *Anodontostoma chacunda*	√						+		+
花鰶 *Clupanodon thrissa*	√						+	+	+
太平洋鲱 *Clupea pallasii*	√				+	++			
尖吻圆腹鲱 *Dussumieria acuta*	√						+	+	+
黄带圆腹鲱 *D. elopsoides*	√					+	++		++
脂眼鲱 *Etrumeus teres*	√					+	+++		+
大眼似青鳞鱼 *Herklotsichthys ovalis*	√					+	+		
斑点似青鳞鱼 *H. punctatus*	√							+	+
四点似青鳞鱼 *H. quadrimaculatus*	√							+	
花点鲥 *Hilsa kelee*	√						+	+	
斑鰶 *Konosirus punctatus*	√				+	+	++	+	++
环球海鰶 *Nematalosa come*	√							+	

续表

物种	栖息习性				分布				
	中上层	珊瑚礁	底层或中下层	深海	渤海	黄海	东海	台湾周边海域	南海
日本海鳀 *N. japonica*	√						+	+	+
圆吻海鳀 *N. nasus*	√						+	+	++
白腹小沙丁鱼 *Sardinella albella*	√						++	+	+
短体小沙丁鱼 *S. brachysoma*	√						+	+	+
缝鳞小沙丁鱼 *S. fimbriata*	√						++		+
隆背小沙丁鱼 *S. gibbosa*	√							+	+
花莲小沙丁鱼 *S. hualiensis*	√						+	+	
裘氏小沙丁鱼 *S. jussieui*	√						+++		+++
黄泽小沙丁鱼 *S. lemuru*	√						+++	+	+++
黑尾小沙丁鱼 *S. melanura*	√						+	+	+
里氏小沙丁鱼 *S. richardsoni*	√								+
信德小沙丁鱼 *S. sindensis*	√						+	+	+
青鳞小沙丁鱼 *S. zunasi*	√					+	++	+	
拟沙丁鱼 *Sardinops sagax*	√					+	+++	+	+++
锈眼小体鲱 *Spratelloides delicatulus*	√						+	+	+
银带小体鲱 *S. gracilis*	√						+	+	+
云鰶 *Tenualosa ilisha*	√						+++		
鰣 *T. reevesii*	√					+	++	+	+
鼠鱚目 GONORHYNCHIFORMES									
遮目鱼科 CHANIDAE									
遮目鱼 *Chanos chanos*			√			+	+	+++	++
鼠鱚科 GONORYNCHIDAE									
鼠鱚 *Gonorynchus abbreviatus*			√			++	+		++
鲇形目 SILURIFORMES									
鳗鲇科 PLOTOSIDAE									
白唇副鳗鲇 *Paraplotosus albilabris*			√						+
印度洋鳗鲇 *Plotosus canius*			√						+
线纹鳗鲇 *P. lineatus*			√				++	+	++

续表

物种	栖息习性				分布				
	中上层	珊瑚礁	底层或中下层	深海	渤海	黄海	东海	台湾周边海域	南海
海鲇科 ARIIDAE									
丝鳍海鲇 *Arius arius*			√			+	++	+	++
斑海鲇 *A. maculates*			√				+	+	
小头海鲇 *A. microcephalus*			√						+
脉海鲇 *A. venosus*			√						+
蛙头鲇 *Batrachocephalus mino*			√						+
双线多齿海鲇 *Netuma bilineata*			√						+
大头多齿海鲇 *N. thalassina*			√			+	+++	+	+++
内尔褶囊海鲇 *Plicofollis nella*			√				++	+	++
𩾃科 PANGASIIDAE									
克氏𩾃 *Pangasius krempfi*			√						+
水珍鱼目 ARGENTINIFORMES									
水珍鱼科 ARGENTINIDAE									
鹿儿岛水珍鱼 *Argentina kagoshimae*				√			++	+	++
半带舌珍鱼 *Glossanodon semifasciatus*				√			+		
后肛鱼科 OPISTHOPROCTIDAE									
长头胸翼鱼 *Dolichopteryx longipes*				√					+
后肛鱼 *Opisthoproctus soleatus*				√					+
小口兔鲑科 MICROSTOMATIDAE									
银腹似深海鲑 *Bathylagoides argyrogaster*				√					+
鄂霍茨克深海脂鲑 *Lipolagus ochotensis*				√			+		
黑渊鲑 *Melanolagus bericoides*				√				+	+
南氏鱼 *Nansenia ardesiaca*				√			+	+	+
深海黑头鱼科 BATHYLACONIDAE									
赫威平头鱼 *Herwigia kreffti*				√					+
平头鱼科 ALEPOCEPHALIDAE									
双色平头鱼 *Alepocephalus bicolor*				√			+	+	
长鳍平头鱼 *A. longiceps*				√			+	+	

续表

物种	栖息习性				分布				
	中上层	珊瑚礁	底层或中下层	深海	渤海	黄海	东海	台湾周边海域	南海
长吻平头鱼 *A. longirostris*				√			+		
欧氏平头鱼 *A. owstoni*				√			+		
尖吻平头鱼 *A. triangularis*				√			+	+	+
暗首平头鱼 *A. umbriceps*				√			+		
伯氏巴杰平头鱼 *Bajacalifornia burragei*				√				+	+
小鳞渊眼鱼 *Bathytroctes microlepis*				√				+	
克氏锥首鱼 *Conocara kreffti*				√			+	+	
光滑细皮平头鱼 *Leptoderma lubricum*				√			+	+	
连尾细皮平头鱼 *L. retropinna*				√			+	+	
蒲原黑口鱼 *Narcetes kamoharai*				√					+
鲁氏黑口鱼 *N. lloydi*				√			+	+	+
根室鲁氏鱼 *Rouleina guentheri*				√			+	+	+
渡濑鲁氏鱼 *R. watasei*				√			+	+	+
安的列斯塔氏鱼 *Talismania antillarum*				√			+	+	
短头塔氏鱼 *T. brachycephala*				√			+		
丝鳍塔氏鱼 *T. filamentosa*				√					+
丝尾塔氏鱼 *T. longifilis*				√				+	+
日本裸平头鱼 *Xenodermichthys nodulosus*								+	
胡瓜鱼目 OSMERIFORMES									
胡瓜鱼科 OSMERIDAE									
日本公鱼 *Hypomesus japonicus*			√			+			
毛鳞鱼 *Mallotus villosus*			√			+			
安氏新银鱼 *Neosalanx anderssoni*			√		+++	++			
短吻新银鱼 *N. brevirostris*			√			+			
乔氏新银鱼 *N. jordani*			√		+	+			
陈氏新银鱼 *N. tangkahkeii*			√			+	++		
香鱼 *Plecoglossus altivelis*			√		+	+	++	+	+
中国大银鱼 *Protosalanx chinensis*			√		+	++	+		

续表

物种	栖息习性				分布				
	中上层	珊瑚礁	底层或中下层	深海	渤海	黄海	东海	台湾周边海域	南海
小齿日本银鱼 *Salangichthys microdon*			√				+		
尖头银鱼 *Salanx acuticeps*			√		+	+	+	+	
有明银鱼 *S. ariakensis*			√		+	+	++	+	+
中国银鱼 *S. chinensis*			√				++		
居氏银鱼 *S. cuvieri*			√			+	++		
巨口鱼目 STOMIIFORMES									
双光鱼科 DIPLPHIDAE									
东方双光鱼 *Diplophos orientalis*				√				+	+
太平洋双光鱼 *D. pacificus*				√			+		
带纹双光鱼［条带双光鱼］*D. taenia*				√				+	+
钻光鱼科 GONOSTOMATIDAE									
斜齿圆罩鱼 *Cyclothone acclinidens*				√					+
白圆罩鱼 *C. alba*				√			+	+	
黑圆罩鱼 *C. atraria*				√				+	+
暗圆罩鱼 *C. obscura*				√					+
苍圆罩鱼 *C. pallida*				√				+	+
近苍圆罩鱼 *C. pseudopallida*				√					+
带纹双光鱼 *Diplophos taenia*				√				+	+
大西洋钻光鱼 *Gonostoma atlanticum*				√				+	+
长钻光鱼 *G. elongatum*				√			+	+	
柔身纤钻光鱼 *Sigmops gracilis*				√				+	+
三钻光鱼［尾灯鱼］*Triplophos hemingi*				√				+	
褶胸鱼科 STERNOPTYCHIDAE									
棘银斧鱼 *Argyropelecus aculeatus*				√			+	+	
长银斧鱼 *A. affinis*				√			+	+	+
巨银斧鱼 *A. gigas*				√				+	
半裸银斧鱼 *A. hemigymnus*				√			+	+	
斯氏银斧鱼 *A. sladeni*				√			+	+	

续表

物种	栖息习性				分布				
	中上层	珊瑚礁	底层或中下层	深海	渤海	黄海	东海	台湾周边海域	南海
穆氏暗光鱼 *Maurolicus muelleri*				√				+	
光带烛光鱼 *Polyipnus aquavitus*				√					+
达氏烛光鱼 *P. danae*				√			+	+	
短棘烛光鱼 *P. nuttingi*				√					+
头棘烛光鱼 *P. spinifer*				√			+	+	+
大棘烛光鱼 *P. spinosus*				√			+		
闪电烛光鱼 *P. stereope*				√			+	+	
三齿烛光鱼 *P. tridentifer*				√			+	+	
三烛光鱼 *P. triphanos*				√				+	
单棘烛光鱼 *P. unispinus*				√					+
褶胸鱼 *Sternoptyx diaphana*				√			+	+	
暗色褶胸鱼 *S. obscura*				√			+	+	
拟暗色褶胸鱼 *S. pseudobscura*				√			+	+	
卡氏丛光鱼 *Valenciennellus carlsbergi*				√					+
三斑丛光鱼 *V. tripunctulatus*				√			+	+	
巨口光灯鱼科 PHOSICHTHYIDAE									
长体颌光鱼 *Ichthyococcus elongatus*				√				+	+
异颌光鱼 *I. irregularis*				√					+
卵圆颌光鱼 *I. ovatus*				√					+
莫氏轴光鱼 *Pollichthys mauli*				√				+	
长刀光鱼 *Polymetme elongata*				√			+	+	+
骏河湾刀光鱼 *P. surugaensis*				√					+
狭串光鱼 *Vinciguerria attenuata*				√			+	+	
荧串光鱼 *V. lucetia*				√					+
智利串光鱼 *V. nimbaria*				√			+	+	
强串光鱼 *V. poweriae*				√					+
澳洲离光鱼 *Woodsia nonsuchae*				√				+	
巨口鱼科 STOMIIDAE									

续表

物种	栖息习性				分布				
	中上层	珊瑚礁	底层或中下层	深海	渤海	黄海	东海	台湾周边海域	南海
闪亮奇巨口鱼 *Aristostomias scintillans*				√					+
金星衫鱼 *Astronesthes chrysophekadion*				√				+	
台湾星衫鱼 *A. formosana*				√				+	
印度星衫鱼 *A. indicus*				√			+	+	
印太星衫鱼 *A. indopacifica*				√			+		
荧光星衫鱼 *A. lucifer*				√			+	+	+
丝球星衫鱼 *A. splendidus*				√				+	+
三丝星衫鱼 *A. trifibulatus*				√				+	
四丝深巨口鱼 *Bathophilus kingi*				√				+	
丝须深巨口鱼 *B. nigerrimus*				√				+	+
掠食巨口鱼 *Borostomias elucens*				√				+	+
马康氏蝰鱼 *Chauliodus macouni*				√				+	
斯氏蝰鱼 *C. sloani*				√			+	+	+
真芒巨口鱼 *Eupogonesthes xenicus*				√			+	+	
歧须真巨口鱼 *Eustomias bifilis*				√				+	+
流苏真巨口鱼 *E. crossotus*				√					+
长须真巨口鱼 *E. longibarba*				√			+		
蛇口异星衫鱼 *Heterophotus ophistoma*				√			+	+	+
奇棘鱼 *Idiacanthus fasciola*				√			+	+	+
多纹纤巨口鱼 *Leptostomias multifilis*				√				+	
强壮纤巨口鱼 *L. robustus*				√				+	+
黑柔骨鱼 *Malacosteus niger*				√			+	+	
乌须黑巨口鱼 *Melanostomias melanopogon*				√					+
大眼黑巨口鱼 *M. melanops*				√				+	+
瓦氏黑巨口鱼 *M. valdiviae*				√				+	
脂巨口鱼 *Opostomias mitsuii*				√					+
小牙厚巨口鱼 *Pachystomias microdon*				√			+	+	
白鳍袋巨口鱼 *Photonectes albipennis*				√			+	+	

续表

物种	栖息习性				分布				
	中上层	珊瑚礁	底层或中下层	深海	渤海	黄海	东海	台湾周边海域	南海
格氏光巨口鱼 *Photostomias guernei*				√			+	+	+
细杉鱼 *Rhadinesthes decimus*				√			+	+	
巨口鱼 *Stomias affinis*				√			+	+	+
星云巨口鱼 *S. nebulosus*				√				+	+
缨光鱼 *Thysanactis dentex*				√				+	+
辫鱼目 ATELEOPODIFORMES									
辫鱼科 ATELEOPODIDAE									
日本辫鱼 *Ateleopus japonicus*			√				+	+	
紫辫鱼 *A. purpureus*			√				+	+	
田边辫鱼 *A. tanabensis*			√					+	
大眼大辫鱼 *Ijimaia dofleini*			√				+	+	+
仙女鱼目 AULOPIFORMES									
副仙女鱼科 PARAULOPIDAE									
日本副仙女鱼 *Paraulopus japonicus*			√				+		+
大鳞副仙女鱼 *P. oblongus*			√				+		+
仙女鱼科 AULOPIDAE									
达氏姬鱼 *Hime damasi*			√					+	
台湾姬鱼 *H. formosanus*			√					+	
日本姬鱼 *H. japonica*			√			+	+	+	+
狗母鱼科 SYNODONTIDAE									
短臂龙头鱼 *Harpodon microchir*			√				+		
龙头鱼 *H. nehereus*			√			++	+++		+++
长体蛇鲻 *Saurida elongata*			√		+	++	+++	+	+++
长条蛇鲻 *S. filamentosa*			√				+		++
细蛇鲻 *S. gracilis*			√				+	+	+
大鳞蛇鲻 *S. macrolepis*			√					+	
云纹蛇鲻 *S. nebulosa*			√				+	+	
多齿蛇鲻 *S. tumbil*			√		+	++	+++	+	+++

续表

物种	栖息习性				分布				
	中上层	珊瑚礁	底层或中下层	深海	渤海	黄海	东海	台湾周边海域	南海
梅吉氏蛇鲻 *S.umeyoshii*			✓				+		
花斑蛇鲻 *S. undosquamis*			✓			+	+	+	+
鳄蛇鲻 *S. wanieso*			✓				+		
双斑狗母鱼 *Synodus binotatus*			✓					+	+
羊角狗母鱼 *S. capricornis*			✓					+	
革狗母鱼 *S. dermatogenys*			✓					+	+
道氏狗母鱼 *S. doaki*			✓					+	
红带狗母鱼 *S. englemani*			✓				+		+
褐狗母鱼 *S. fuscus*			✓				+	+	+
肩斑狗母鱼 *S. hoshinonis*			✓						+
印度狗母鱼 *S. indicus*			✓						+
斑尾狗母鱼 *S. jaculum*			✓					+	+
方斑狗母鱼 *S. kaianus*			✓				+		+
大首狗母鱼 *S. macrocephalus*			✓						+
叉斑狗母鱼 *S. macrops*			✓			+	++	+	+
狗母鱼 *S. oculeus*			✓						+
东方狗母鱼 *S. orientalis*			✓				+	+	
红花斑狗母鱼 *S. rubromarmoratus*			✓					+	
台湾狗母鱼 *S. taiwanensis*			✓					+	
肩盖狗母鱼 *S. tectus*			✓					+	
红斑狗母鱼 *S. ulae*			✓				+	+	+
杂斑狗母鱼 *S. variegatus*			✓			+	+	+	+
大头狗母鱼 *Trachinocephalus myops*			✓			+	+++	+	+++
青眼鱼科 CHLOROPHTHALMIDAE									
尖额青眼鱼 *Chlorophthalmus acutifrons*				✓			+	+	+
尖吻青眼鱼 *C. agassizi*				✓			+	+	
大眼青眼鱼 *C. albatrossis*				✓			+	+	
双角青眼鱼 *C. bicornis*				✓					+

续表

物种	栖息习性				分布				
	中上层	珊瑚礁	底层或中下层	深海	渤海	黄海	东海	台湾周边海域	南海
北域青眼鱼 *C. borealis*				√				+	
黑缘青眼鱼 *C. nigromarginatus*				√			+	+	+
崖蜥鱼科 NOTOSUDIDAE									
哈氏弱蜥鱼 *Scopelosaurus harryi*				√					+
霍氏弱蜥鱼 *S. hoedti*				√				+	
史氏弱蜥鱼 *S. smithii*				√					+
炉眼鱼科 IPNOPIDAE									
小眼深海狗母鱼 *Bathypterois atricolor*				√				+	+
贡氏深海狗母鱼 *B. guentheri*				√				+	+
盲深海青眼鱼 *Bathytyphlops marionae*				√				+	
阿氏炉眼鱼 *Ipnops agassizii*				√					+
珠目鱼科 SCOPELARCHIDAE									
舌齿深海珠目鱼 *Benthalbella linguidens*				√					+
羽红珠目鱼 *Rosenblattichthys alatus*				√			+		
丹娜拟珠目鱼 *Scopelarchoides danae*				√			+		+
尼氏拟珠目鱼 *S. nicholsi*				√					+
柔珠目鱼 *Scopelarchus analis*				√					+
根室珠目鱼 *S. guentheri*				√					+
齿口鱼科 EVERMANNELLIDAE									
大西洋谷口鱼 *Coccorella atlantica*				√					+
阿氏谷口鱼 *C. atrata*				√					+
印度齿口鱼 *Evermannella indica*				√			+	+	+
细眼拟强牙巨口鱼 *Odontostomops normalops*				√					+
帆蜥鱼科 ALEPISAURIDAE									
帆蜥鱼 *Alepisaurus ferox*				√			+	+	+
锤颌鱼 *Omosudis lowei*				√			+		+
舒蜥鱼科 PARALEPIDIDAE									

续表

物种	栖息习性				分布				
	中上层	珊瑚礁	底层或中下层	深海	渤海	黄海	东海	台湾周边海域	南海
安芬盗目鱼 [海盗鱼] *Lestidiops affinis*				√					+
盗目鱼 *L. distans*				√					+
印太盗目鱼 *L. indopacifica*				√			+		
黑盗目鱼 *L. mirabile*				√					+
细盗目鱼 *L. ringens*				√					+
大西洋裸蜥鱼 *Lestidium atlanticum*				√					+
长裸蜥鱼 *L. prolixum*				√			+	+	+
中间光鳞鱼 *Lestrolepis intermedia*				√			+	+	
日本光鳞鱼 *L. japonica*				√			+	+	+
大西洋大梭蜥鱼 *Magnisudis atlantica*				√					+
尾斑纤柱鱼 *Stemonosudis elegans*				√					+
长胸柱蜥鱼 *Sudis arax*				√					+
深海蜥鱼科 BATHYSAURIDAE									
尖吻深海蜥鱼 *Bathysaurus mollis*				√			+	+	
巨尾鱼科 GIGANTURIDAE									
印度巨尾鱼 *Gigantura indica*				√				+	
灯笼鱼目 MYCTOPHIFORMES									
新灯笼鱼科 NEOSCOPELIDAE									
大鳞新灯鱼 *Neoscopelus macrolepidotus*				√			+	+	+
小鳍新灯鱼 *N. microchir*				√			+	+	+
多孔新灯鱼 *N. porosus*				√				+	+
拟灯笼鱼 *Scopelengys tristis*				√			+		+
灯笼鱼科 MYCTOPHIDAE									
带底灯鱼 *Benthosema fibulatum*				√			+	+	+
七星底灯鱼 *B. pterotum*			√			++	+++	+	
耀眼底灯鱼 *B. suborbitale*				√			+	+	+
长鳍虹灯鱼 *Bolinichthys longipes*				√			+	+	+
眶暗虹灯鱼 *B. pyrsobolus*				√					+

续表

物种	栖息习性				分布				
	中上层	珊瑚礁	底层或中下层	深海	渤海	黄海	东海	台湾周边海域	南海
侧上虹灯鱼 *B. supralateralis*				√				+	+
牡锦灯鱼 *Centrobranchus andreae*				√					+
椭锦灯鱼 *C. choerocephalus*				√					+
黑鳃锦灯鱼 *C. nigroocellatus*				√					+
汤氏角灯鱼 *Ceratoscopelus townsendi*				√					+
瓦明氏角灯鱼 *C. warmingi*				√			+		+
长距眶灯鱼 *Diaphus aliciae*				√			+	+	+
安氏眶灯鱼 *D. anderseni*				√					+
短头眶灯鱼 *D. brachycephalus*				√				+	+
波腾眶灯鱼 *D. burtoni*				√					+
金鼻眶灯鱼 *D. chrysorhynchus*				√			+	+	+
蓝光眶灯鱼 *D. coeruleus*				√			+	+	+
冠眶灯鱼 *D. diadematus*				√					+
冠冕眶灯鱼 *D. diademophilus*				√			+	+	+
符氏眶灯鱼 *D. fragilis*				√			+	+	+
灿烂眶灯鱼 *D. fulgens*				√			+	+	+
喀氏眶灯鱼 *D. garmani*				√			+	+	+
大眼眶灯鱼 *D. holti*				√					+
颜氏眶灯鱼 *D. jenseni*				√					+
奈氏眶灯鱼 *D. knappi*				√				+	
耀眼眶灯鱼 *D. lucidus*				√			+	+	+
吕氏眶灯鱼 *D. luetkeni*				√			+	+	+
马来亚眶灯鱼 *D. malayanus*				√					+
大鳞眶灯鱼 *D. megalops*				√					+
短距眶灯鱼 *D. mollis*				√			+	+	+
帕尔眶灯鱼 *D. parri*				√			+	+	+
华丽眶灯鱼 *D. perspicillatus*				√					+
菲氏眶灯鱼 *D. phillipsi*				√					+

续表

物种	栖息习性				分布				
	中上层	珊瑚礁	底层或中下层	深海	渤海	黄海	东海	台湾周边海域	南海
莫名眶灯鱼 *D. problematicus*				√					+
翘光眶灯鱼 *D. regani*				√			+	+	+
李氏眶灯鱼 *D. richardsoni*				√					+
相模湾眶灯鱼 *D. sagamiensis*				√				+	+
史氏眶灯鱼 *D. schmidti*				√				+	
后光眶灯鱼 *D. signatus*				√			+	+	+
高位眶灯鱼 *D. similis*				√					+
光亮眶灯鱼 *D. splendidus*				√				+	
光腺眶灯鱼 *D. suborbitalis*				√			+	+	+
多耙眶灯鱼 *D. termophilus*				√					++
纤眶灯鱼 *D. umbroculus*				√					+
渡濑眶灯鱼 *D. watasei*				√			+	+	+
大西洋明灯鱼 *Diogenichthys atlanticus*				√			+	+	+
朗明灯鱼 *D. laternatus*				√					+
印度洋明灯鱼 *D. panurgus*				√				+	+
高体电灯鱼 *Electrona risso*				√				+	
柯氏星灯鱼 *Gonichthys coccoi*				√					+
犬牙亨灯鱼 *Hintonia candens*				√				+	
黑壮灯鱼 *Hygophum atratum*				√					+
长鳍壮灯鱼 *H. macrochir*				√					+
近壮灯鱼 *H. proximum*				√			+	+	+
莱氏壮灯鱼 *H. reinhardtii*				√			+	+	+
糙炬灯鱼 *Lampadena anomala*				√				+	+
发光炬灯鱼 *L. luminosa*				√				+	+
暗柄炬灯鱼 *L. speculingera*				√				+	
翼珍灯鱼 *Lampanyctus alatus*				√				+	
杂色珍灯鱼 *L. festivus*				√				+	
大鳍珍灯鱼 *L. macropterus*				√			+		+

续表

物种	栖息习性				分布				
	中上层	珊瑚礁	底层或中下层	深海	渤海	黄海	东海	台湾周边海域	南海
诺贝珍灯鱼 *L. nobilis*				√			+	+	+
同点珍灯鱼 *L. omostigma*				√					+
天纽珍灯鱼 *L. tenuiformis*				√			+	+	+
图氏珍灯鱼 *L. turneri*				√				+	
吉氏叶灯鱼 *Lobianchia gemellarii*				√				+	
芒光灯笼鱼 *Myctophum affine*				√					+
粗鳞灯笼鱼 *M. asperum*				√	+	+	+	+	+
金焰灯笼鱼 *M. aurolaternatum*				√			+	+	
短颌灯笼鱼 *M. brachygnathum*				√					+
双灯灯笼鱼 *M. lychnobium*				√					+
闪光灯笼鱼 *M. nitidulum*				√			+	+	+
钝吻灯笼鱼 *M. obtusirostris*				√			+		
月眼灯笼鱼 *M. selenops*				√					
栉棘灯笼鱼 *M. spinosum*				√			+	+	+
黑体短鳃灯鱼 *Nannobrachium nigrum*				√			+	+	
瓦氏尖吻背灯鱼 *Notolychnus valdiviae*				√			+	+	
尾棘背灯鱼 *Notoscopelus caudispinosus*				√				+	
闪光背灯鱼 *N. resplendens*				√			+	+	+
大眼标灯鱼 *Symbolophorus boops*				√					+
埃氏标灯鱼 *S. evermanni*				√			+	+	+
红标灯鱼 *S. rufinus*				√					+
前臀月灯鱼 *Taaningichthys bathyphilus*				√					+
新西兰月灯鱼 *T. minimus*				√					+
小月灯鱼 *T. paurolychnus*				√			+		
浅黑尾灯鱼 *Triphoturus nigrescens*				√			+	+	+
月鱼目 LAMPRIDIFORMES									
旗月鱼科 VELIFERIDAE									
多辐后旗月鱼 *Metavelifer multiradiatus*		√					+		

续表

物种	栖息习性				分布				
	中上层	珊瑚礁	底层或中下层	深海	渤海	黄海	东海	台湾周边海域	南海
旗月鱼 *Velifer hypselopterus*			√				+	+	++
月鱼科 LAMPRIDAE									
斑点月鱼 *Lampris guttatus*	√						+	+	+
冠带鱼科 LOPHOTIDAE									
菲氏真冠带鱼 *Eumecichthys fiski*			√					+	
粗鳍鱼科 TRACHIPTERIDAE									
多斑扇尾鱼 *Desmodema polystictum*			√					+	
石川粗鳍鱼 *Trachipterus ishikawae*			√			+		+	
粗鳍鱼 *T. trachypterus*			√			+	+	+	
冠丝鳍鱼 *Zu cristatus*			√					+	+
皇带鱼科 REGALECIDAE									
皇带鱼 *Regalecus glesne*			√					+	
勒氏皇带鱼 *R. russellii*			√			+		+	+
须鳂目 POLYMIXIIFORMES									
须鳂科 POLYMIXIIDAE									
短须须鳂 *Polymixia berndti*				√			+	+	+
日本须鳂 *P. japonicus*				√				+	
长棘须鳂 *P. longispina*				√			+	+	
鳕形目 GADIFORMES									
犀鳕科 BREGMACEROTIDAE									
阿拉伯犀鳕 *Bregmaceros arabicus*			√						+
大西洋犀鳕 *B. atlanticus*			√						+
深游犀鳕 *B. bathymaster*			√						+
日本犀鳕 *B. japonicus*			√				+	+	
尖鳍犀鳕 *B. lanceolatus*			√				+	+	
麦氏犀鳕 *B. macclellandi*			√			+	++		+++
银腰犀鳕 *B. nectabanus*			√			+	+	+	+
澎湖犀鳕 *B. pescadorus*			√					+	

续表

物种	栖息习性				分布				
	中上层	珊瑚礁	底层或中下层	深海	渤海	黄海	东海	台湾周边海域	南海
拟尖鳍犀鳕 *B. pseudolanceolatus*			√					+	+
长尾鳕科 MACROURIDAE									
孔头底尾鳕 *Bathygadus antrodes*				√			+	+	
暗色底尾鳕 *B. furvescens*				√				+	
加氏底尾鳕 *B. garretti*				√			+	+	
日本底尾鳕 *B. nipponicus*				√				+	
绵头底尾鳕 *B. spongiceps*				√				+	+
球首鲸尾鳕 *Cetonurus globiceps*				√				+	+
鸭嘴腔吻鳕 *Coelorinchus anatirostris*				√			+	+	
银腔吻鳕 *C. argentatus*				√					+
眼斑腔吻鳕 *C. argus*				√					+
拟星腔吻鳕 *C. asteroides*				√			+	+	
短吻腔吻鳕 *C. brevirostris*				√			+	+	
龙首腔吻鳕 *C. carinifer*				√					+
带斑腔吻鳕 *C. cingulatus*				√			+	+	
变异腔吻鳕 *C. commutabilis*				√			+	+	+
圆身腔吻鳕 *C. cylindricus*				√					+
广布腔吻鳕 *C. divergens*				√			+	+	+
丝鳍腔吻鳕 *C. dorsalis*				√					+
台湾腔吻鳕 *C. formosanus*				√			+	+	
黑喉腔吻鳕 *C. fuscigulus*				√				+	
吉氏腔吻鳕 *C. gilberti*				√					+
哈氏腔吻鳕 *C. hubbsi*				√			+	+	
日本腔吻鳕 *C. japonicus*				√			+	+	
乔丹氏腔吻鳕 *C. jordani*				√			+		
蒲原腔吻鳕 *C. kamoharai*				√			+	+	
岸上氏腔吻鳕 *C. kishinouyei*				√			+	+	
窄吻腔吻鳕 *C. leptorhinus*				√				+	

续表

物种	栖息习性				分布				
	中上层	珊瑚礁	底层或中下层	深海	渤海	黄海	东海	台湾周边海域	南海
长头腔吻鳕 *C. longicephalus*				√					+
长管腔吻鳕 *C. longissimus*				√			+	+	
大臂腔吻鳕 *C. macrochir*				√				+	
大鳞腔吻鳕 *C. macrolepis*				√					+
大吻腔吻鳕 *C. macrorhynchus*				√					+
斑腔吻鳕 *C. maculatus*				√					+
松原腔吻鳕 *C. matsubarai*				√			+		
多棘腔吻鳕 *C. multispinulosus*				√		+	+	+	
平棘腔吻鳕 *C. parallelus*				√			+	+	
东海腔吻鳕 *C. productus*				√			+	+	
沈氏腔吻鳕 *C. sheni*				√				+	
史氏腔吻鳕 *C. smithi*				√			+	+	
散鳞腔吻鳕 *C. sparsilepis*				√			+		
大棘腔吻鳕 *C. spinifer*				√				+	+
汤氏腔吻鳕 *C. thompsoni*				√					+
东京腔吻鳕 *C. tokiensis*				√			+		
缘膜腔吻鳕 *C. velifer*				√					+
粗体突吻鳕 *Coryphaenoides asper*				√				+	+
暗边突吻鳕 *C. marginatus*				√			+	+	
细眼突吻鳕 *C. microps*				√			+	+	
锥鼻突吻鳕 *C. nasutus*				√			+	+	
野突吻鳕 *C. rudis*				√				+	+
柯氏鼠鳕 *Gadomus colletti*				√			+	+	
黑口鼠鳕 *G. introniger*				√					+
大丝鼠鳕 *G. magnifilis*				√				+	+
黑鳍鼠鳕 *G. melanoptorus*				√					+
多丝鼠鳕 *G. multifilis*				√			+	+	+
细身膜首鳕 *Hymenocephalus gracilis*				√			+	+	+

续表

物种	栖息习性				分布				
	中上层	珊瑚礁	底层或中下层	深海	渤海	黄海	东海	台湾周边海域	南海
刺吻膜首鳕 *H. lethonemus*				√			+	+	
长须膜首鳕 *H. longibarbis*				√					+
长头膜首鳕 *H. longiceps*				√			+	+	+
无须膜首鳕 *H. nascens*				√					+
纹喉膜首鳕 *H. striatissimus*				√			+		
薄身膜首鳕 *H. tenuis*				√					+
裸吻舟尾鳕 *Kumba gymnorhynchus*				√				+	+
日本舟尾鳕 *K. japonica*				√			+	+	
点斑舟尾鳕 *K. punctulata*				√				+	+
达氏库隆长尾鳕 *Kuronezumia dara*				√				+	
大线库隆长尾鳕 *K. macronema*				√					+
魔灯梭鳕 *Lucigadus lucifer*				√			+		
黑缘梭鳕 *L. nigromarginatus*				√			+	+	
裸头大尾鳕 *Macrosmia phalacra*				√			+	+	+
卵头鳕 *Macrouroides inflaticeps*				√					+
滑软首鳕 *Malacocephalus laevis*				√			+	+	
吕宋软首鳕 *M. luzonensis*				√					+
日本软首鳕 *M. nipponensis*				√				+	+
嵴愚首鳕 *Mataeocephalus cristatus*				√				+	+
下口愚首鳕 *M. hyostomus*				√					+
科恩奈氏鳕 *Nezumia coheni*				√					+
狮鼻奈氏鳕 *N. condylura*				√				+	
俊奈氏鳕 *N. evides*				√				+	+
蒲原奈氏鳕 *N. kamoharai*				√			+		
锉鳞奈氏鳕 *N. loricata*				√				+	+
大鳍奈氏鳕 *N. propinqua*				√			+		+
原始奈氏鳕 *N. proxima*				√			+	+	+
长棘奈氏鳕 *N. spinosa*				√			+	+	

续表

物种	栖息习性				分布				
	中上层	珊瑚礁	底层或中下层	深海	渤海	黄海	东海	台湾周边海域	南海
拟栉尾鳕 *Pseudocetonurus septifer*				√			+	+	
大头拟奈氏鳕 *Pseudonezumia cetonuropsis*				√			+	+	+
菲律宾短吻长尾鳕 *Sphagemacrurus decimalis*				√				+	+
矮头短吻长尾鳕 *S. pumiliceps*				√				+	+
里氏短吻长尾鳕 *S. richardi*				√				+	+
库氏镖吻鳕 *Spicomacrurus kuronumai*				√			+	+	
卵首鳕 *Squalogadus modificatus*				√			+	+	+
糙皮粗尾鳕 *Trachonurus sentipellis*				√			+	+	++
粗尾鳕 *T. villosus*				√			+	+	+
箭齿凹腹鳕 *Ventrifossa atherodon*				√					+
歧异凹腹鳕 *V. divergens*				√			+	+	
暗色凹腹鳕 *V. fusca*				√			+	+	+
加曼氏凹腹鳕 *V. garmani*				√			+	+	
长须凹腹鳕 *V. longibarbata*				√			+	+	
大鳍凹腹鳕 *V. macroptera*				√				+	
三崎凹腹鳕 *V. misakia*				√			+		
黑背鳍凹腹鳕 *V. nigrodorsalis*				√			+	+	
彼氏凹腹鳕 *V. petersonii*				√					+
扇鳍凹腹鳕 *V. rhipidodorsalis*				√				+	
西海凹腹鳕 *V. saikaiensis*				√				+	
深海鳕科 MORIDAE									
细鳞拟深海鳕 *Antimora microlepis*				√				+	+
乔丹氏短稚鳕 *Gadella jordani*				√			+	+	
小丝鳍鳕 *Laemonema nana*				√			+	+	
贝劳丝鳍鳕 *L. palauense*				√			+		+
褐浔鳕 *Lotella phycis*				√			+	+	
日本小褐鳕 *Physiculus japonicus*				√			+	+	
灰小褐鳕 *P. nigrescens*				√			+		

续表

物种	栖息习性				分布				
	中上层	珊瑚礁	底层或中下层	深海	渤海	黄海	东海	台湾周边海域	南海
黑翼小褐鳕 *P. nigripinnis*				√				+	+
红须小褐鳕 *P. roseus*				√			+		
黑唇小褐鳕 *P. yoshidae*				√				+	
江鳕科 LOTIDAE									
北方五须岩鳕 *Ciliata septentrionalis*			√			+			
张氏五须岩鳕 *C. tchangi*			√			+			
太平洋三须鳕 *Gaidropsarus pacificus*			√				+		
鳕科 GADIDAE									
远东宽突鳕 *Eleginus gracilis*			√			+			
大头鳕 *Gadus macrocephalus*			√		+	++	+		
黄线狭鳕 *Theragra chalcogramma*			√			+			
鼬鳚目 OPHIDIIFORMES									
潜鱼科 CARAPIDAE									
蒙氏潜鱼 *Carapus mourlani*			√						+
科氏底潜鱼 *Echiodon coheni*			√					+	
博拉细潜鱼 *Encheliophis boraborensis*			√					+	+
鳗形细潜鱼 *E. gracilis*			√					+	+
长胸细潜鱼 *E. homei*			√				+	+	++
佐上细潜鱼 *E. sagamianus*			√					+	
日本突吻潜鱼 *Eurypleuron owasianum*			√					+	
珠贝钩潜鱼 *Onuxodon margaritiferae*			√				+	+	+
短臂钩潜鱼 *O. parvibrachium*			√					+	
琳达锥齿潜鱼 *Pyramodon lindas*		√						+	+
纤尾锥齿潜鱼 *P. ventralis*		√						+	+
鼬鳚科 OPHIDIIDAE									
大棘鼬鳚 *Acanthonus armatus*				√			+	+	+
扁索深鼬鳚 *Bassozetus compressus*				√			+	+	+
黏身索深鼬鳚 *B. glutinosus*				√			+	+	+

续表

物种	栖息习性				分布				
	中上层	珊瑚礁	底层或中下层	深海	渤海	黄海	东海	台湾周边海域	南海
光口索深鼬鳚 *B. levistomatus*				√					+
多棘索深鼬鳚 *B. multispinis*				√				+	
壮体索深鼬鳚 *B. robustus*				√			+	+	+
大尾深水鼬鳚 *Bathyonus caudalis*				√			+		+
多须须鼬鳚 *Brotula multibarbata*				√			+	+	+
尼氏花须鼬鳚 *Brotulotaenia nielseni*				√					+
多丝丝指鼬鳚 *Dicrolene multifilis*				√			+		+
五指丝指鼬鳚 *D. quinquarius*				√			+	+	+
短丝指鼬鳚 *D. tristis*				√			+	+	+
银色曲鼬鳚 *Glyptophidium argenteum*				√			+		+
日本曲鼬鳚 *G. japonicum*				√			+		
光曲鼬鳚 *G. lucidum*				√			+	+	
大洋曲鼬鳚 *G. oceanium*				√			+		+
深海钝吻鼬鳚 *Holcomycteronus aequatoris*				√			+	+	
长趾鼬鳚 *Homostolus acer*				√			+	+	+
棘鼬鳚 *Hoplobrotula armata*			√			+	++	+	++
圆吻棘鼬鳚 *H. badia*			√						+
布氏软鼬鳚 *Lamprogrammus brunswigi*			√				+	+	+
斑纹鳞鼬鳚 *Lepophidium marmoratum*			√						+
巴奇氏矛鼬鳚 *Luciobrotula bartschi*				√			+	+	
熊吉单趾鼬鳚 *Monomitopus kumae*				√			+	+	
长头单趾鼬鳚 *M. longiceps*				√					+
重齿单趾鼬鳚 *M. pallidus*				√			+	+	
双斑新鼬鳚 *Neobythites bimaculatus*			√				+	+	
横带新鼬鳚 *N. fasciatus*			√				+	+	+
长新鼬鳚 *N. longipes*			√				+	+	+
中华新鼬鳚 *N. sinensis*			√						+
黑潮新鼬鳚 *N. sivicola*			√			+	+	+	

续表

物种	栖息习性				分布				
	中上层	珊瑚礁	底层或中下层	深海	渤海	黄海	东海	台湾周边海域	南海
多斑新鼬鳚 *N. stigmosus*				√			+	+	
单斑新鼬鳚 *N. unimaculatus*				√			+	+	
席鳞鼬鳚 *Ophidion asiro*			√				+		
黑边鼬鳚 *O. muraenolepis*			√				+	+	+
鞭尾孔鼬鳚 *Porogadus gracilis*				√			+		
贡氏孔鼬鳚 *P. guentheri*				√			+	+	
头棘孔鼬鳚 *P. miles*				√			+	+	
细鳞姬鼬鳚 *Pycnocraspedum microlepis*				√			+		+
仙鼬鳚 *Sirembo imberbis*				√		+	++	++	++
杰氏仙鼬鳚 *S. jerdoni*				√			+		+
梅氏棘鳃鼬鳚 *Xyelacyba myersi*				√			+	+	
深蛇鳚科 BYTHITIDAE									
小眼海鼬鱼 *Alionematichthys minyomma*			√					+	
琉球海鼬鱼 *A. riukiuensis*		√						+	
潘氏似鳕鳚 *Brosmophyciops pautzkei*			√					+	
台湾小线深鳚 *Brotulinella taiwanensis*			√					+	
扁吻低蛇鳚 *Cataetyx platyrhynchus*			√				+		
暗色猎神深鳚 *Diancistrus fuscus*		√					+	+	+
双线鼬鳚 *Dinematichthys iluocoeteoides*		√					+	+	
褐双棘鼬鳚 *Diplacanthopoma brunnea*				√					+
日本双棘鼬鳚 *D. japonicus*				√			+		
粗寡须鳚 *Grammonus robustus*			√						+
毛吻孔头鼬鱼 *Porocephalichthys dasyrhynchus*			√					+	+
鳞头拟鼠鳚 *Pseudonus squamiceps*			√					+	
毛突囊胃鼬鳚 *Saccogaster tubercularis*			√						+
胶胎鳚科 APHYONIDAE									
博林胶胎鳚 *Aphyonus bolini*				√					+

续表

物种	栖息习性				分布				
	中上层	珊瑚礁	底层或中下层	深海	渤海	黄海	东海	台湾周边海域	南海
澳洲胶胎鳚 *A. gelatinosus*				√				+	
盲鼬鳚 *Barathronus diaphanus*				√					+
棕斑盲鼬鳚 *B. maculatus*				√				+	+
斜眼副渊鼬鳚 *Parabrotula plagiophthalma*				√			+		
鮟鱇目 LOPHIIFORMES									
鮟鱇科 LOPHIIDAE									
隐棘拟鮟鱇 *Lophiodes abdituspinus*			√						+
远藤拟鮟鱇 *L. endoi*			√					+	
褐拟鮟鱇 *L. infrabrunneus*			√						+
南非拟鮟鱇 *L. insidiator*			√					+	
少棘拟鮟鱇 *L. miacanthus*			√					+	
大眼拟鮟鱇 *L. mutilus*			√					+	+
奈氏拟鮟鱇 *L. naresi*			√				+	+	+
黑鮟鱇 *Lophiomus setigerus*			√			+	+++	+	+++
卡氏鮟鱇 *Lophius carusoi*			√					+	+
黄鮟鱇 *L. litulon*			√		++	+++	++	+	
褐色宽鳃鮟鱇 *Sladenia remiger*			√					+	
加氏宽鳃鮟鱇 *S. gardiheri*			√					+	+
朱氏宽鳃鮟鱇 *S. zhui*			√						+
蟾鱼科 ANTENNARIIDAE									
双斑蟾鱼 *Antennarius biocellatus*		√						+	
康氏蟾鱼 *A. commersonii*			√					+	
毛蟾鱼 *A. hispidus*			√			+	+	+	++
大斑蟾鱼 *A. maculatus*			√				+	+	
钱斑蟾鱼 *A. nummifer*			√				+	+	++
白斑蟾鱼 *A. pictus*			√				+	+	+
蓝道氏蟾鱼 *A. randalli*			√					+	
歧胸蟾鱼 *A. scriptissimus*			√					+	

续表

物种	栖息习性				分布				
	中上层	珊瑚礁	底层或中下层	深海	渤海	黄海	东海	台湾周边海域	南海
带纹躄鱼 *A. striatus*			√			+	++	+	+++
细斑手躄鱼 *Antennatus coccineus*			√					+	
驼背手躄鱼 *A. dorehensis*			√				+	+	+
网纹手躄鱼 *A. tuberosus*			√				+	+	
隐棘薄躄鱼 *Histiophryne cryptacanthus*			√				+	+	
裸躄鱼 *Histrio histrio*			√			+	+	+	+
单棘躄鱼科 CHAUNACIDAE									
阿部单棘躄鱼 *Chaunax abei*			√					+	+
单棘躄鱼 *C. fimbriatus*			√			+	+	+	++
云纹单棘躄鱼 *C. penicillatus*			√					+	
蝙蝠鱼科 OGCOCEPHALIDAE									
短尾腔蝠鱼 *Coelophrys brevicaudata*				√				+	
小足腔蝠鱼 *C. micropa*				√				+	
日本长鳍蝠鱼 *Dibranchus japonicus*				√					+
黑牙棘茄鱼 *Halicmetus niger*				√				+	
网纹牙棘茄鱼 *H. reticulatus*				√			+	+	+
红牙棘茄鱼 *H. ruber*				√			+	+	
短尾棘茄鱼 *Halieutaea brevicauda*			√						+
猩红棘茄鱼 *H. coccinea*			√						+
费氏棘茄鱼 *H. fitzsmonsi*			√				+		+
烟纹棘茄鱼 *H. fumosa*			√				++	+	+++
突额棘茄鱼 *H. indica*			√				+	+	+
黑棘茄鱼 *H. nigra*			√					+	
棘茄鱼 *H. stellata*			√		+	+	++	+	+++
英格拟棘茄鱼 *H. ingerorum*				√				+	
马格瑞拟棘茄鱼 *H. margaretae*				√				+	
裸腹拟棘茄鱼 *H. nudiventer*				√				+	
准拟棘茄鱼 *H. simula*				√				+	+

续表

物种	栖息习性				分布				
	中上层	珊瑚礁	底层或中下层	深海	渤海	黄海	东海	台湾周边海域	南海
环纹海蝠鱼 *Malthopsis annulifera*			√				+	+	+
巨海蝠鱼 *M. gigas*			√					+	+
乔氏海蝠鱼 *M. jordani*			√						+
小林海蝠鱼 *M. kobayashii*			√						+
密星海蝠鱼 *M. luteus*			√				+		+
钩棘海蝠鱼 *M. mitrigera*			√					+	+
斑点海蝠鱼 *M. tiarella*			√					+	+
星点梭罗蝠鱼 *Solocisquama stellulata*			√					+	
茎角鮟鱇科 CAULOPHRYNIDAE									
大洋茎角鮟鱇 *Caulophryne pelagica*				√				+	+
新角鮟鱇科 NEOCERATIIDAE									
新角鮟鱇 *Neoceratias spinifer*				√				+	
黑犀鱼科 MELANOCETIDAE									
约氏黑犀鱼 *Melanocetus johnsoni*				√			+		+
短柄黑犀鱼 *M. murrayi*				√				+	
鞭冠鮟鱇科 HIMANTOLOPHIDAE									
多指鞭冠鮟鱇 *Himantolophus groenlandicus*				√					+
黑鞭冠鮟鱇 *H. melanolophus*				√				+	+
双角鮟鱇科 DICERATIIDAE									
邵氏蟾鮟鱇 *Bufoceratias shaoi*				√				+	
后棘蟾鮟鱇 *B. thele*				√			+	+	+
细瓣双角鮟鱇 *Diceratias bispinosus*				√			+	+	+
双角鮟鱇 *D. trilobus*				√				+	
梦角鮟鱇科 ONEIRODIDAE									
黑狡鮟鱇 *Dolopichthys pullatus*				√				+	
印度冠鮟鱇 *Lophodolos indicus*				√				+	
砂梦角鮟鱇 *Oneirodes sabex*				√			+	+	
卡氏梦角鮟鱇 *O. carlsbergi*				√			+	+	

续表

物种	栖息习性				分布				
	中上层	珊瑚礁	底层或中下层	深海	渤海	黄海	东海	台湾周边海域	南海
皮氏梦角鮟鱇 *O. pietschi*				√				+	
剑状棘蟾鮟鱇 *Spiniphryne gladisfenae*				√				+	
暴龙蟾鮟鱇 *Tyrannophryne pugnax*				√				+	
奇鮟鱇科 THAUMATICHTHYSIDAE									
印度洋奇鮟鱇 *Thaumatichthys pagidostomus*				√				+	
刺鮟鱇科 CENTROPHRYNIDAE									
刺鮟鱇 *Centrophryne spinulosa*				√				+	
角鮟鱇科 CERATIIDAE									
霍氏角鮟鱇 *Ceratias holboelli*				√			+	+	+
密棘角鮟鱇 *Cryptopsaras couesii*				√			+	+	+
大角鮟鱇科 GIGANTACTINIDAE									
艾氏大角鮟鱇 *Gigantactis elsmani*				√				+	
深口大角鮟鱇 *G. garganthus*				√			+		+
克氏大角鮟鱇 *G. kreffti*				√					+
梵氏大角鮟鱇 *G. vanhoeffeni*				√			+	+	
细丝吻长角鮟鱇 *Rhynchactis leptonema*				√				+	
长丝吻长角鮟鱇 *R. macrothrix*				√				+	
树须鱼科 LINOPHRYNIDAE									
印度树须鱼 *Linophryne indica*				√				+	
多须树须鱼 *L. polypogon*				√					+
鲻形目 MUGILIFORMES									
鲻科 MUGILIDAE									
前棱龟鲹［棱鲹］*Chelon affinis*			√			+	+++	+	+++
宝石龟鲹 *C. alatus*			√				+	+	
杜氏龟鲹 *C. dussumieri*			√						+
龟鲹［梭鱼］*C. haematocheilus*			√		++	+++	+++	+	
大鳞龟鲹 *C. macrolepis*			√				+	+	+++
灰鳍龟鲹 *C. melinopterus*			√						+

续表

物种	栖息习性				分布				
	中上层	珊瑚礁	底层或中下层	深海	渤海	黄海	东海	台湾周边海域	南海
绿背龟鲹 *C. subviridis*			√					+	
尖头龟鲹 *C. tade*			√						+
粒唇鲻 *Crenimugil crenilabis*			√				+	+	++
黄鲻 *Ellochelon vaigiensis*			√				+	+	++
长鳍莫鲻 *Moolgarda cunnesius*			√					+	
少鳞莫鲻 *M. pedaraki*			√						+
佩氏莫鲻 *M. perusii*			√				+	+	
薛氏莫鲻 *M. seheli*			√				+	+	
鲻 *Mugil cephalus*			√		+	+++	+++	+	+++
角瘤唇鲻 *Oedalechilus labiosus*			√				+	+	+
前鳞骨鲻 *Osteomugil ophuyseni*			√				+		+
硬头骨鲻 *O. stronylocephalus*			√				+		+
银汉鱼目 ATHERINIFORMES									
背手银汉鱼科 NOTOCHEIRIDAE									
浪花银汉鱼 *Iso flosmaris*	√							+	
澳洲浪花银汉鱼 *I. rhothophilus*	√						+	+	
细银汉鱼科 ATHERIONIDAE									
糙头细银汉鱼 *Atherion elymus*	√						+	+	
银汉鱼科 ATHERINIDAE									
海岛美银汉鱼 *Atherinomorus insularum*	√							+	
蓝美银汉鱼 *A. lacunosus*	√							+	+
壮体美银汉鱼 *A. pinguis*	√							+	+
后肛下银汉鱼 *Hypoatherina tsurugae*	√							+	
凡氏下银汉鱼 *H. valenciennei*	√				+	++	+	+	+
吴氏下银汉鱼 *H. woodwardi*	√							+	
狭银汉鱼 *Stenatherina panatela*	√								+
颌针鱼目 BELONIFORMES									
飞鱼科 EXOCOETIDAE									

续表

物种	栖息习性				分布				
	中上层	珊瑚礁	底层或中下层	深海	渤海	黄海	东海	台湾周边海域	南海
阿氏须唇飞鱼 *Cheilopogon abei*	√							+	
燕鳐须唇飞鱼［燕鳐鱼］*C. agoo*	√				+	++	++	+	
弓头须唇飞鱼 *C. arcticeps*	√						+	+	++
红斑须唇飞鱼 *C. atrisignis*	√						+	+	
青翼须唇飞鱼 *C. cyanopterus*	√						+	+	
多氏须唇飞鱼 *C. doederleini*	√					+	+		
黄鳍须唇飞鱼 *C. katoptron*	√						+	+	
羽须唇飞鱼 *C. pinnatibarbatus japonicus*	√								+
翼髭须唇飞鱼 *C. pinnatibarbatus pinnatibarbatus*	√							+	+
扁鼻须唇飞鱼 *C. simus*	√								+
点背须唇飞鱼 *C. spilonotopterus*	√							+	
点鳍须唇飞鱼 *C. spilopterus*	√						+	+	++
苏氏须唇飞鱼 *C. suttoni*	√						+	+	
白鳍须唇飞鱼 *C. unicolor*	√							+	
细头燕鳐 *Cypselurus angusticeps*	√							+	
全歧燕鳐 *C. cladopterus*	√					+			
六带燕鳐 *C. hexazona*	√								+
平井燕鳐 *C. hiraii*	√								+
纳氏燕鳐 *C. naresi*	√						+		+
少鳞燕鳐 *C. oligolepis*	√						+++	+	+++
黑鳍燕鳐 *C. opisthopus*	√								+
花鳍燕鳐 *C. poecilopterus*	√						++	+	+++
斯氏燕鳐 *C. starksi*	√				+	+		+	
单须飞鱼 *Exocoetus monocirrhus*	√						+	+	+
大头飞鱼 *E. volitans*	√					+	+	+	+
白斑文鳐 *Hirundichthys albimaculatus*	√					+	+		
尖头文鳐 *H. oxycephalus*	√							+	+

续表

物种	栖息习性				分布				
	中上层	珊瑚礁	底层或中下层	深海	渤海	黄海	东海	台湾周边海域	南海
黑翼文鳐 *H. rondeletii*	√							+	
尖鳍文鳐 *H. speculiger*	√						+	+	
白鳍飞鱵 *Oxyporhamphus micropterus*	√						+		
短鳍拟飞鱼 *Parexocoetus brachypterus*	√						++	+	+++
长颌拟飞鱼 *P. mento*	√						+	+	+
短鳍真燕鳐 *Prognichthys brevipinnis*	√						+	+	
塞氏真燕鳐 *P. sealei*	√								+
鱵科 HEMIRAMPHIDAE									
长吻鱵 *Euleptorhamphus viridis*	√						+	+	+
岛鱵 *Hemiramphus archipelagicus*	√								+
黑鳍鱵 *H. convexus*	√						+	+	+
斑鱵 *H. far*	√						+	+	+
无斑鱵 *H. lutkei*	√							+	+
水鱵 *H. marginatus*	√						+		+
蓝背下鱵 *Hyporhamphus affinis*	√								+
杜氏下鱵 *H. dussumieri*	√						+	+	++
简氏下鱵 *H. gernaerti*	√					+	++	+	
间下鱵 *H. intermedius*	√					+	++	+	+++
缘下鱵 *H. limbatus*	√						++	+	+
少耙下鱵 *H. paucirastris*	√						+		+
瓜氏下鱵 *H. quoyi*	√						+		+
日本下鱵 *H. sajori*	√				++	+++	+		
台湾下鱵 *H. taiwanensis*	√							+	
尤氏下鱵 *H. yuri*	√							+	
乔氏吻鱵 *Rhynchorhamphus georgii*	√						++	+	++
蟾异鳞鱵 *Zenarchopterus buffonis*	√						+	+	+
董氏异鳞鱵 *Z. dunckeri*	√							+	
颌针鱼科 BELONIDAE									

续表

物种	栖息习性				分布				
	中上层	珊瑚礁	底层或中下层	深海	渤海	黄海	东海	台湾周边海域	南海
横带扁颌针鱼 *Ablennes hians*	√				+	+	++	+	+++
东非宽尾颌针鱼 *Platybelone argalus platyura*	√						+	+	
尖嘴柱颌针鱼 *Strongylura anastomella*	√					+	++	+	++
琉球柱颌针鱼 *S. incisa*	√						+		+
无斑柱颌针鱼 *S. leiura*	√						+	+	+
斑尾柱颌针鱼 *S. strongylura*	√						+		+
黑背圆颌针鱼 *Tylosurus acus melanotus*	√						+		++
鳄形圆颌针鱼 *T. crocodilus*	√						+		+
竹刀鱼科 SCOMBERESOCIDAE									
秋刀鱼 *Cololabis saira*	√					+			
奇金眼鲷目 STEPHANOBERYCIFORMES									
孔头鲷科 MELAMPHAIDAE				√					
多耙孔头鲷 *Melamphaes leprus*				√					+
多鳞孔头鲷 *M. polylepis*				√					+
洞孔头鲷 *M. simus*				√					+
厚头犀孔鲷 *Poromitra crassiceps*				√			+	+	
冠头犀孔鲷 *P. cristiceps*				√					+
大鳞犀孔鲷 *P. megalops*				√					+
小眼犀孔鲷 *P. oscitans*				√			+	+	+
后鳍灯孔鲷 *Scopeloberyx opisthopterus*				√					+
壮体灯孔鲷 *S. robustus*				√					+
大鳞鳞孔鲷 *Scopelogadus mizolepis*				√			+		+
刺金眼鲷科 HISPIDOBERYCIDAE									
太平洋刺金眼鲷 *Hispidoberyx ambagiosus*				√					+
龙氏鲸头鱼科 RONDELETIIDAE									
网肩龙氏鲸头鱼 *Rondeletia loricata*				√			+	+	+
须皮鱼科 BARBOURISIIDAE									
红刺鲸口鱼 *Barbourisia rufa*				√			+	+	

续表

物种	栖息习性				分布				
	中上层	珊瑚礁	底层或中下层	深海	渤海	黄海	东海	台湾周边海域	南海
仿鲸鱼科 CETOMIMIDAE									
雷根氏拟鲸口鱼 *Cetostoma regani*				√				+	
大吻鱼科 MEGALOMYCTERIDAE									
方头狮鼻鱼 *Vitiaziella cubiceps*				√					+
金眼鲷目 BERYCIFORMES									
高体金眼鲷科 ANOPLOGASTRIDAE									
角高体金眼鲷 *Anoplogaster cornuta*				√			+		
银眼鲷科 DIRETMIDAE									
帕氏怖银眼鲷 *Diretmichthys parini*				√				+	
短鳍拟银眼鲷 *Diretmoides pauciradiatus*				√				+	
维里拟银眼鲷 *D. veriginae*				√				+	
银眼鲷 *Diretmus argenteus*				√			+	+	
灯颊鲷科 ANOMALOPIDAE									
灯颊鲷 *Anomalops katoptron*				√				+	
松球鱼科 MONOCENTRIDAE									
日本松球 *Monocentrus japonicus*		√			+	++	++		+
燧鲷科 TRACHICHTHYIDAE									
前肛管燧鲷 *Aulotrachichthys prosthemius*		√					+	+	+
达氏桥棘鲷 *Gephyroberyx darwinii*				√			+	+	
日本桥棘鲷 *G. japonicus*				√			+	+	
重胸棘鲷 *Hoplostethus crassispinus*				√			+	+	
日本胸棘鲷 *H. japonicus*				√			+	+	
地中海胸棘鲷 *H. mediterraneus*				√				+	+
黑首胸棘鲷 *H. melanopus*				√			+	+	
金眼鲷科 BERYCIDAE									
大目金眼鲷 *Beryx decadactylus*				√					+
软体金眼鲷 *B. mollis*			√				+	+	+
红金眼鲷 *B. splendens*			√				+	+	

续表

物种	栖息习性				分布				
	中上层	珊瑚礁	底层或中下层	深海	渤海	黄海	东海	台湾周边海域	南海
掘氏拟棘鲷 *Centroberyx druzhinini*			√					+	
线纹拟棘鲷 *C. lineatus*			√						+
金眼拟棘鲷 *C. rubricaudus*			√				+	+	
鳂科 HOLOCENTRIDAE									
焦黑锯鳞鱼 *Myripristis adusta*		√					+	+	
凹颌锯鳞鱼 *M. berndti*		√						+	+
柏氏锯鳞鱼 *M. botche*		√						+	+
黄鳍锯鳞鱼 *M. chryseres*		√						+	
台湾锯鳞鱼 *M. formosa*		√						+	
格氏锯鳞鱼 *M. greenfieldi*		√						+	
六角锯鳞鱼 *M. hexagona*		√					+	+	
康德锯鳞鱼 *M. kuntee*		√					+	+	
白边锯鳞鱼 *M. murdjan*		√					+	+	+++
红锯鳞鱼 *M. pralinia*		√					+	+	
紫红锯鳞鳂 *M. violacea*		√					+	+	+++
无斑锯鳞鳂 *M. vittata*		√					+	+	+
银色新东洋鳂 *Neoniphon argenteus*		√							++
黄带新东洋鳂 *N. aurolineatus*		√					+	+	
黑鳍新东洋鳂 *N. opercularis*		√					+	+	
莎姆新东洋鳂 *N. sammara*		√					+	+	+++
长吻骨鳂 *Ostichthys archiepiscopus*		√							+
留尼汪岛骨鳂 *O. delta*		√							+
日本骨鳂 *O. japonicus*		√					+	+	+
深海骨鳂 *O. kaianus*		√						+	
沈氏骨鳂 *O. sheni*		√						+	
滩涂琉球鳂 *Plectrypops lima*		√						+	+
尾斑棘鳞鱼 *Sargocentron caudimaculatus*		√					+		++
角棘鳞鱼 *S. cornutum*		√						+	+

续表

物种	栖息习性				分布				
	中上层	珊瑚礁	底层或中下层	深海	渤海	黄海	东海	台湾周边海域	南海
闪光棘鳞鱼 *S. coruscum*		√							+
黑鳍棘鳞鱼 *S. diadema*		√					+	+	+
剑棘鳞鱼 *S. ensifer*		√						+	
黄纹棘鳞鱼 *S. furcatum*		√							+
格纹棘鳞鱼 *S. inaequalis*		√							+
银带棘鳞鱼 *S. ittodai*		√					+	+	
大鳞棘鳞鱼 *S. macrosquamis*		√							+
黑点棘鳞鱼 *S. melanospilos*		√					+	+	+
小口棘鳞鱼 *S. microstomus*		√							
褐斑棘鳞鱼 *S. praslin*		√						+	+
斑纹棘鳞鱼 *S. punctatissimum*		√					+	+	++
点带棘鳞鱼 *S. rubrum*		√					+	+	++
尖吻棘鳞鱼 *S. spiniferum*		√					+	+	++
大刺棘鳞鱼 *S. spinosissimum*		√					+	+	+
赤鳍棘鳞鱼 *S. tiere*		√					+	+	
白边棘鳞鱼 *S. violaceum*		√							+
海鲂目 ZEIFORMES									
副海鲂科 PARAZENIDAE									
驼背腹棘海鲂 *Cyttopsis cypho*			√						+
红腹棘海鲂 *C. rosea*			√				+	+	
太平洋副海鲂 *Parazen pacificus*			√				+	+	
大海鲂科 ZENIONTIDAE									
青菱海鲂 *Cyttomimus affinis*			√				+	+	
小海鲂 *Zenion hololepis*			√				+	+	+
日本小海鲂 *Z. japonicum*			√				++	+	
线菱鲷科 GRAMMICOLEPIDIDAE									
斑线菱鲷 *Grammicolepis brachiusculus*				√			+	+	
几内亚湾异菱的鲷 *Xenolepidichthys dalgleishi*				√			+	+	+

续表

物种	栖息习性				分布				
	中上层	珊瑚礁	底层或中下层	深海	渤海	黄海	东海	台湾周边海域	南海
海鲂科 ZEIDAE									
云纹亚海鲂 *Zenopsis nebulosa*			√			+	+	+	
多棘亚海鲂 *Z. stabilispinosa*			√				+	+	+
远东海鲂 *Zeus faber*			√			+	++	+	
刺鱼目 GASTEROSTEIFORMES									
海蛾鱼科 PEGASIDAE									
宽海蛾鱼［龙海蛾鱼］ *Eurypegasus draconis*			√				+	+	+
海蛾鱼 *Pegasus laternarius*			√				++	+	+++
飞海蛾鱼 *P. volitans*			√				+	+	++
剃刀鱼科 SOLENOSTOMIDAE									
锯齿剃刀鱼 *Solenostomus armatus*			√						+
蓝鳍剃刀鱼 *S. cyanopterus*			√				+	+	+
细吻剃刀鱼 *S. paradoxus*			√					+	
海龙鱼科 SYNGNATHIDAE									
短身细尾海龙 *Acentronura breviperula*			√					+	
小曲海龙 *Campichthys nanus*			√				+	+	+
猪海龙 *Choeroichthys sculptus*			√				+	+	+
黄带冠海龙 *Corythoichthys flavofasciatus*			√				+	+	+
红鳍冠海龙 *C. haematopterus*			√				+	+	+
舒氏冠海龙 *C. schultzi*			√					+	+
斑氏环宇海龙 *Cosmocampus banneri*			√						+
宝珈枪吻海龙 *Doryichthys boaja*			√				+	+	
带纹斑节海龙 *Dunckerocampus dactyliophorus*			√					+	+
波斯湾矛吻海龙 *Doryrhamphus excisus*			√				+	+	+
强氏矛吻海龙 *D. janssi*			√					+	
日本矛吻海龙 *D. japonicus*			√					+	
红光尾海龙 *Festucalex erythraeus*			√					+	

续表

物种	栖息习性				分布				
	中上层	珊瑚礁	底层或中下层	深海	渤海	黄海	东海	台湾周边海域	南海
邓氏海蝎鱼 *Halicampus dunckeri*			√					+	
葛氏海蝎鱼 *H. grayi*			√				+	+	+
大吻海蝎鱼 *H. macrorhynchus*			√					+	
褐海蝎鱼 *H. mataafae*			√					+	+
短吻海蝎鱼 *H. spinirostris*			√					+	+
蓝点多环海龙 *Hippichthys cyanospilos*			√					+	
前鳍多环海龙 *H. heptagonus*			√				+	+	+
笔状多环海龙 *H. penicillus*			√				+	+	+
带纹多环海龙 *H. spicifer*			√					+	+
带状多环海龙 *H. taeniophorus*			√					+	+
巴氏海马 *Hippocampus bargibanti*			√					+	
科氏海马 *H. colemani*			√					+	
冠海马 *H. coronatus*			√		+	+	+		
刺海马 *H. histrix*			√				+	+	
大海马 *H. kelloggi*			√				++	+	+++
管海马 *H. kuda*			√				+	+	+
莫氏海马 [日本海马] *H. mohnikei*			√		+	++	++		
潘氏海马 *H. pontohi*			√					+	
塞氏海马 *H. severnsi*			√					+	
苔海马 *H. sindonis*			√					+	
棘海马 *H. spinosissimus*			√				+	+	+
三斑海马 *H. trimaculatus*			√			++	+++	+	+++
恒河鱼海龙 *Ichthyocampus carce*			√						+
短吻小颌海龙 *Micrognathus brevirostris*			√						+
短尾腹囊海龙 *Microphis brachyurus*			√					+	
无棘腹囊海龙 *M. leiaspis*			√						+
印尼腹囊海龙 *M. manadensis*			√					+	
黑锥海龙 *Phoxocampus belcheri*			√					+	

续表

物种	栖息习性				分布				
	中上层	珊瑚礁	底层或中下层	深海	渤海	黄海	东海	台湾周边海域	南海
双棘锥海龙 *P. diacanthus*			√					+	+
哈氏刁海龙 *Solegnathus hardwickii*			√			+	+	+	
黑斑刁海龙 *S. lettiensis*			√				+	+	
拟海龙 *Syngnathoides biaculeatus*			√				+	+	+
尖海龙 *Syngnathus acus*			√		+	++	++		
漂海龙 *S. pelagicus*			√						+
舒氏海龙 *S. schlegeli*			√			+	+++	+	++
短尾粗吻海龙 *Trachyrhamphus bicoarctatus*			√					+	
长鼻粗吻海龙 *T. longirostris*			√					+	
锯粗吻海龙 *T. serratus*			√				+	+	+
带纹须海龙 *Urocampus nanus*			√						+
管口鱼科 AULOSTOMIDAE									
中华管口鱼 *Aulostomus chinensis*			√				+	+	++
烟管鱼科 FISTULARIIDAE									
无鳞烟管鱼 *Fistularia commersonii*			√				++	+	++
鳞烟管鱼 *F. petimba*			√			+	++	+	++
长吻鱼科 MACRORHAMPHOSIDAE									
细棘长吻鱼 *Macrorhamphosus gracilis*			√				+		+
长吻鱼 *M. scolopax*			√				+		+
玻甲鱼科 CENTRISCIDAE									
条纹虾鱼 *Aeoliscus strigatus*			√				+	+	+
玻甲鱼 *Centriscus scutatus*			√				+	+	++
鲉形目 SCORPAENIFORMES									
豹鲂鮄科 DACTYLOPTERIDAE									
吉氏豹鲂鮄 *Dactyloptena gilberti*			√				+	+	
东方豹鲂鮄 *D. orientalis*			√			+	+	+	++
单棘豹鲂鮄 *D. peterseni*			√			+	+	+	++
鲉科 SCORPAENIDAE									

续表

物种	栖息习性				分布				
	中上层	珊瑚礁	底层或中下层	深海	渤海	黄海	东海	台湾周边海域	南海
大棘帆鳍鲉 *Ablabys macracanthus*			√					+	
背带帆鳍鲉 *A. taenianotus*			√					+	+
隐鲉 *Adelosebastes latens*			√						+
棱须蓑鲉 *Apistus carinatus*			√				+	+	++
锯棱短棘蓑鲉 *Brachypterois serrulatus*			√				+		++
多须多指鲉 *Choridactylus multibarbus*			√				+	+	+
细鳞项鳍鲉 *Cottapistus cattoides*			√						+
美丽短鳍蓑鲉 *Dendrochirus bellus*			√				+	+	++
双斑短鳍蓑鲉 *D. biocellatus*			√					+	
花斑短鳍蓑鲉 *D. zebra*			√				+	+	
布氏盔蓑鲉 *Ebosia bleekeri*			√				+	+	
无鳔黑鲉 *Ectreposebastes imus*			√					+	+
狮头毒鲉 *Erosa erosa*			√				++	+	++
赫氏无鳔鲉 *Helicolenus hilgendorfii*			√			+	+	+	+
棘鲉 *Hoplosebastes armatus*			√			+	+	+	+
眶棘鲉 *Hozukius emblemarius*			√				+		+
太平洋小隐棘鲉 *Idiastion pacificum*			√					+	
居氏鬼鲉 *Inimicus cuvieri*			√				+		++
双指鬼鲉 *I. didactylus*			√				+	+	+
日本鬼鲉 *I. japonicus*			√		+	++	+++	+	++
中华鬼鲉 *I. sinensis*			√				+	+	+
南非纪鲉 *Iracundus signifer*			√					+	
独指虎鲉 *Minous coccineus*			√				+	+	++
无备虎鲉 *M. inermis*			√				++		++
单指虎鲉 *M. monodactylus*			√		+	+	++		++
斑翅虎鲉 *M. pictus*			√						
丝棘虎鲉 *M. pusillus*			√			+	+	+	+
白尾虎鲉 *M. quincarinatus*			√			+		+	+

续表

物种	栖息习性				分布				
	中上层	珊瑚礁	底层或中下层	深海	渤海	黄海	东海	台湾周边海域	南海
粗头虎鲉 *M. trachycephalus*			√					+	+
日本新鳞鲉 *Neocentropogon japonicus*			√				+	+	+
宽鳞头新棘鲉 *Neomerinthe amplisquamiceps*			√				+	+	+
大鳞新棘鲉 *N. megalepis*			√					+	
新棘鲉 *N. procurva*			√					+	
钝吻新棘鲉 *N. rotunda*			√					+	+
长鳍新平鲉 *Neosebastes entaxis*			√					+	
条纹线鲉 *Ocosia fasciata*			√				+	+	+
棘线鲉 *O. spinosa*			√					+	+
裸线鲉 *O. vespa*			√				+	+	
长棘拟鳞鲉 *Paracentropogon longispinis*			√				+	+	+
红鳍拟鳞鲉 *P. rubripinnis*			√				+		+
异尾拟蓑鲉 *Parapterois heterura*			√				+	+	+
背斑圆鳞鲉 *Parascorpaena maculipinnis*			√				+	+	
斑鳍圆鳞鲉 *P. mcadamsi*			√				+	+	+
莫桑比克圆鳞鲉 *P. mossambica*			√				+	+	+
花彩圆鳞鲉 *P. picta*			√					+	+
菲律宾伪大眼鲉 *Phenacoscorpius megalops*			√				+	+	
太平洋平头鲉 *Plectrogenium nanum*			√				+		+
大头海鲉 *Pontinus macrocephalus*			√					+	
触手冠海鲉 *P. tentacularis*			√				+	+	
安汶狭蓑鲉 *Pteroidichthys amboinensis*			√					+	
触角蓑鲉 *Pterois antennata*			√				+	+	+
环纹蓑鲉 *P. lunulata*			√				++	+	++
辐纹蓑鲉 *P. radiata*			√				+	+	+
勒氏蓑鲉 *P. russelli*			√				++		+++
翱翔蓑鲉 *P. volitans*			√				++	+	+++

续表

物种	栖息习性				分布				
	中上层	珊瑚礁	底层或中下层	深海	渤海	黄海	东海	台湾周边海域	南海
诺氏畸鳍鲉 *Pteropelor noronhai*			√						+
隐居吻鲉 *Rhinopias aphanes*			√				+	+	
前鳍吻鲉 *R. frondosa*			√					+	
异眼吻鲉 *R. xenops*			√					+	
冠棘鲉 *Scorpaena hatizyoensis*			√				+	+	
裸胸鲉 *S. izensis*			√				+	+	
小口鲉 *S. miostoma*			√					+	
斑鳍鲉 *S. neglecta*			√				+	+	++
后颌鲉 *S. onaria*			√					+	
南瓜鲉 *S. pepo*			√					+	
皮须小鲉 *Scorpaenodes crossotus*			√					+	+
日本小鲉 *S. evides*			√					+	+
关岛小鲉 *S. guamensis*			√				+	+	+
小鲉 *S. hirsutus*			√					+	
克氏小鲉 *S. kelloggi*			√				+	+	+
正小鲉 *S. minor*			√				+	+	
短翅小鲉 *S. parvipinnis*			√				+	+	+
长棘小鲉 *S. scaber*			√				+	+	+
花翅小鲉 *S. varipinnis*			√				+	+	+
须拟鲉 *Scorpaenopsis cirrosa*			√				+	+	+
杜父拟鲉 *S. cotticeps*			√					+	
毒拟鲉 *S. diabolus*			√				++	+	++
魔拟鲉 *S. neglecta*			√					+	+
尖头拟鲉 *S. oxycephala*			√					+	
波氏拟鲉 *S. possi*			√					+	
拉氏拟鲉 *S. ramaraoi*			√					+	
枕崎拟鲉 *S. venosa*			√					+	
纹鳍拟鲉 *S. vittapinna*			√				+	+	+

续表

物种	栖息习性				分布				
	中上层	珊瑚礁	底层或中下层	深海	渤海	黄海	东海	台湾周边海域	南海
百瑙鳞头鲉 *Sebastapistes bynoensis*			√						+
黄斑鳞头鲉 *S. cyanostigma*			√				+	+	+
福氏鳞头鲉 *S. fowleri*			√					+	
斑鳍鳞头鲉 *S. mauritiana*			√						+
花腋鳞头鲉 *S. nuchalis*			√						+
眉须鳞头鲉 *S. strongia*			√				+	+	+
廷氏鳞头鲉 *S. tinkhami*			√					+	
铠平鲉 *Sebastes hubbsi*			√		+	+			
无备平鲉 *S. inermis*			√		+	+			
柳平鲉 *S. itinus*			√			+			
焦氏平鲉 *S. joyneri*			√			+	+		+
长棘平鲉 *S. longispinis*			√			+			
雪斑平鲉 *S. nivosus*			√		+	+			
黑厚头平鲉 *S. pachycephalus nigricans*			√			+			
厚头平鲉 *S. pachycephalus pachycephalus*			√			+			
许氏平鲉 *S. schlegelii*			√		++	+++	++		++
汤氏平鲉 *S. thompsomi*			√		+	+			
条平鲉 *S. trivittatus*			√			+			
白斑菖鲉 *Sebastiscus albofasciatus*			√				+	+	
褐菖鲉 *S. marmoratus*			√		+	++	+++	+	+++
三色菖鲉 *S. tertius*			√					+	+
根室囊头鲉 *Setarches guentheri*			√				+	+	
长臂囊头鲉 *S. longimanus*			√				+	+	
大眼斯氏前鳍鲉 *Snyderina yamanokami*			√					+	
毒鲉 *Synanceia horrida*			√						+
玫瑰毒鲉 *S. verrucosa*			√				+	+	++
三棘带鲉 *Taenianotus triacanthus*			√					+	+

续表

物种	栖息习性				分布				
	中上层	珊瑚礁	底层或中下层	深海	渤海	黄海	东海	台湾周边海域	南海
瞻星粗头鲉 [膛头鲉] *Trachicephalus uranoscopus*			√				+	+	++
熊鲉 *Ursinoscorpaenopsis kitai*			√				+		
粗高鳍鲉 *Vespicula trachinoides*			√						+
头棘鲉科 CARACANTHIDAE									
斑点头棘鲉 *Caracanthus maculatus*			√				+	+	+
单鳍头棘鲉 *C. unipinna*			√				+	+	
印度单棘鲉 *Acanthosphex leurynnis*			√						+
相模湾疣鲉 *Aploactis aspera*			√				+	+	
虻鲉 *Erisphex potti*			√		+	+	+		++
平滑虻鲉 *E. simplex*			√				+		
香港绒棘鲉 *Paraploactis hongkongiensis*			√						+
鹿儿岛绒棘鲉 *P. kagoshimensis*			√					+	
发鲉 *Sthenopus mollis*			√						+
鲂鮄科 TRIGLIDAE									
棘绿鳍鱼 *Chelidonichthys spinosus*			√		+	++	+++	+	+++
深海红娘鱼 *Lepidotrigla abyssalis*			√			+	++	+	
翼红娘鱼 *L. alata*			√			+	+	+	+
贡氏红娘鱼 *L. guentheri*			√			+	++	+	
姬红娘鱼 *L. hime*			√				+		
日本红娘鱼 *L. japonica*			√				+		
尖鳍红娘鱼 *L. kanagashira*			√				+	+	
岸上红娘鱼 *L. kishinouyi*			√				+	+	
鳞胸红娘鱼 *L. lepidojugulata*			√						+
长头红娘鱼 *L. longifaciata*			√						+
长指红娘鱼 *L. longimana*			√						+
南海红娘鱼 *L. marisinensis*			√						+
小鳍红娘鱼 [短鳍红娘鱼] *L. microptera*			√		+	++	+		

续表

物种	栖息习性				分布				
	中上层	珊瑚礁	底层或中下层	深海	渤海	黄海	东海	台湾周边海域	南海
大眼红娘鱼 *L. oglina*			√				+	+	+
斑鳍红娘鱼 *L. punctipectoralis*			√				+	+	
圆吻红娘鱼 *L. spilopterus*			√						+
尖棘角鲂鮄 *Pterygotrigla hemisticta*			√				+	+	
凯角鲂鮄 *P. hoplites*			√						+
长吻角鲂鮄 *P. macrorhynchus*			√					+	
多斑角鲂鮄 *P. multiocellata*			√				+	+	
琉球角鲂鮄 *P. ryukyuensis*			√				+	+	
黄鲂鮄科 PERISTEDIIDAE									
轮头鲂鮄 *Gargariscus prionocephalus*			√				+	+	++
宽头副半节鲂鮄 *Paraheminodus laticephalus*			√						+
默氏副半节鲂鮄 *P. murrayi*			√					+	
光吻黄鲂鮄 *Peristedion liorhynchus*			√				+	+	+
黑带黄鲂鮄 *P. nierstraszi*			√					+	
东方黄鲂鮄 *P. orientale*			√			+	+	+	+
须叉吻鲂鮄 *Scalicus amiscus*			√				+	+	+
阔头红鲂鮄 *Satyrichthys laticeps*			√				+	+	+
摩鹿加红鲂鮄 *S. moluccense*			√					+	
瑞氏红鲂鮄 *S. rieffeli*			√			+		+	++
魏氏红鲂鮄 *S. welchi*			√					+	
红鲬科 BEMBRIDAE									
印尼玫瑰鲬 *Bembradium roseum*			√					+	+
日本红鲬 *Bembras japonicus*			√				+		++
短鲬 *Parabembras curtus*			√		+	+	+	+	+
鲬科 PLATYCEPHALIDAE									
鳄鲬 *Cociella crocodila*			√		+	+	++	+	++
点斑鳄鲬 *C. punctata*			√					+	

续表

物种	栖息习性				分布				
	中上层	珊瑚礁	底层或中下层	深海	渤海	黄海	东海	台湾周边海域	南海
博氏孔鲬 *Cymbacephalus beauforti*			√					+	
孔鲬 *C. nematophthalmus*			√						+
丝鳍鲬 *Elates ransonnetii*			√						+
克氏棘线鲬 *Grammoplites knappi*			√						+
横带棘线鲬 *G. scaber*			√				+	+	+
斑瞳鲬 *Inegocia guttata*			√				+		++
日本瞳鲬 *I. japonica*			√				+	+	++
落合氏瞳鲬 *I. ochiaii*			√					+	
凹鳍鲬 *Kumococius rodericensis*			√				+	+	
大鳞鳞鲬 *Onigocia macrolepis*			√				++	+	++
锯齿鳞鲬 *O. spinosa*			√				+	+	+
鲬 *Platycephalus indicus*			√		+	++	+++	+	+++
犬牙鲬 *Ratabulus megacephalus*			√				+	+	+
倒棘鲬 *Rogadius asper*			√			+	+	+	+
派氏倒棘鲬 *R. patriciae*			√				+	+	
瘤眶棘鲬 *Sorsogona tuberculata*			√				+	+	+
大棘大眼鲬 *Suggrundus macracanthus*			√				+	+	
大眼鲬 *S. meerdervoortii*			√			+	+	+	+
沙栖苏纳鲬 *Sunagocia arenicola*			√				+	+	+
粒唇苏纳鲬 *S. otaitensis*			√					+	+
西里伯斯缝鲬 *Thysanophrys celebica*			√					+	
窄眶缝鲬 *T. chiltonae*			√				+	+	+
长吻缝鲬 *T. longirostris*			√					+	
棘鲬科 HOPLICHTHYIDAE									
黄带棘鲬 *Hoplichthys fasciatus*			√					+	
吉氏棘鲬 *H. gilberti*			√				+	+	++
蓝氏棘鲬 *H. langsdorfii*			√				+	+	++
长指棘鲬 [雷氏棘鲬] *H. regani*			√				+	+	+

续表

物种	栖息习性				分布				
	中上层	珊瑚礁	底层或中下层	深海	渤海	黄海	东海	台湾周边海域	南海
六线鱼科 HEXAGRAMMIDAE									
斑头六线鱼 *Hexagrammos agrammus*			√		+	++	+		
兔头六线鱼 *H. lagocephalus*			√		+	+	+		
叉线六线鱼 *H. octogrammus*			√		+	+			
大泷六线鱼 *H. otakii*			√		+	++	+		
旋杜父鱼科 EREUNIIDAE									
神奈川旋杜父鱼 *Ereunias grallator*			√				+	+	+
游走丸川杜父鱼 *Marukawichthys ambulator*			√					+	+
杜父鱼科 COTTIDAE									
日本细杜父鱼 *Cottiusculus gonez*			√			+	+		
强棘杜父鱼 *Enophrys diceraus*			√			+			
日本宽叉杜父鱼 *Furcina osimae*			√			+			
凹尾裸棘杜父鱼 *Gymnocanthus herzensteini*			√			+			
中华鳞舌杜父鱼 *Lepidobero sinensis*			√			+			
艾氏钩棘杜父鱼 *Porocottus allisi*			√			+			
银带鳚杜父鱼 *Pseudoblennius cottoides*			√			+			
三崎粗鳞鲬 *Stlengis misakia*			√					+	
松江鲈 *Trachidermus fasciatus*			√		+	++	++		
尖头杜父鱼 *Vellitor centropomus*			√			+			
绒杜父鱼科 HEMITRIPTERIDAE									
绒杜父鱼 *Hemitripterus villosus*			√			+			
八角鱼科 AGONIDAE									
松原隆背八角鱼 *Percis matsuii*			√					+	+
锯鼻柄八角鱼 *Sarritor frenatus*			√			+			
隐棘杜父鱼科 PSYCHROLUTIDAE									
光滑隐棘杜父鱼 *Psychrolutes inermis*			√				+	+	
寒隐棘杜父鱼 *P. paradoxus*			√			+			+
变色隐棘杜父鱼 *P. phrictus*			√				+	+	

续表

物种	栖息习性				分布				
	中上层	珊瑚礁	底层或中下层	深海	渤海	黄海	东海	台湾周边海域	南海
圆鳍鱼科 CYCLOPTERIDAE									
太平洋真圆鳍鱼 *Eumicrotremus pacificus*			√				+		
雀鱼 *Lethotremus awae*			√		+	+			
狮子鱼科 LIPARIDAE									
网纹狮子鱼 *Liparis chefuensis*			√		+	++			
斑纹狮子鱼 *L. maculatus*			√			+			
黄海狮子鱼［点纹狮子鱼］*L. newmani*			√			+			
河北狮子鱼 *L. petschiliensis*			√			+			
田中狮子鱼 *L. tanakae*			√		+	++	+		
南方副狮子鱼 *Paraliparis meridionalis*			√			+	+		
鲈形目 PERCIFORMES									
双边鱼科 AMBASSIDAE									
安巴双边鱼 *Ambassis ambassis*			√						+
布鲁双边鱼 *A. buruensis*			√				+	+	+
裸头双边鱼 *A. gymnocephalus*			√						+
断线双边鱼 *A. interrupta*			√					+	
古氏双边鱼 *A. kopsii*			√						+++
大棘双边鱼 *A. macracanthus*			√				+	+	
小眼双边鱼 *A. miops*			√				+	+	
尾纹双边鱼 *A. urotaenia*			√				+	+	
暹罗副双边鱼 *Parambassis siamensis*			√						+
茎拟双边鱼 *Pseudambassis baculis*			√						+
尖吻鲈科 LATIDAE									
尖吻鲈 *Lates calcarifer*			√				+	+	+
红眼沙鲈 *Psammoperca waigiensis*			√				+	+	+
狼鲈科 MORONIDAE									
日本花鲈 *Lateolabrax japonicus*			√				+		
宽花鲈 *L. latus*			√				+		+

续表

物种	栖息习性				分布				
	中上层	珊瑚礁	底层或中下层	深海	渤海	黄海	东海	台湾周边海域	南海
中国花鲈 *L. maculatus*			√		++	+++	+++		++
条纹狼鲈［条纹石鲙］*Morone saxitilis*			√						+
鮨鲈科 PERCICHTHYIDAE									
深海拟野鲈 *Bathysphyraenops simplex*			√					+	
舍氏尖棘鲷 *Howella sherborni*			√				+		
腭齿尖棘鲷 *H. zina*			√					+	
发光鲷科 ACROPOMATIDAE									
圆鳞发光鲷 *Acropoma hanedai*			√				+	+	+
日本发光鲷 *A. japonicum*			√				++	+	+++
赤鲑 *Doederleinia berycoides*			√			+	+	+	+
须软鱼 *Malakichthys barbatus*			√					+	+
美软鱼 *M. elegans*			√				+	+	
灰软鱼 *M. griseus*			√				+	+	+
胁谷氏软鱼 *M. wakiyae*			√				+	+	+
太平洋新鲑 *Neoscombrops pacificus*			√					+	
多棘尖牙鲈 *Synagrops analis*			√					+	
日本尖牙鲈 *S. japonicus*			√				+	+	+
菲律宾尖牙鲈 *S. philippinensis*			√				+	+	+
锯棘尖牙鲈 *S. serratospinosus*			√				+	+	+
棘尖牙鲈 *S. spinosus*			√						+
愈牙鮨科 SYMPHYSANODONTIDAE									
片山愈牙鮨 *Symphysanodon katayamai*			√					+	
愈牙鮨 *S. typus*			√					+	
鮨科 SERRANIDAE									
红嘴烟鲈 *Aethaloperca rogaa*		√					+	+	+
白线光腭鲈 *Anyperodon leucogrammicus*		√					+	+	
双线少孔纹鲷 *Aporops bilinearis*		√					+	+	
特氏紫鲈 *Aulacocephalus temminckii*			√					+	

续表

物种	栖息习性				分布				
	中上层	珊瑚礁	底层或中下层	深海	渤海	黄海	东海	台湾周边海域	南海
查氏鮗鲈 *Belonoperca chabanaudi*		√						+	
许氏菱齿鮨 *Caprodon schlegelii*		√					+	+	
斑点九棘鲈 *Cephalopholis argus*		√					+	+	+
橙点九棘鲈 *C. aurantia*		√					+	+	
横纹九棘鲈 *C. boenak*		√					+	+	+
蓝线九棘鲈 *C. formosa*		√					+	+	
七带九棘鲈 *C. igarashiensis*		√					+	+	
豹纹九棘鲈 *C. leopardus*		√					+	+	+
青星九棘鲈 *C. miniata*		√					+	+	+
波伦氏九棘鲈 *C. polleni*		√							+
六斑九棘鲈 *C. sexmaculata*		√					+	+	
索氏九棘鲈 *C. sonnerati*		√					+	+	+
黑缘尾九棘鲈 *C. spiloparaea*		√						+	+
尾纹九棘鲈 *C. urodeta*		√					+	+	+
燕赤鮨 *Chelidoperca hirundinacea*			√				+	+	
珠赤鮨 *C. margaritifera*			√						+++
侧斑赤鮨 *C. pleurospilus*			√				+	+	
驼背鲈 *Cromileptes altivelis*		√					+	+	+
双带黄鲈 *Diploprion bifasciatum*			√				++	+	+++
赤点石斑鱼 *Epinephelus akaara*			√				++	+	+++
镶点石斑鱼 *E. amblycephalus*			√				+	+	+
宝石石斑鱼 *E. areolatus*		√					++	+	+++
青石斑鱼 *E. awoara*			√			+	+++	+	+++
布氏石斑鱼 *E. bleekeri*			√				+	+	+
点列石斑鱼 *E. bontoides*			√					+	
褐带石斑鱼 *E. brunneus*			√				+		+
密点石斑鱼［网斑石鲷鱼］ *E. chlorostigma*			√				+	+	++
萤点石斑鱼 *E. coeruleopunctatus*		√					+	+	+

续表

物种	栖息习性				分布				
	中上层	珊瑚礁	底层或中下层	深海	渤海	黄海	东海	台湾周边海域	南海
点带石斑鱼 *E. coioides*			√					+	
珊瑚石斑鱼 *E. corallicola*		√					+	+	+
蓝鳍石斑鱼 *E. cyanopodus*		√					+	+	+
小纹石斑鱼 *E. epistictus*			√				+	+	++
带点石斑鱼［拟青石斑鱼］ *E. fasciatomaculosus*			√				+	+	++
横条石斑鱼［黑边石斑鱼］*E. fasciatus*			√				+	+	++
黄鳍石斑鱼 *E. flavocaeruleus*			√				+	+	+
棕点石斑鱼 *E. fuscoguttatus*		√					+	+	++
颊条石斑鱼［三线石斑鱼］ *E. heniochus*		√							+
六角石斑鱼 *E. hexagonatus*		√					+	+	+
鞍带石斑鱼 *E. lanceolatus*		√					+	+	+
纵带石斑鱼 *E. latifasciatus*			√		+			+	++
长棘石斑鱼 *E. longispinis*			√			.			+++
大斑石斑鱼 *E. macrospilos*		√					+	+	+
花点石斑鱼 *E. maculatus*		√					+	+	+
玛拉巴石斑鱼 *E. malabaricus*			√				+	+	++
黑斑石斑鱼［黑点石斑鱼］*E. melanostigma*		√					+	+	+
蜂巢石斑鱼 *E. merra*		√					+	+	+++
弧纹石斑鱼［弓斑石斑鱼］*E. morrhua*			√				+	+	+++
纹波石斑鱼 *E. ongus*		√						+	
琉璃石斑鱼 *E. poecilonotus*			√					+	
清水石斑鱼 *E. polyphekadion*		√					+	+	+++
玳瑁石斑鱼 *E. quoyanus*			√				+	+	+
电纹石斑鱼 *E. radiatus*			√				+	+	
雷氏石斑鱼 *E. retouti*		√					+	+	
半月石斑鱼 *E. rivulatus*		√					+	+	
六带石斑鱼 *E. sexfasciatus*			√						+++

续表

物种	栖息习性				分布				
	中上层	珊瑚礁	底层或中下层	深海	渤海	黄海	东海	台湾周边海域	南海
吻斑石斑鱼 *E. spilotoceps*			√				+	+	+
南海石斑鱼 *E. stictus*			√				+	+	+
巨石斑鱼 *E. tauvina*		√					+	+	+
三斑石斑鱼 *E. trimaculatus*			√				+	+	+
蓝身大石斑鱼 *E. tukula*			√				+	+	+
波纹石斑鱼 *E. undulosus*			√				+	+	+
桃红大花鲐 *Giganthias immaculatus*			√				+	+	
白边纤齿鲈 *Gracilia albomarginata*		√					+		+
六带线纹鱼 *Grammistes sexlineatus*			√				+	+	+
八带下美鲐 *Hyporthodus octofasciatus*			√					+	
七带下美鲐 *H. septemfasciatus*			√			+	+	+	+
荒贺长鲈 *Liopropoma aragai*			√					+	
黄背长鲈 *L. dorsoluteum*			√					+	
黑缘长鲈 *L. erythraeum*			√				+	+	
日本长鲈 *L. japonicum*			√					+	
宽带长鲈 *L. latifasciatum*			√				+	+	
新月长鲈 *L. lunulatum*			√						+
苍白长鲈 *L. pallidum*		√						+	+
孙氏长鲈 *L. susumi*			√					+	
东洋鲈 *Niphon spinosus*			√				+	+	+
黄斑牙花鲐 *Odontanthias borbonius*			√					+	
金点牙花鲐 *O. chrysostictus*			√					+	
红衣牙花鲐 *O. rhodopeplus*			√					+	
单斑牙花鲐 *O. unimaculatus*			√					+	
拟棘花鲐 *Plectranthias anthioides*			√						+
长身棘花鲐 *P. elongatus*			√					+	+
海氏棘花鲐 *P. helenae*			√					+	
日本棘花鲐 *P. japonicus*			√				+	+	

续表

物种	栖息习性				分布				
	中上层	珊瑚礁	底层或中下层	深海	渤海	黄海	东海	台湾周边海域	南海
焦氏棘花鮨 *P. jothyi*			√				+	+	
黄吻棘花鮨 *P. kamii*			√				+	+	
凯氏棘花鮨 *P. kelloggi*			√					+	
银点棘花鮨 *P. longimanus*			√					+	+
短棘花鮨 *P. nanus*			√					+	+
伦氏棘花鮨 *P. randalli*			√					+	
沈氏棘花鮨 *P. sheni*			√					+	
威氏棘花鮨 *P. wheeleri*			√					+	
怀特棘花鮨 *P. whiteheadi*			√					+	
红斑棘花鮨 *P. winniensis*			√					+	
黄斑棘花鮨 *P. xanthomaculatus*			√					+	+
山川氏棘花鮨 *P. yamakawai*			√					+	
蓝点鳃棘鲈 *Plectropomus areolatus*		√					+	+	+
黑鞍鳃棘鲈 *P. laevis*		√						+	+
豹纹鳃棘鲈 *P. leopardus*		√					+	+	+
斑鳃棘鲈 *P. maculatus*		√							+
点线鳃棘鲈 *P. oligacanthus*		√							+
斑须鮨 *Pogonoperca punctata*			√					+	+
双色拟花鮨 *Pseudanthias bicolor*			√					+	+
锯鳃拟花鮨 *P. cooperi*			√					+	
刺盖拟花鮨 *P. dispar*			√					+	
长拟花鮨 *P. elongatus*			√				+	+	
恩氏拟花鮨 *P. engelhardi*			√					+	
条纹拟花鮨 *P. fasciatus*			√					+	
高体拟花鮨 *P. hypselosoma*			√					+	
吕宋拟花鮨 *P. luzonensis*			√					+	
紫红拟花鮨 *P. pascalus*			√				+	+	+
侧带拟花鮨 *P. pleurotaenia*			√				+	+	+

续表

物种	栖息习性				分布				
	中上层	珊瑚礁	底层或中下层	深海	渤海	黄海	东海	台湾周边海域	南海
红带拟花鮨 *P. rubrizonatus*			√				+	+	++
丝鳍拟花鮨 *P. squamipinnis*			√				+	+	+
汤氏拟花鮨 *P. thompsoni*			√				+	+	
静拟花鮨 *P. tuka*			√					+	++
多棘拟线鲈 *Pseudogramma polyacanthum*			√				+		+
珠樱鮨 *Sacura margaritacea*			√				+	+	+
鲍氏泽鮨 *Saloptia powelli*			√				+	+	+
臀斑月花鮨 *Selenanthias analis*			√				+	+	+
伊豆翁鮨 *Serranocirrhitus latus*			√				+		+
姬鮨 *Tosana niwae*			√				+	+	+++
鸢鮨［细鳞三棱鲈］*Triso dermopterus*			√				+	+	+++
白边侧牙鲈 *Variola albimarginata*		√					+	+	+
侧牙鲈 *V. louti*		√					+	+	++
鲱鲈科 OSTRACOBERYCIDAE									
矛状鲱鲈 *Ostracoberyx dorygenys*			√				+	+	+
丽花鮨科 CALLANTHIIDAE									
日本丽花鮨 *Callanthias japonicus*			√				+	+	+
拟雀鲷科 PSEUDOCHROMIDAE									
奈氏鱼雀鲷 *Amsichthys knighti*		√						+	
鳗鲷 *Congrogadus subducens*		√					+	+	+
圆眼戴氏鱼 *Labracinus cyclophthalmus*		√					+	+	+
条纹戴氏鱼 *L. lineatus*		√						+	
黑线戴氏鱼 *L. melanotaenia*		√							++
紫红背绣雀鲷 *Pictichromis diadema*		√						+	+
紫绣雀鲷 *P. porphyreus*		√					+	+	
蓝带拟雀鲷 *Pseudochromis cyanotaenia*		√					+	+	
棕拟雀鲷 *P. fuscus*		√					+	+	+
灰黄拟雀鲷 *P. luteus*		√					+	+	

续表

物种	栖息习性				分布				
	中上层	珊瑚礁	底层或中下层	深海	渤海	黄海	东海	台湾周边海域	南海
马歇尔岛拟雀鲷 *P. marshallensis*		√					+	+	+
条纹拟雀鲷 *P. striatus*		√					+	+	
紫青拟雀鲷 *P. tapeinosoma*		√						+	+
黄尾拟雀鲷 *P. xanthochir*		√							+
无斑拟䲁 *Pseudoplesiops immaculatus*		√							+
䲁科 PLESIOPIDAE									
海氏若棘䲁 *Acanthoplesiops hiatti*		√						+	
滑腹若棘䲁 *A. psilogaster*		√						+	
蓝氏燕尾䲁 *Assessor randalli*		√						+	
菲律宾针鳍䲁 *Beliops batanensis*		√						+	
横带针翅䲁 *Belonepterygion fasciolatum*		√						+	
珍珠丽䲁 *Calloplesiops altivelis*		√						+	
蓝线䲁 *Plesiops coeruleolineatus*		√					+	+	+
珊瑚䲁 *P. corallicola*		√						+	+
仲原氏䲁 *P. nakaharae*		√						+	
尖头䲁 *P. oxycephalus*		√					+	+	
羞䲁 *Plesiops verecundus*		√						+	
后颌䲁科 OPISTOGNATHIDAE									
卡氏后颌䲁 *Opistognathus castelnaui*			√					+	+
艾氏后颌䲁 *O. evermanni*			√				+	+	
香港后颌䲁 *O. hongkongiensis*			√				+	+	+
霍氏后颌䲁 *O. hopkinsi*			√					+	
苏禄后颌䲁 *O. solorensis*			√					+	
多彩后颌䲁 *O. variabilis*			√					+	
无斑叉棘䲁 *Stalix immculatus*			√						+
沈氏叉棘䲁 *S. sheni*			√					+	
寿鱼科 BANJOSIDAE									
寿鱼 *Banjos banjos*			√				+	+	+

续表

物种	栖息习性				分布				
	中上层	珊瑚礁	底层或中下层	深海	渤海	黄海	东海	台湾周边海域	南海
大眼鲷科 PRIACANTHIDAE									
日本牛目鲷 *Cookeolus japonicus*			√				+	+	+
灰鳍异大眼鲷 *Heteropriacanthus cruentatus*			√				+	+	+
布氏大眼鲷 *Priacanthus blochii*			√						+
深水大眼鲷 *P. fitchi*			√						+
金目大眼鲷 *P. hamrur*			√				+	+	+
短尾大眼鲷 *P. macracanthus*			√		+	++	+++	+	+++
高背大眼鲷 *P. sagittarius*			√					+	
长尾大眼鲷 *P. tayenus*			√			+	++	+	+++
黄鳍大眼鲷 *P. zaiserae*			√				+	+	
麦氏锯大眼鲷 *Pristigenys meyeri*			√					+	
日本锯大眼鲷 *P. niphonius*			√					+	+
天竺鲷科 APOGONIDAE									
白边天竺鲷 *Apogon albomarginatus*	√						+	+	+
弓线天竺鲷 *A. amboinensis*	√						+	+	+
短牙天竺鲷 *A. apogonides*	√								+
环尾天竺鲷 *A. aureus*	√						+	+	+
渊天竺鲷 *A. bryx*	√						+		+
斑鳍天竺鲷 *A. carinatus*	√						+	+	++
垂带天竺鲷 *A. cathetogramma*	√						+		+
陈氏天竺鲷 *A. cheni*	√							+	
透明红天竺鲷 *A. coccineus*	√							+	+
坚头天竺鲷 *A. crassiceps*	√							+	
长棘天竺鲷 *A. doryssa*	√							+	+
黑边天竺鲷 *A. ellioti*	√						+	+	+++
细线天竺鲷 *A. endekataenia*	√						+	+	+
粉红天竺鲷 *A. erythrinus*	√						+	+	+
宽条天竺鲷 *A. fasciatus*	√								+

续表

物种	栖息习性				分布				
	中上层	珊瑚礁	底层或中下层	深海	渤海	黄海	东海	台湾周边海域	南海
套缰天竺鲷 *A. fraenatus*	√								+
扁头天竺鲷 *A. hyalosoma*	√							+	
细条天竺鲷 *A. lineatus*	√				+	+	++	+	++
褐条天竺鲷 *A. nitidus*	√								+
黑点天竺鲷 *A. notatus*	√						+	+	+
新几内亚天竺鲷 *A. novaeguineae*	√						+	+	+
九线天竺鲷 *A. novemfasciatus*	√						+	+	++
四线天竺鲷 *A. quadrifasciatus*	√						++		+++
半线天竺鲷 *A. semilineatus*	√						+	+	+++
半饰天竺鲷 *A. semiornatus*	√							+	+
横带天竺鲷 *A. striatus*	√							+	+++
塔氏天竺鲷 *A. talboti*	√								+
截尾天竺鲷 *A. truncatus*	√							+	+
单色天竺鲷 *A. unicolor*	√						+	+	
黑身似天竺鲷 *Apogonichthyoides melas*	√							+	+
黑似天竺鱼 *A. niger*	√						++	+	++
黑鳍似天竺鱼 *A. nigripinnis*	√						+	+	+
拟双带似天竺鱼 *A. pseudotaeniatus*	√								+
双带似天竺鱼 *A. taeniatus*	√								+
帝汶似天竺鱼 *A. timorensis*	√						+	+	+
眼斑天竺鱼 *Apogonichthys ocellatus*	√						+	+	
鸠斑天竺鱼 *A. perdix*	√						+	+	+
双斑长鳍天竺鲷 *Archamia biguttata*	√							+	
布氏长鳍天竺鲷 *A. bleekeri*	√							+	
横带长鳍天竺鲷 *A. buruensis*	√							+	
红纹长鳍天竺鲷 *A. fucata*	√							+	+
真长鳍天竺鲷 *A. macroptera*	√							+	
纵带巨牙天竺鲷 *Cheilodipterus artus*		√					+	+	+

续表

物种	栖息习性				分布				
	中上层	珊瑚礁	底层或中下层	深海	渤海	黄海	东海	台湾周边海域	南海
中间巨牙天竺鲷 *C. intermedius*			√				+	+	
巨牙天竺鲷 *C. macrodon*			√					+	+
五带巨牙天竺鲷 *C. quinquelineatus*			√				+	+	+
新加坡巨牙天竺鲷 *C. singapurensis*			√						+
短线腭竺鱼 *Foa brachygramma*	√						+	+	
菲律宾腭竺鱼 *F. fo*	√							+	+
金色乳突天竺鲷 *Fowleria aurita*	√								+
犬形乳突天竺鲷 *F. isostigma*	√								+
显斑乳突天竺鲷 *F. marmorata*	√							+	+
等斑乳突天竺鲷 *F. punctulata*	√						+	+	+
维拉乳突天竺鲷 *F. vaiulae*	√						+	+	+
杂斑乳突天竺鲷 *F. variegata*	√						+	+	+
无斑裸天竺鲷 *Gymnapogon annona*	√							+	+
日本裸天竺鲷 *G. japonicus*	√							+	+
菲律宾裸天竺鲷 *G. philippinus*	√							+	+
尾斑裸天竺鲷 *G. urospilotus*	√							+	+
颊纹圣竺鲷 *Nectamia bandanensis*		√					+	+	+++
棕色圣竺鲷 *N. fusca*		√					+	+	+
萨瓦耶圣竺鲷 *N. savayensis*		√					+	+	+
短牙鹦竺鲷 *Ostorhinchus apogonoides*	√						+	+	+
纵带鹦天竺鲷 *O. angustatus*	√						+	+	+
黄体鹦天竺鲷 *O. chrysotaenia*	√							+	+
裂带鹦天竺鲷 *O. compressus*	√						+	+	+
库氏鹦天竺鲷 *O. cookii*	√						+	+	+
金带鹦天竺鲷 *O. cyanosoma*	√						+	+	+
异鹦天竺鲷 *O. dispar*	√								+
斗氏鹦天竺鲷 *O. doederleini*	√						+	+	+++
宽条鹦竺鲷 *O. fasciatus*	√						+	+	

续表

物种	栖息习性				分布				
	中上层	珊瑚礁	底层或中下层	深海	渤海	黄海	东海	台湾周边海域	南海
斑柄鹦天竺鲷 *O. fleurieu*	√						+	+	+
全纹鹦天竺鲷 *O. holotaenia*	√							+	+
中线鹦天竺鲷 *O. kiensis*	√						+	+	+++
侧条鹦天竺鲷 *O. lateralis*	√							+	
摩鹿加鹦天竺鲷 *O. moluccensis*	√							+	+
黑带鹦天竺鲷 *O. nigrofasciatus*	√						+	+	+
侧带鹦天竺鲷 *O. pleuron*	√							+	+
橙带鹦天竺鲷 *O. properuptus*	√							+	+
九带鹦天竺鲷 *O. taeniophorus*	√							+	++
条腹鹦天竺鲷 *O. thermalis*	√							+	+
单线棘眼天竺鲷 *Pristiapogon exostigma*	√						+	+	+
棘眼天竺鲷 *P. fraenatus*	√							+	+
丽鳍棘眼天竺鲷 *P. kallopterus*	√						+	+	+
犬牙拟天竺鲷 *Pseudamia gelatinosa*	√						+	+	+
林氏拟天竺鲷 *P. hayashii*	√							+	
准天竺鲷 *Pseudamiops gracilicauda*	√						+	+	+
三斑锯鳃天竺鲷 *Pristicon trimaculatus*	√						+	+	+
燕尾箭天竺鲷 *Rhabdamia cypselurus*	√						+	+	
细箭天竺鲷 *R. gracilis*	√							+	
棕线管竺鲷 *Siphamia fuscolineata*	√								+
马岛氏管竺鲷 *S. majimai*	√								+
汤加管竺鲷 *S. tubifer*	√							+	+
丝鳍圆竺鲷 *Sphaeramia nematoptera*	√						+	+	+
红尾圆竺鲷 *S. orbicularis*	√							+	
吉氏狸竺鲷 *Zoramia gilberti*	√							+	
后竺鲷科 EPIGONIDAE									
细身后竺鲷 *Epigonus denticulatus*	√							+	
鱚科 SILLAGINIDAE									

续表

物种	栖息习性				分布				
	中上层	珊瑚礁	底层或中下层	深海	渤海	黄海	东海	台湾周边海域	南海
杂色鳍 *Sillago aeolus*			√			+	+	+	++
亚洲鳍 *S. asiatica*			√					+	
北部湾鳍 *S. boutani*			√						+
中国鳍 *S. chinensis*			√			+	+		+
砂鳍 *S. chondropus*			√					+	
海湾鳍 *S. ingenuua*			√					+	
少鳞鳍 *S. japonica*			√				+	+	++
小眼鳍 *S. microps*			√					+	
细鳞鳍 *S. parvisquamis*			√					+	
多鳞鳍 *S. sihama*			√		+	+	+++	+	+++
弱棘鱼科 MALACANTHIDAE									
白方头鱼 *Branchiostegus albus*			√				+	+	+
银方头鱼 *B. argentatus*			√				++	+	++
斑鳍方头鱼 *B. auratus*			√				++	+	++
日本方头鱼 *B. japonicus*			√		+	+++	++	+	
似弱棘鱼 *Hoplolatilus cuniculus*			√					+	
叉尾似弱棘鱼 *H. fronticinctus*			√					+	
马氏似弱棘鱼 *H. marcosi*			√				+	+	+
紫似弱棘鱼 *H. purpureus*			√				+	+	
斯氏似弱棘鱼 *H. starcki*			√						+
短吻弱棘鱼 *Malacanthus brevirostris*			√				+	+	+
侧条弱棘鱼 *M. latovittatus*			√				+	+	+
乳香鱼科 LACTARIIDAE									
乳香鱼 *Lactarius lactarius*			√				+	+	+++
青鲐科 SCOMBROPIDAE									
牛眼青鲐 *Scombrops boops*			√			+	+	+	
鲭科 POMATOMIDAE									

续表

物种	栖息习性				分布				
	中上层	珊瑚礁	底层或中下层	深海	渤海	黄海	东海	台湾周边海域	南海
鲑 *Pomatomus saltatrix*			√				+	+	+
鲯鳅科 CORYPHAENIDAE									
棘鲯鳅 *Coryphaena equiselis*	√						+	+	+
鲯鳅 *C. hippurus*	√				+	+	++	+	++
军曹鱼科 RACHYCENTRIDAE									
军曹鱼 *Rachycentron canadum*	√				+	+	++	+	+++
鮣科 ECHENEIDAE									
鮣 *Echeneis naucrates*	√				+	+	++	+	++
白短鮣 *Remora albescens*	√				+	+	+	+	+
澳洲短鮣 *R. australis*	√						+	+	+
短臂短鮣 *R. brachyptera*	√						+	+	+
大盘短鮣 *R. osteochir*	√						+	+	+
短鮣 *R. remora*	√				+	+	+	+	+
鲹科 CARANGIDAE									
短吻丝鲹 *Alectis ciliaris*	√				+	+	+	+	+
长吻丝鲹 *A. indica*	√				+	+	++	+	+++
及达副叶鲹 *Alepes djedaba*	√					+	+	+	+++
克氏副叶鲹 *A. kleinii*	√						+	+	+
黑鳍副叶鲹 *A. melanoptera*	√								+
范氏副叶鲹 *A. vari*	√						+		+
沟鲹 *Atropus atropos*	√				+	+	++		+++
游鳍叶鲹 *Atule mate*	√					+	++	+	+++
甲若鲹 *Carangoides armatus*	√						+		+++
橙点若鲹 *C. bajad*	√								+
长吻若鲹 *C. chrysophrys*	√						+		+++
青羽若鲹 *C. coeruleopinnatus*	√						+	+	+
背点若鲹 *C. dinema*	√						+	+	+
高体若鲹 *C. equula*	√				+	+	+	+	+++

续表

物种	栖息习性				分布				
	中上层	珊瑚礁	底层或中下层	深海	渤海	黄海	东海	台湾周边海域	南海
平线若鲹 C. ferdau	√						+	+	++
黄点若鲹 C. fulvoguttatus	√							+	+
裸胸若鲹 C. gymnostethus	√							+	
海兰德若鲹 C. hedlandensis	√						+	+	+
大眼若鲹 C. humerosus	√								+
马拉巴若鲹 C. malabaricus	√				+	+		+	+++
卵圆若鲹 C. oblongus	√						+	+	+
直线若鲹 C. orthogrammus	√						+	+	+
横带若鲹 C. plagiotaenia	√						+	+	+
褐背若鲹 C. praeustus	√								+
白舌若鲹 C. talamparoides	√						+	+	+
大口鲹 Caranx bucculentus	√						+	+	+
马鲹 C. hippos	√								+
珍鲹 C. ignobilis	√						+	+	+
黑鲹 C. lugubris	√							+	
黑尻鲹 C. melampygus	√						+	+	++
巴布亚鲹 C. papuensis	√							+	
六带鲹 C. sexfasciatus	√					+	+	+	+++
泰勒鲹 C. tille	√							+	+
红尾圆鲹 Decapterus akaadsi	√								+
无斑圆鲹 D. kurroides	√						++	+	++
颌圆鲹 D. macarellus	√							+	
长体圆鲹 D. macrosoma	√						+	+	++
红背圆鲹［蓝圆鲹］D. maruadsi	√				+	++	+++	+	+++
穆氏圆鲹 D. muroadsi	√								+
红鳍圆鲹 D. russelli	√					+	+	+	
锯缘圆鲹 D. tabl	√							+	+
纺锤鰤 Elagatis bipinnulata	√						+	+	++

续表

物种	栖息习性				分布				
	中上层	珊瑚礁	底层或中下层	深海	渤海	黄海	东海	台湾周边海域	南海
黄鹂无齿鲹 *Gnathanodon speciosus*	√						+	+	+
大甲鲹 *Megalaspis cordyla*	√					+	++	+	+++
舟鰤 *Naucrates ductor*	√						+	+	+
乌鲳 *Parastromateus niger*	√				+	+	++	+	+++
黄带拟鲹 *Pseudocaranx dentex*	√						+	+	+
康氏似鲹 *Scomberoides commersonnianus*	√							+	
长颌似鲹 *S. lysan*	√						+	+	+++
横斑似鲹 *S. tala*	√								+
革似鲹［革鲹］ *S. tol*	√					+	+	+	+
牛目凹肩鲹 *Selar boops*	√								+++
脂眼凹肩鲹 *S. crumenophthalmus*	√						+		+++
金带细鲹 *Selaroides leptolepis*	√						+		+++
杜氏鰤［高体鰤］ *Seriola dumerili*	√					+	++	++	+++
黄尾鰤 *S. lalandi*	√					+	++	+++	
五条鰤 *S. quinqueradiata*	√					+	+	++	++
长鳍鰤 *S. rivoliana*	√						+	+	+
黑纹小条鰤 *Seriolina nigrofasciata*	√						+	+	+++
阿纳鲳鲹 *Trachinotus anak*	√							+	
斐氏鲳鲹 *T. baillonii*	√						+	+	++
布氏鲳鲹 *T. blochii*	√						+	+	+
大斑鲳鲹 *T. botla*	√								+
穆克鲳鲹 *T. mookalee*	√								+
卵形鲳鲹 *T. ovatus*	√						+		++
日本竹荚鱼 *Trachurus japonicus*	√					+	++	+++	+	+++
丝背羽鳃鲹 *Ulua aurochs*	√						+		+
短丝羽鳃鲹 *U. mentalis*	√						+		+
白舌尾甲鲹 *Uraspis helvola*	√						+	+	+	+++
白口尾甲鲹 *U. uraspis*	√								+	+

续表

物种	栖息习性				分布				
	中上层	珊瑚礁	底层或中下层	深海	渤海	黄海	东海	台湾周边海域	南海
眼镜鱼科 MENIDAE									
眼镜鱼 *Mene maculata*			√				++	+	++
鲾科 LEIOGNATHIDAE									
长身马鲾 *Equulites elongatus*			√				+	+	++
曳丝马鲾 *E. leuciscus*			√					+	
条马鲾 *E. rivulatus*			√			+		+	
黑边布氏鲾 *Eubleekeria splendens*			√				+	+	+
宽身牙鲾 *Gazza achlamys*			√					+	
小牙鲾 *G. minuta*			√				+	+	++
细纹鲾 *Leiognathus berbis*			√				+	+	++
短吻鲾 *L. brevirostris*			√						++
黑斑鲾 *L. daura*			√						+
杜氏鲾 *L. dussumieri*			√						++
短棘鲾 *L. equulus*			√				+	+	++
长棘鲾 *L. fasciatus*			√				+		+
粗纹鲾 *L. lineolatus*			√				+	+	++
若盾项鲾 *Nuchequula gerreoides*			√				+		+
圈项鲾 *N. mannusella*			√					+	+
颈斑项鲾 *N. nuchalis*			√				+	+	
金黄光胸鲾 *Photopectoralis aureus*			√					+	+
黄斑光胸鲾 *P. bindus*			√			+	++	+	++
印度仰口鲾 *Secutor indicius*			√				+	+	+
静仰口鲾 *S. insidiator*			√				+	+	++
间断仰口鲾 *S. interruptus*			√					+	
鹿斑仰口鲾 *S. ruconius*			√		+	+	+		++
乌鲂科 BRAMIDAE									
杜氏乌鲂 *Brama dussumieri*			√						+
日本乌鲂 *B. japonica*			√				+	+	

续表

物种	栖息习性				分布				
	中上层	珊瑚礁	底层或中下层	深海	渤海	黄海	东海	台湾周边海域	南海
梅氏乌鲂 *B. myersi*			√				+	+	+
小鳞乌鲂 *B. orcini*			√					+	
真乌鲂 *Eumegistus illustris*			√				+	+	
帆鳍鲂 *Pteraclis aesticola*			√					+	
彼氏高鳍鲂 *Pterycombus petersii*			√				+	+	+
红棱鲂 *Taractes rubescens*			√				+	+	+
斯氏长鳍乌鲂 *Taractichthys steindachneri*			√					+	
谐鱼科 EMMELICHTHYIDAE									
史氏谐鱼 *Emmelichthys struhsakeri*			√				+	+	
史氏红谐鱼 *Erythrocles schlegeli*			√				+		
火花红谐鱼 *E. scintillans*			√				+	+	+
笛鲷科 LUTJANIDAE									
叉尾鲷 *Aphareus furca*		√					+	+	+
红叉尾鲷 *A. rutilans*		√					+	+	+
绿短鳍笛鲷 *Aprion virescens*		√					+	+	+
红钻鱼 *Etelis carbunculus*			√				+	+	+
丝尾红钻鱼 *E. coruscans*			√					+	
多耙红钻鱼 *E. radiosus*			√					+	
叶唇笛鲷 *Lipocheilus carnolabrum*			√				+	+	+
紫红笛鲷 *Lutjanus argentimaculatus*			√				+		++
孟加拉笛鲷 *L. bengalensis*			√				+		+
白斑笛鲷 *L. bohar*			√				+	+	++
蓝带笛鲷 *L. boutton*			√					+	
胸斑笛鲷 *L. carponotatus*			√					+	
斜带笛鲷 *L. decussatus*		√					+	+	+
似十二棘笛鲷 *L. dodecacanthoides*			√					+	+
埃氏笛鲷 *L. ehrenbergii*			√					+	
红鳍笛鲷 *L. erythopterus*			√				+		+++

续表

物种	栖息习性				分布				
	中上层	珊瑚礁	底层或中下层	深海	渤海	黄海	东海	台湾周边海域	南海
金焰笛鲷 *L. fulviflamma*		√					+	+	+
焦黄笛鲷 *L. fulvus*		√					+	+	+
隆背笛鲷 *L. gibbus*		√					+	+	++
约氏笛鲷 *L. johnii*			√				+	+	++
四带笛鲷 *L. kasmira*		√					+	+	++
月尾笛鲷 *L. lunulatus*			√				+	+	+
黄笛鲷 *L. lutjanus*			√				+	+	++
前鳞笛鲷 *L. madras*			√				+	+	
马拉巴笛鲷 *L. malabaricus*			√				+	+	
单斑笛鲷 *L. monostigma*			√				+	+	+
奥氏笛鲷 *L. ophuysenii*			√				+	+	+
五线笛鲷 *L. quinquelineatus*			√				+	+	++
蓝点笛鲷 *L. rivulatus*			√				+	+	+
红纹笛鲷 *L. rufolineatus*			√				+		
勒氏笛鲷 *L. russellii*			√			+	+++	+	++
千年笛鲷 *L. sebae*			√				+	+	+
星点笛鲷 *L. stellatus*			√				+		
纵带笛鲷［画眉笛鲷］*L. vitta*			√				+	+	+++
斑点羽鳃笛鲷 *Macolor macularis*		√					+	+	+
黑体羽鳃笛鲷 *M. niger*		√					+	+	+
青若梅鲷 *Paracaesio caerulea*			√				+		
条纹若梅鲷 *P. kusakarii*			√					+	
冲绳若梅鲷 *P. sordida*			√					+	
横带若梅鲷 *P. stonei*			√				+		
黄背若梅鲷 *P. xanthura*		√					+	+	++
李氏斜鳞笛鲷 *Pinjalo lewisi*		√					+		
斜鳞笛鲷 *P. pinjalo*		√						+	+
蓝纹紫鱼 *Pristipomoides argyrogrammicus*		√						+	

续表

物种	栖息习性				分布				
	中上层	珊瑚礁	底层或中下层	深海	渤海	黄海	东海	台湾周边海域	南海
日本紫鱼 *P. auricilla*		√						+	
丝鳍紫鱼 *P. filamentosus*		√					+	+	+
黄鳍紫鱼 *P. flavipinnis*		√						+	
多牙紫鱼 *P. multidens*		√					+	+	+
西氏紫鱼 *P. sieboldii*		√						+	
尖齿紫鱼 *P. typus*		√					++	+	+++
斜带紫鱼 *P. zonatus*		√						+	
帆鳍笛鲷 *Symphorichthys spilurus*		√							+
丝条长鳍笛鲷 *Symphorus nematophorus*		√					+	+	+
梅鲷科 CAESIONIDAE									
褐梅鲷 *Caesio caerulaurea*		√					++	+	++
黄尾梅鲷 *C. cuning*		√					+	+	+
新月梅鲷 *C. lunaris*		√					+	+	+
黄蓝背梅鲷 *C. teres*		√					+	+	+
黄背梅鲷 *C. xanthonota*		√							++
双鳍梅鲷 *Dipterygonotus balteatus*		√					+	+	+
金带鳞鳍梅鲷［金带梅鲷］ *Pterocaesio chrysozona*		√					++	+	+
双带鳞鳍梅鲷 *P. digramma*		√					+	+	++
马氏鳞鳍梅鲷 *P. marri*		√							+
斑尾鳞鳍梅鲷 *P. pisang*		√					+	+	+
伦氏鳞鳍梅鲷 *P. randalli*		√					+	+	+
黑带鳞鳍梅鲷 *P. tile*		√					+	+	++
松鲷科 LOBOTIDAE									
松鲷 *Lobotes surinamensis*			√		+	++	+	+	+
银鲈科 GERREIDAE									
十刺银鲈 *Gerres decacanthus*			√				+	+	
红尾银鲈 *G. erythrourus*			√				+	+	

续表

物种	栖息习性				分布				
	中上层	珊瑚礁	底层或中下层	深海	渤海	黄海	东海	台湾周边海域	南海
长棘银鲈 *G. filamentosus*			√				+	+	+
日本银鲈 *G . japonicus*			√				+	+	+
缘边银鲈 *G. limbatus*			√				+	+	+
长吻银鲈 *G. longirostris*			√				+	+	+
大棘银鲈 *G. macracanthus*			√					+	
长圆银鲈 *G. oblongus*			√				+	+	+
奥奈银鲈 *G. oyena*			√					+	+
志摩银鲈 *G. shima*			√					+	+
五棘银鲈 *Pentaprion longimanus*			√					+	+
仿石鲈科 HAEMULIDAE									
黑鳍少棘胡椒鲷 *Diagramma melanacra*			√					+	+
密点少棘胡椒鲷 *D. picta*			√				+	+	+
华髭鲷 *Hapalogenys analis*			√				+	+	+
纵带髭鲷 *H. kishinouyei*			√				+	+	+
横带髭鲷 *H. mucronatus*			√			+	+++		+++
黑鳍髭鲷 *H. nigripinnis*			√			+	+++	+	+++
斜带髭鲷 *H. nitens*			√			+	++		+++
三线矶鲈 *Parapristipoma trilineatum*			√			+	++	+	+++
白带胡椒鲷 *Plectorhinchus albovittatus*			√					+	
西里伯斯胡椒鲷 *P. celebicus*			√						+
斑胡椒鲷 *P. chaetodonoides*			√				+	+	++
黄纹胡椒鲷 *P. chrysotaenia*			√					+	
花尾胡椒鲷 *P. cinctus*			√			+	++	+	+++
黄斑胡椒鲷 *P. flavomaculatus*			√					+	
驼背胡椒鲷 *P. gibbosus*			√				+	+	+
少耙胡椒鲷 *P. lessonii*			√				+	+	+
条纹胡椒鲷 *P. lineatus*			√				+	+	++
胡椒鲷 *P. pictus*			√				++	+	++

续表

物种	栖息习性				分布				
	中上层	珊瑚礁	底层或中下层	深海	渤海	黄海	东海	台湾周边海域	南海
暗点胡椒鲷 *P. picus*			√					+	+
肖氏胡椒鲷 *P. schotaf*			√				+	+	
中华胡椒鲷 *P. sinensis*			√						+
条斑胡椒鲷 *P. vittatus*			√				+	+	+
银石鲈 *Pomadasys argenteus*			√				++	+	+++
赤笔石鲈 *P. furcatum*			√				+		+
点石鲈 *P. kaakan*			√				+	+	
大斑石鲈 *P. maculatus*			√				++		+++
四带石鲈 *P. quadrilineatus*			√					+	
红海石鲈 *P. stridens*			√				+		+
单斑石鲈 *P. umimaculatus*			√				+		+
金线鱼科 NEMIPTERIDAE									
赤黄金线鱼 *Nemipterus aurorus*			√					+	
深水金线鱼［黄肚金线鱼］*N. bathybius*			√				++	+	+
横斑金线鱼 *N. furcosus*			√					+	
六齿金线鱼 *N. hexodon*			√				+	+	+
日本金线鱼 *N. japonicus*			√				++	+	++
长丝金线鱼 *N. nematophorus*			√				+		+
裴氏金线鱼 *N. peronii*			√				+	+	+
五带金线鱼 *N. tambuloides*			√						+
黄缘金线鱼 *N. thosaporni*			√					+	
金线鱼 *N. virgatus*			√			+	++	+	+++
长体金线鱼 *N. zysron*			√					+	
宽带副眶棘鲈 *Parascolopsis eriomma*			√				+	+	+
横带副眶棘鲈 *P. inermis*			√				+	+	+
土佐湾副眶棘鲈 *P. tosensis*			√					+	
黄带锥齿鲷 *Pentapodus aureofasciatus*			√				+	+	
犬牙锥齿鲷 *P. caninus*			√				+	+	+

续表

物种	栖息习性				分布				
	中上层	珊瑚礁	底层或中下层	深海	渤海	黄海	东海	台湾周边海域	南海
艾氏锥齿鲷 *P. emeryii*			√					+	
长崎锥齿鲷 *P. nagasakiensis*			√					+	
线尾锥齿鲷 *P. setosus*			√						+
安芬眶棘鲈 *Scolopsis affinis*		√						+	
双带眶棘鲈 *S. bilineatus*			√				+		+
双斑眶棘鲈 *S. bimaculatus*			√				+		+
齿颌眶棘鲈 *S. ciliatus*			√				+		+
三带眶棘鲈 *S. lineatus*			√				+		++
珠斑眶棘鲈 *S. margaritifera*			√				+	+	+
单带眶棘鲈 *S. monogramma*		√						+	+
条纹眶棘鲈 *S. taeniopterus*			√					+	++
花吻眶棘鲈 *S. temporalis*			√						+
三线眶棘鲈 *S. trilineata*			√				+	+	+
伏氏眶棘鲈 *S. vosmeri*			√				++	+	++
蓝带眶棘鲈 *S. xenochrous*		√					+	+	+
裸颊鲷科 LETHRINIDAE									
金带齿颌鲷 *Gnathodentex aureolineatus*		√					+	+	+++
长裸顶鲷 *Gymnocranius elongatus*			√					+	
真裸顶鲷 *G. euanus*			√				+	+	+
蓝线裸顶鲷 *G. grandoculis*			√					+	
灰裸顶鲷 *G. griseus*			√				++	+	++
小齿裸顶鲷 *G. microdon*			√					+	
阿氏裸颊鲷 *Lethrinus atkinsoni*			√				+	+	+
红棘裸颊鲷 *L. erythracanthus*			√					+	+
赤鳍裸颊鲷 *L. erythropterus*			√					+	
长棘裸颊鲷 *L. genivittacus*			√				+		+
红鳍裸颊鲷 *L. haematopterus*			√				+	+	++
黑点裸颊鲷 *L. harak*			√				+	+	+

续表

物种	栖息习性				分布				
	中上层	珊瑚礁	底层或中下层	深海	渤海	黄海	东海	台湾周边海域	南海
扁裸颊鲷 *L. lentjan*			√				+	+	+
黄尾裸颊鲷 *L. mahsena*			√						+
长吻裸颊鲷 *L. miniatus*			√						++
星斑裸颊鲷 *L. nebulosus*			√				+	+	+
橘带裸颊鲷 *L. obsoletus*			√					+	+
尖吻裸颊鲷 *L. olivaceus*			√					+	+
短吻裸颊鲷 *L. ornatus*			√				+	+	++
网纹裸颊鲷 *L. reticulatus*			√				+	+	+
红裸颊鲷 *L. rubrioperculatus*			√					+	+
半带裸颊鲷 *L. semicinctus*			√				+	+	+
杂色裸颊鲷 *L. variegatus*			√				+	+	++
黄唇裸颊鲷 *L. xanthochilus*			√				+	+	+
单列齿鲷 *Monotaxis grandoculis*			√				++	+	+++
莫桑比克崤颌鲷 *Wattsia mossambica*			√				+	+	+
鲷科 SPARIDAE									
冲绳棘鲷 *Acanthopagrus chinshira*			√					+	
黄鳍棘鲷［黄鳍鲷］*A. latus*			√				++	+	++
太平洋棘鲷 *A. pacificus*			√					+	+
黑棘鲷［黑鲷］*A. schlegelii*			√		+	++	+++	+	+
橘鳍棘鲷 *A. sivicolus*			√					+	
台湾棘鲷 *A. taiwanensis*			√				+		
四长棘鲷 *Argyrops bleekeri*			√				+	+	++
高体四长棘鲷 *A. spinifer*			√				+	+	
松原冬鲷 *Cheimerius matsubarai*			√						+
阿部氏牙鲷 *Dentex abei*			√				+	+	+
黄背牙鲷 *D. hypselosomus*			√					+	+
二长棘犁齿鲷［二长棘鲷］*Evynnis cardinalis*			√			++	+++	+	+++

续表

物种	栖息习性				分布				
	中上层	珊瑚礁	底层或中下层	深海	渤海	黄海	东海	台湾周边海域	南海
单长棘犁齿鲷 *E. mononematos*			√				++		
黄犁齿鲷［黄鲷］ *E. tumifrons*			√				+++	+	++
真鲷 *Pagrus major*			√		+	++	+++	+	+++
平鲷 *Rhabdosargus sarba*			√			+	++	+	++
金头鲷 *Sparus aurata*			√				+		+
马鲅科 POLYNEMIDAE									
多鳞四指马鲅 *Eleutheronema rhadinum*			√				+	+	++
四指马鲅 *E. tetradactylum*			√		+	+	++	+	++
西氏丝指马鲅 *Filimanus sealei*			√					+	
小口多指马鲅 *Polydactylus microstoma*			√				+		
五丝多指马鲅 *P. plebeius*			√				+	+	
六丝多指马鲅 *P. sexfilis*			√				++	+	+++
六指多指马鲅 *P. sextarius*			√				+	+	
石首鱼科 SCIAENIDAE									
厦门白姑鱼 *Argyrosomus amoyensis*			√				+		+
白姑鱼 *A. argentatus*			√		+	++	+++	+	+++
日本白姑鱼 *A. japonicus*			√			+	+		+
黑姑鱼 *Atrobucca nibe*			√			++	++	++	+
黄唇鱼 *Bahaba taipingensis*			√				+		+
尖头黄鳍牙鰔 *Chrysochir aureus*			√				+	+	+
棘头梅童鱼 *Collichthys lucidus*			√		+	++	+++	+	+++
黑鳃梅童鱼 *C. niveatus*			√		+	+	+		+
勒氏枝鳔石首鱼 *Dendrophysa russelli*			√				+		++
团头叫姑鱼 *Johnius amblycephalus*			√				+	+	
皮氏叫姑鱼 *J. belengeri*			√		+	++	+++		++
婆罗叫姑鱼 *J. borneensis*			√						+
鳞鳍叫姑鱼 *J. distinctus*			√				+	+	+
杜氏叫姑鱼 *J. dussumieri*			√				+	+	++

续表

物种	栖息习性				分布				
	中上层	珊瑚礁	底层或中下层	深海	渤海	黄海	东海	台湾周边海域	南海
条纹叫姑鱼 *J. fasciatus*			√				+		+
叫姑鱼 *J. grypotus*			√				++	+	+
大吻叫姑鱼 *J. macrorhynus*			√				+	+	+
屈氏叫姑鱼 *J. trewavasae*			√				+		+
大黄鱼 *Larimichthys crocea*			√			+	+++	+	+++
小黄鱼 *L. polyactis*			√		+	+++	+++	+	
褐毛鲿 *Megalonibea fusca*			√			+	++		
𩼣 *Miichthys miiuy*			√		+	++	+++	+	+
黄姑鱼 *Nibea albiflora*			√		+	++	+++	+	++
元鼎黄姑鱼 *N. chui*			√						+
半花黄姑鱼 *N. semifasciata*			√				+	+	+++
红牙鰔 *Otolithes ruber*			√				+	+	
截尾银姑鱼 *Pennahia anea*			√				+	+	+
大头银姑鱼 *P. macrocephalus*			√				+	+	
斑鳍银姑鱼 *P. pawak*			√				++	+	++
双棘原黄姑鱼 *Protonibea diacanthus*			√			+	+++	+	++
眼斑拟石首鱼 *Sciaenops ocellatus*			√				++	+	+++
羊鱼科 MULLIDAE									
黄带拟羊鱼 *Mulloidichthys flavolineatus*			√				+	+	+
红背拟羊鱼 *M. pfluegeri*			√					+	
无斑拟羊鱼 *M. vanicolensis*			√					+	
似条斑副绯鲤 *Parupeneus barberinoides*			√					+	+
条斑副绯鲤 *P. barberinus*			√				+	+	+
双带副绯鲤 *P. biaculeatus*			√					+	
黄带副绯鲤 *P. chrysopleuron*			√				+	+	++
短须副绯鲤 *P. ciliatus*			√				++	+	++
粗唇副绯鲤 *P. crassilabris*			√					+	+
圆口副绯鲤 *P. cyclostomus*			√				+	+	+

续表

物种	栖息习性				分布				
	中上层	珊瑚礁	底层或中下层	深海	渤海	黄海	东海	台湾周边海域	南海
福氏副绯鲤 *P. forsskali*			√				+		++
七棘副绯鲤 *P. heptacanthus*			√				+	+	+
印度副绯鲤 *P. indicus*		√					+	+	+
詹氏副绯鲤 *P. jansenii*			√						+
多带副绯鲤 *P. multifasciatus*		√					+	+	+
黑斑副绯鲤 *P. pleurostigma*		√					+	+	+
点纹副绯鲤 *P. spilurus*			√					+	+
三带副绯鲤 *P. trifasciatus*			√				+		+++
日本绯鲤 *Upeneus japonicus*			√				++	+	++
吕宋绯鲤 *U. luzonius*			√				+	+	++
马六甲绯鲤 *U. moluccensis*			√				+	+	+
四带绯鲤 *U. quadrilineatus*			√				+	+	+
纵带绯鲤 *U. subvittatus*			√				+	+	++
黄带绯鲤 *U. sulphureus*			√				+	+	+
黑斑绯鲤 *U. tragula*			√				+	+	+
多带绯鲤 *U. vittatus*			√				+	+	+
单鳍鱼科 PEMPHERIDAE									
红海副单鳍鱼 *Parapriacanthus ransonneti*			√				+	+	+
黑鳍单鳍鱼 *Pempheris compressa*			√						+
日本单鳍鱼 *P. japonicus*			√				+		+
白边单鳍鱼 *P. nyctereutes*			√				+		+
黑梢单鳍鱼 *P. oualensis*			√				+	+	+
银腹单鳍鱼 *P. schwenkii*			√				+	+	+
黑缘单鳍鱼 *P. vanicolensis*			√					+	+
叶鲷科 GLAUCOSOMIDAE									
灰叶鲷 *Glaucosoma buergeri*			√				+		+
深海鲱科 BATHYCLUPEIDAE									
银深海鲱 *Bathyclupea argentea*				√				+	

续表

物种	栖息习性				分布				
	中上层	珊瑚礁	底层或中下层	深海	渤海	黄海	东海	台湾周边海域	南海
大眼鲳科 MONODACTYLIDAE									
银大眼鲳 *Monodactylus argenteus*			√				++	+	++
鲄科 KYPHOSIDAE									
小鳞黑鲄 *Girella leonina*			√					+	+
绿带鲄 *G. mezina*			√					+	
斑鲄 *G. punctata*			√			+	++	+	+
双峰鲄 *Kyphosus bigibbus*			√					+	+
长鳍鲄 *K. cinerascens*			√				+	+	++
低鳍鲄 *K. vaigiensis*			√				+	+	++
细刺鱼 *Microcanthus strigatus*			√		+	+	++	+	++
鸡笼鲳科 DREPANIDAE									
条纹鸡笼鲳 *Drepane longimana*			√				+	+	+++
斑点鸡笼鲳 *D. punctata*			√				+	+	+++
蝴蝶鱼科 CHAETODONTIDAE									
项斑蝴蝶鱼 *Chaetodon adiergastos*		√					+	+	
银身蝴蝶鱼 *C. argentatus*		√					+	+	+
丝蝴蝶鱼 *C. auriga*		√					+	+	+++
叉纹蝴蝶鱼 *C. auripes*		√					+	+	+
曲纹蝴蝶鱼 *C. baronessa*		√					+	+	+
双丝蝴蝶鱼 *C. bennetti*		√					+	+	+
波斯湾蝴蝶鱼 *C. burgessi*		√						+	
密点蝴蝶鱼 *C. citrinellus*		√					+	+	++
领蝴蝶鱼 *C. collare*		√							+
鞭蝴蝶鱼 *C. ephippium*		√					+	+	++
纹带蝴蝶鱼 *C. falcula*		√							+
贡氏蝴蝶鱼 *C. guentheri*		√						+	
珠蝴蝶鱼 *C. kleinii*		√					+	+	+
细纹蝴蝶鱼 *C. lineolatus*		√					+	+	++

续表

物种	栖息习性				分布				
	中上层	珊瑚礁	底层或中下层	深海	渤海	黄海	东海	台湾周边海域	南海
新月蝴蝶鱼 C. lunula		√					+	+	++
弓月蝴蝶鱼 C. lunulatus		√					+	+	+
马达加斯加蝴蝶鱼 C. madagaskariensis		√							++
黑背蝴蝶鱼 C. melanotus		√						+	+++
麦氏蝴蝶鱼 C. meyeri		√						+	
粟点蝴蝶鱼 C. miliaris		√							+
朴蝴蝶鱼 C. modestus		√			+	+	+++	+	+++
日本蝴蝶鱼 C. nippon		√						+	
八带蝴蝶鱼 C. octofasciatus		√					+	+	+
少棘蝴蝶鱼 C. oligacanthus		√							+
华丽蝴蝶鱼 C. ornatissimus		√					+	+	+
四棘蝴蝶鱼 C. plebeius		√					+	+	+
斑带蝴蝶鱼 C. punctatofasciatus		√					+	+	+
四点蝴蝶鱼 C. quadrimaculatus		√						+	
格纹蝴蝶鱼 C. rafflesi		√					+		+
网纹蝴蝶鱼 C. reticulatus		√					+	+	
弯月蝴蝶鱼 C. selene		√					+	+	
细点蝴蝶鱼 C. semeion		√					+	+	+
镜斑蝴蝶鱼 C. speculum		√					+	+	+
三纹蝴蝶鱼 C. trifascialis		√					+	+	+
三带蝴蝶鱼 C. trifasciatus		√							+
鞍斑蝴蝶鱼 C. ulietensis		√						+	++
单斑蝴蝶鱼 C. unimaculatus		√					+	+	+
斜纹蝴蝶鱼 C. vagabundus		√					+	+	+
丽蝴蝶鱼 C. wiebeli		√					+	+	++
黄蝴蝶鱼 C. xanthurus		√					+	+	+
钻嘴鱼 Chelmon rostratus		√					+	+	+
褐带少女鱼 Coradion altivelis		√					+	+	+

续表

物种	栖息习性				分布				
	中上层	珊瑚礁	底层或中下层	深海	渤海	黄海	东海	台湾周边海域	南海
少女鱼 *C. chrysozonus*		√					+	+	+
黄镊口鱼 *Forcipiger flavissimus*		√					+		+
长吻镊口鱼 *F. longirostris*		√					+	+	+
多鳞霞蝶鱼 *Hemitaurichthys polylepis*		√						+	+
马夫鱼 *Heniochus acuminatus*		√					+	+	++
金口马夫鱼 *H. chrysostomus*		√					+	+	+
多棘马夫鱼 *H. diphreutes*		√					+	+	+
单角马夫鱼 *H. monoceros*		√					+		+
四带马夫鱼 *H. singularius*		√					+	+	+
白带马夫鱼 *H. varius*		√					+	+	+
眼点副蝴蝶鱼 *Parachaetodon ocellatus*		√					+		+
深水前颌蝴蝶鱼 *Prognachodes quyotensis*		√					+		
刺盖鱼科 POMACANTHIDAE									
三点阿波鱼 *Apolemichthys trimaculatus*		√					+	+	+
二色刺尻鱼 *Centropyge bicolor*		√					+	+	+
双棘刺尻鱼 *C. bispinosus*		√					+		+
锈红刺尻鱼 *C. ferrugatus*		√					+		+
条尾刺尻鱼 *C. fisheri*		√					+	+	+
黄尾刺尻鱼 *C. flavicauda*		√							+
海氏刺尻鱼 *C. heraldi*		√					+	+	+
断线刺尻鱼 *C. interruptus*		√						+	
黑刺尻鱼 *C. nox*		√						+	+
施氏刺尻鱼 *C. shepardi*		√					+		+
白斑刺尻鱼 *C. tibicen*		√					+		+
仙女刺尻鱼 *C. venusta*		√					+		+
福氏刺尻鱼 *C. vrolikii*		√					+		+
黄头荷包鱼 *Chaetodontoplus chrysocephalus*		√					+		
眼带荷包鱼 *C. duboulayi*		√					+	+	

续表

物种	栖息习性				分布				
	中上层	珊瑚礁	底层或中下层	深海	渤海	黄海	东海	台湾周边海域	南海
黑身荷包鱼 *C. melanosoma*		√						+	
黄尾荷包鱼 *C. mesoleucus*		√						+	
暗色荷包鱼 *C. niger*		√							+
澳洲荷包鱼 *C. personifer*		√					+	+	+
蓝带荷包鱼 *C. septentrionalis*		√					+	+	+
月蝶鱼 *Genicanthus lamarck*		√						+	+
黑斑月蝶鱼 *G. melanospilos*		√					+	+	+
半纹月蝶鱼 *G. semifasciatus*		√					+	+	+
渡边月蝶鱼 *G. watanabei*		√						+	
多带副刺尻鱼 *Paracentropyge multifasciata*		√					+	+	+
环纹刺盖鱼 *Pomacanthus annularis*		√					+	+	+
主刺盖鱼 *P. imperator*		√					+	+	+
马鞍刺盖鱼 *P. navarchus*		√							+
半环刺盖鱼 *P. semicirculatus*		√					+	+	+
六带刺盖鱼 *P. sexstriatus*		√					+	+	+
黄颅刺盖鱼 *P. xanthometopon*		√					+	+	
双棘甲尻鱼 *Pygoplites diacanthus*		√					+	+	+
五棘鲷科 PENTACEROTIDAE									
尖吻棘鲷 *Evistias acutirostris*			√				+	+	
帆鳍鱼 *Histiopterus typus*			√				+	+	+
日本五棘鲷 *Pentaceros japonicus*			√				+	+	
鯻科 TERAPONTIDAE									
银身中锯鯻 *Mesopristes argenteus*			√					+	
格纹中锯鯻 *M. cancellatus*			√				+	+	
清澜牙鯻 *Pelates qinglanensis*			√						+
四带牙鯻 *P. quadrilineatus*			√				+	+	++
六带牙鯻 *P. sexlineatus*			√				+	+	+
尖突吻鯻 *Rhynchopelates oxyrhynchus*			√						+

续表

物种	栖息习性				分布				
	中上层	珊瑚礁	底层或中下层	深海	渤海	黄海	东海	台湾周边海域	南海
细鳞鯻 *Terapon jarbua*			√				++	+	++
鯻 *T. theraps*			√				+	+	
汤鲤科 KUHLIIDAE									
黑边汤鲤 *Kuhlia marginata*			√					+	
鲻形汤鲤 *K. mugil*			√				+	+	++
大口汤鲤 *K. rupestris*			√				+	+	+
石鲷科 OPLEGNATHIDAE									
条石鲷 *Oplegnathus fasciatus*			√		+	+	++	+	++
斑石鲷 *O. punctatus*			√		+	+	++	+	++
鹰科 CIRRHITIDAE									
双斑钝鹰 *Amblycirrhitus bimacula*			√				+	+	+
单斑钝鹰 *A. unimacula*			√				+	+	+
斑金鹰 *Cirrhitichthys aprinus*			√				++	+	+
金鹰 *C. aureus*			√				++	+	+
鹰金鹰 *C. falco*			√				+	+	+
尖头金鹰 *C. oxycephalus*			√				+	+	+
翼鹰 *Cirrhitus pinnulatus*			√				+	+	+
多棘鲤鹰 *Cyprinocirrhites polyactis*			√				+	+	+
尖吻鹰 *Oxycirrhites typus*			√					+	
夏威夷副鹰 *Paracirrhites arcatus*		√					+	+	+
雀斑副鹰 *P. forsteri*		√					+	+	+
唇指鹰科 CHEILODACTYLIDAE									
四角唇指鹰 *Cheilodactylus quadricornis*			√				+	+	+
斑马唇指鹰 *C. zebra*			√				+	+	+
花尾唇指鹰 *C. zonatus*			√				+	+	+
赤刀鱼科 CEPOLIDAE									
印度棘赤刀鱼 *Acanthocepola indica*			√				+	+	+
克氏棘赤刀鱼 *A. krusensternii*			√				+	+	+++

续表

物种	栖息习性				分布				
	中上层	珊瑚礁	底层或中下层	深海	渤海	黄海	东海	台湾周边海域	南海
背点棘赤刀鱼 *A. limbata*			√				+	+	+++
颌斑赤刀鱼 *Cepola schlegeli*			√					+	+
红身欧氏腾 *Owstonia totomiensis*			√					+	
带状拟赤刀鱼 *Pseudocepola taeniosoma*			√					+	
土佐湾楔花鮨腾 *Sphenanthias tosaensis*			√				+	+	++
隆头鱼亚目 LABROIDEI									
海鲫科 EMBIOTOCIDAE									
海鲋［海鲫］ *Ditrema temmincki*			√		+	+			
雀鲷科 POMACENTRIDAE									
孟加拉豆娘鱼 *Abudefduf bengalensis*		√					+	+	+++
劳伦氏豆娘鱼 *A. lorenzi*		√					+	+	+
黄尾豆娘鱼 *A. notatus*		√					+	+	+
七带豆娘鱼 *A. septemfascistus*		√					+	+	+
六带豆娘鱼 *A. sexfasciatus*		√					+	+	++
豆娘鱼 *A. sordidus*		√					+	+	+
五带豆娘鱼 *A. vaigiensis*		√					+	+	+++
金凹牙豆娘鱼 *Amblyglyphidodon aureus*		√					+	+	+
库拉索凹牙豆娘鱼 *A. curacao*		√					+	+	+
白腹凹牙豆娘鱼 *A. leucogaster*		√					+	+	+
平颌凹牙豆娘鱼 *A. ternatensis*		√					+	+	+
短头钝雀鲷 *Amblypomacentrus breviceps*		√					+		
背纹双锯鱼 *Amphiprion akallopisus*		√							+
二带双锯鱼 *A. bicinctus*		√							+
克氏双锯鱼 *A. clarkii*		√					+	+	+
白条双锯鱼 *A. frenatus*		√					+	+	+
眼斑双锯鱼 *A. ocellaris*		√					+	+	+
海葵双锯鱼 *A. percula*		√							+
颈环双锯鱼 *A. perideraion*		√					+	+	+

续表

物种	栖息习性				分布				
	中上层	珊瑚礁	底层或中下层	深海	渤海	黄海	东海	台湾周边海域	南海
鞍斑双锯鱼 *A. polymnus*		√					+	+	+
白背双锯鱼 *A. sandaracinos*		√					+	+	+
锯唇鱼 *Cheiloprion labiatus*		√					+	+	+
侏儒光鳃鱼 *Chromis acares*		√						+	
白斑光鳃鱼 *C. albomaculata*		√						+	
艾伦光鳃鱼 *C. alleni*		√					+	+	+
银白光鳃鱼 *C. alpha*		√							+
长臀光鳃鱼 *C. analis*		√					+	+	+
绿光鳃鱼 *C. atripectoralis*		√						+	+
腋斑光鳃鱼 *C. atripes*		√						+	+
蓝光鳃鱼 *C. caeruleus*		√							++
长棘光鳃鱼 *C. chrysura*		√					+	+	+
灰光鳃鱼 *C. cinerascens*		√						+	
三角光鳃鱼 *C. delta*		√						+	
双色光鳃鱼 *C. dimidiatus*		√							+
黑肛光鳃鱼 *C. elerae*		√					+	+	+
黄斑光鳃鱼 *C. flavomaculata*		√						+	
烟色光鳃鱼 *C. fumea*		√					+	+	+
细鳞光鳃鱼 *C. lepidolepis*		√					+	+	+
亮光鳃鱼 *C. leucura*		√					+	+	+
双斑光鳃鱼 *C. margaritifer*		√					+	+	+
东海光鳃鱼 *C. mirationis*		√					+	+	+
尾斑光鳃鱼 *C. notatus*		√					+	+	+
冈村氏光鳃鱼 *C. okamurai*		√						+	
大沼氏光鳃鱼 *C. omumai*		√							+
卵形光鳃鱼 *C. ovatiformis*		√					+	+	+
黑带光鳃鱼 *C. retrofasciata*		√						+	
条尾光鳃鱼 *C. ternatensis*		√					+	+	+

续表

物种	栖息习性				分布				
	中上层	珊瑚礁	底层或中下层	深海	渤海	黄海	东海	台湾周边海域	南海
凡氏光鳃鱼 C. vanderbilti		√						+	+
蓝绿光鳃鱼 C. viridis		√					+	+	+
韦氏光鳃鱼 C. weberi		√					+	+	+
黄腋光鳃鱼 C. xanthochira		√					+	+	+
黄尾光鳃鱼 C. xanthurus		√					+	+	++
双斑金翅雀鲷 Chrysiptera biocellata		√					+	+	+++
勃氏金翅雀鲷 C. brownriggii		√						+	+
圆尾金翅雀鲷 C. cyanea		√					+	+	++
青金翅雀鲷 C. glauca		√					+	+	+++
橙黄金翅雀鲷 C. rex		√					+	+	+
史氏金翅雀鲷 C. starcki		√						+	+
三带金翅雀鲷 C. tricincta		√					+	+	
无斑金翅雀鲷 C. unimaculata		√					+	+	+
宅泥鱼 Dascyllus aruanus		√					++	+	+++
灰边宅泥鱼 D. marginatus		√							+
黑尾宅泥鱼 D. melanurus		√					+	+	+
网纹宅泥鱼 D. reticulatus		√					+	+	+
三斑宅泥鱼 D. trimaculatus		√					+	+	+
条纹盘雀鲷 Dischistodus fasciatus		√						+	
黑斑盘雀鲷 D. melanotus		√					+	+	++
显盘雀鲷 D. perspicillatus		√							++
黑背盘雀鲷 D. prosopotaenia		√					+	+	+
密鳃鱼 Hemiglyphidodon plagiometopon		√					+	+	+
黑新箭齿雀鲷 Neoglyphidodon melas		√					+	+	+
黑褐新箭齿雀鲷 N. nigroris		√						+	+
纹胸新箭齿雀鲷 N. thoracotaeniatus		√							+
似攀鲈新雀鲷 Neopomacentrus anabatoides		√							+
棕尾新雀鲷 N. azysron		√						+	

续表

物种	栖息习性				分布				
	中上层	珊瑚礁	底层或中下层	深海	渤海	黄海	东海	台湾周边海域	南海
班氏新雀鲷 *N. bankieri*		√							+
蓝黑新雀鲷 *N. cyanomos*		√						+	
条尾新雀鲷 *N. taeniurus*		√					+	+	+
狄氏椒雀鲷 [弧带椒雀鲷] *Plectroglyphidodon dickii*		√					+	+	+
羽状椒雀鲷 *P. imparipennis*		√						+	+
尾斑椒雀鲷 *P. johnstonianus*		√						+	+
眼斑椒雀鲷 *P. lacrymatus*		√					+	+	+++
白带椒雀鲷 *P. leucozonus*		√					+	+	+
凤凰椒雀鲷 *P. phoenixensis*		√						+	
白斑雀鲷 *Pomacentrus albimaculus*		√						+	
胸斑雀鲷 *P. alexanderae*		√							+
安汶雀鲷 *P. amboinensis*		√					+	+	+
班卡雀鲷 *P. bankanensis*		√					+	+	+
臂雀鲷 *P. brachialis*		√					+	+	+
金尾雀鲷 *P. chrysurus*		√					+	+	+
霓虹雀鲷 *P. coelestis*		√					+	+	+
蓝点雀鲷 *P. grammorhynchus*		√						+	+
颊鳞雀鲷 *P. lepidogenys*		√						+	+
摩鹿加雀鲷 *P. moluccensis*		√					+	+	+
长崎雀鲷 *P. nagasakiensis*		√					+	+	+
黑缘雀鲷 *P. nigromarginatus*		√					+	+	+
孔雀雀鲷 *P. pavo*		√					+	+	+
菲律宾雀鲷 *P. philippinus*		√					+	+	++
斑点雀鲷 *P. stigma*		√						+	+
弓纹雀鲷 *P. taeniometopon*		√						+	
三斑雀鲷 *P. tripunctatus*		√					++	+	+++
王子雀鲷 *P. vaiuli*		√					+	+	+

续表

物种	栖息习性				分布				
	中上层	珊瑚礁	底层或中下层	深海	渤海	黄海	东海	台湾周边海域	南海
李氏波光鳃鱼 *Pomachromis richardsoni*		√					+	+	+
钝吻锯雀鲷 *Pristotis obtusirostris*		√						+	+
白带眶锯雀鲷 *Stegastes albifasciatus*		√					+	+	+
背斑眶锯雀鲷 *S. altus*		√						+	+
尖斑眶锯雀鲷 *S. apicalis*		√						+	+
金色眶锯雀鲷 *S. aureus*		√						+	
胸斑眶锯雀鲷 *S. fasciolatus*		√					+	+	++
岛屿眶锯雀鲷 *S. insularis*		√						+	
长吻眶锯雀鲷 *S. lividus*		√					+	+	++
黑眶锯雀鲷 *S. nigricans*		√					+	+	++
斑棘眶锯雀鲷 *S. obreptus*		√						+	
乔氏蜥雀鲷 *Teixeirichthys jordani*		√					+	+	+
隆头鱼科 LABRIDAE									
荧斑阿南鱼 *Anampses caeruleopunctatus*		√					+	+	+
蠕纹阿南鱼 *A. geographicus*		√					+	+	+
乌尾阿南鱼 *A. melanurus*		√					+	+	+
黄尾阿南鱼 *A. meleagrides*		√					+	+	+
新几内亚阿南鱼 *A. neoguinaicus*		√						+	+
星阿南鱼 *A. twistii*		√					+	+	+
似花普提鱼 *Bodianus anthioides*		√					+	+	+
腋斑普提鱼 *B. axillaris*		√					+	+	+
双带普提鱼 *B. bilunulatus*		√					+	+	+
双斑普提鱼 *B. bimaculatus*		√						+	+
圆身普提鱼 *B. cylindriatus*		√						+	
鳍斑普提鱼 *B. diana*		√					+	+	+
网纹普提鱼 *B. dictynna*		√							+
伊津普提鱼 *B. izuensis*		√						+	
点带普提鱼 *B. leucosticticus*		√						+	+

续表

物种	栖息习性				分布				
	中上层	珊瑚礁	底层或中下层	深海	渤海	黄海	东海	台湾周边海域	南海
斜带普提鱼 *B. loxozonus*		√					+	+	+
黑带普提鱼 *B. macrourus*		√							+
益田普提鱼 *B. masudai*		√						+	
中胸普提鱼 *B. mesothorax*		√					+	+	+
尖头普提鱼 *B. oxycephalus*		√					+	+	+
大黄斑普提鱼 *B. perditio*		√						+	+
红赭普提鱼 *B. rubrisos*		√						+	+
无纹普提鱼 *B. tanyokidus*		√						+	+
丝鳍普提鱼 *B. thoracotaeniatus*		√						+	
绿尾唇鱼 *Cheilinus chlorourus*		√					+	+	++
黄带唇鱼 *C. fasciatus*		√					+	+	+
尖头唇鱼 *C. oxycephalus*		√					+	+	+
尖吻唇鱼 *C. oxyrhynchus*		√							+
三叶唇鱼 *C. trilobatus*		√					++	+	+++
波纹唇鱼 *C. undulatus*		√					+	+	+
管唇鱼 *Cheilio inermis*		√					+	+	+
鞍斑猪齿鱼 *Choerodon anchorago*		√					+	+	+
蓝猪齿鱼 *C. azurio*		√					++	+	+++
七带猪齿鱼 *C. fasciatus*		√						+	
紫纹猪齿鱼 *C. gymnogenys*		√						+	
乔氏猪齿鱼 *C. jordani*		√					+	+	
大斑猪齿鱼 *C. melanostigma*		√					+	+	
剑唇猪齿鱼 *C. robustus*		√					+	+	
邵氏猪齿鱼 *C. schoenleinii*		√					+	+	+
赞邦猪齿鱼 *C. zamboangae*		√						+	
蓝身丝隆头鱼 *Cirrhilabrus cyanopleura*		√					+	+	+
艳丽丝隆头鱼 *C. exquisitus*		√						+	+
新月丝隆头鱼 *C. lunatus*		√						+	+

续表

物种	栖息习性				分布				
	中上层	珊瑚礁	底层或中下层	深海	渤海	黄海	东海	台湾周边海域	南海
黑缘丝隆头鱼 C. melanomarginatus		√					+	+	+
红缘丝隆头鱼 C. rubrimarginatus		√						+	
绿丝隆头鱼 C. solorensis		√							+
丁氏丝隆头鱼 C. temminckii		√						+	+
鳃斑盔鱼 Coris aygula		√					+	+	+
巴都盔鱼 C. batuensis		√					+	+	+
尾斑盔鱼 C. caudimacula		√						+	+
背斑盔鱼 C. dorsomacula		√						+	+
露珠盔鱼 C. gaimard		√					+	+	++
黑带盔鱼 C. musume		√					+	+	
橘鳍盔鱼 C. pictoides		√							+
环状钝头鱼 Cymolutes torquatus		√					+	+	+
太平洋裸齿隆头鱼 Decodon pacificus		√						+	
伸口鱼 Epibulus insidiator		√					+	+	++
杂色尖嘴鱼 Gomphosus varius		√					+	+	++
珠光海猪鱼 Halichoeres argus		√					+	+	+
双色海猪鱼 H. bicolor		√							++
双睛斑海猪鱼 H. biocellatus		√						+	+
白氏海猪鱼 H. bleekeri		√						+	
金色海猪鱼 H. chrysus		√					+	+	+
纵带海猪鱼 H. hartzfeldii		√					+	+	+
格纹海猪鱼 H. hortulanus		√					+	+	++
斑点海猪鱼 H. margaritaceus		√					+	+	+
缘鳍海猪鱼 H. marginatus		√					+	+	++
胸斑海猪鱼 H. melanochir		√					+	+	+
黑尾海猪鱼 H. melanurus		√					+	+	+
臀点海猪鱼 H. miniatus		√					+	+	+
星云海猪鱼 H. nebulosus		√					+	+	+

续表

物种	栖息习性				分布				
	中上层	珊瑚礁	底层或中下层	深海	渤海	黄海	东海	台湾周边海域	南海
云斑海猪鱼 *H. nigrescens*		√					+	+	++
东方海猪鱼 *H. orientalis*		√					+	+	+
饰妆海猪鱼 *H. ornatissimus*		√						+	
派氏海猪鱼 *H. pelicieri*		√						+	
黑额海猪鱼 *H. prosopeion*		√					+	+	+
紫色海猪鱼 *H. purpurascens*		√							+
侧带海猪鱼 *H. scapularis*		√					+	+	+
细棘海猪鱼 *H. tenuispinis*		√					+	+	+
帝汶海猪鱼 *H. timorensis*		√					+	+	+
三斑海猪鱼 *H. trimaculatus*		√					++	+	+++
大鳞海猪鱼 *H. zeylonicus*		√					+	+	+
横带厚唇鱼 *Hemigymnus fasciatus*		√					+	+	+
黑鳍厚唇鱼 *H. melapterus*		√					+	+	++
环纹细鳞盔鱼 *Hologymnosus annulatus*		√					+	+	++
狭带细鳞盔鱼 *H. doliatus*		√					+	+	+
玫瑰细鳞盔鱼 *H. rhodonotus*		√					+	+	+
短颈鳍鱼 *Iniistius aneitensis*		√					+	+	+
鲍氏颈鳍鱼 *I. baldwini*		√					+	+	+
洛神颈鳍鱼 *I. dea*		√					+	+	+
黑背颈鳍鱼 *I. geisha*		√						+	
黑斑颈鳍鱼 *I. melanopus*		√					+	+	+
五指颈鳍鱼 *I. pentadactylus*		√					+	+	+
三带颈鳍鱼 *I. trivittatus*		√					+	+	+
彩虹颈鳍鱼 *I. twistii*		√						+	+
蔷薇颈鳍鱼 *I. verrens*		√					+	+	+
单线突唇鱼 *Labrichthys unilineatus*		√					+	+	+
双色裂唇鱼 *Labroides bicolor*		√					+	+	+
裂唇鱼 *L. dimidiatus*		√					+	+	+

续表

物种	栖息习性				分布				
	中上层	珊瑚礁	底层或中下层	深海	渤海	黄海	东海	台湾周边海域	南海
胸斑裂唇鱼 *L. pectoralis*		√					+	+	+
曼氏褶唇鱼 *Labropsis manabei*		√					+	+	+
多纹褶唇鱼 *L. xanthonota*		√					+	+	+
阿曼蓝胸鱼 *Leptojulis cyanopleura*		√							+
颈斑蓝胸鱼 *L. lambdastigma*		√					+		+
尾斑蓝胸鱼 *L. urostigma*		√							+
珠斑大咽齿鱼 *Macropharyngodon meleagris*		√					+	+	+
莫氏大咽齿鱼 *M. moyeri*		√						+	+
胸斑大咽齿鱼 *M. negrosensis*		√					+	+	+
带尾美鳍鱼 *Novaculichthys taeniourus*		√					+	+	+
大鳞似美鳍鱼 *Novaculoides macrolepidotus*		√							+
伍氏软棘唇鱼 *Novaculops woodi*		√							+
砂尖唇鱼 *Oxycheilinus arenatus*		√							+
双斑尖唇鱼 *O. bimaculatus*		√					+	+	+
西里伯斯尖唇鱼 *O. celebicus*		√					+	+	+
双线尖唇鱼 *O. digrammus*		√					+		+
大额尖唇鱼 *O. mentalis*		√							+
东方尖唇鱼 *O. orientalis*		√					+	+	+
单带尖唇鱼 *O. unifasciatus*		√					+	+	+
卡氏副唇鱼 *Paracheilinus carpenteri*		√						+	
花鳍副海猪鱼 *Parajulis poecilepterus*		√					+		+
姬拟唇鱼 *Pseudocheilinus evanidus*		√					+	+	+
六带拟唇鱼 *P. hexataenia*		√					+	+	+
眼斑拟唇鱼 *P. ocellatus*		√							+
八带拟唇鱼 *P. octotaenia*		√					+		+
橘纹拟盔鱼 *Pseudocoris aurantiofasciata*		√							+
布氏拟盔鱼 *P. bleekeri*		√							+
异鳍拟盔鱼 *P. heteroptera*		√						+	+

续表

物种	栖息习性				分布				
	中上层	珊瑚礁	底层或中下层	深海	渤海	黄海	东海	台湾周边海域	南海
眼斑拟盔鱼 *P. ocellata*		√						+	+
山下氏拟盔鱼 *P. yamashiroi*		√					+	+	+
摩鹿加拟凿牙鱼 *Pseudodax moluccanus*		√					+	+	+
细尾似虹锦鱼 *Pseudojuloides cerasinus*		√						+	+
远东拟隆头鱼 *Pseudolabrus eoethinus*		√					+		
日本拟隆头鱼 *P. japonicus*		√							+
西氏拟隆头鱼 *P. sieboldi*		√					+		
长鳍高体盔鱼 *Pteragogus aurigarius*		√					+	+	+
隐秘高体盔鱼 *P. cryptus*		√						+	
九棘高体盔鱼 *P. enneacanthus*		√						+	+
圈紫胸鱼 *Stethojulis balteata*		√							+
黑星紫胸鱼 *S. bandanensis*		√					+	+	+
虹纹紫胸鱼 *S. strigiventer*		√					+	+	+
断纹紫胸鱼 *S.interruptaterina*		√					+	+	+
三线紫胸鱼 *S. trilineata*		√					+	+	+
细长苏伊士隆头鱼 *Suezichthys gracilis*		√					+	+	++
钝头锦鱼 *Thalassoma amblycephalum*		√					+	+	+
环带锦鱼 *T. cupido*		√					+	+	+
鞍斑锦鱼 *T. hardwicke*		√					+		+++
詹氏锦鱼 *T. jansenii*		√					+		+
新月锦鱼 *T. lunare*		√					+	+	+
胸斑锦鱼 *T. lutescens*		√					+	+	+
紫锦鱼 *T. purpureum*		√					+	+	+
纵纹锦鱼 *T. quinquevittatum*		√					+	+	++
三叶锦鱼 *T. trilobatum*		√					++	+	++
黑鳍湿鹦鲷 *Wetmorella nigropinnata*		√						+	
剑唇鱼 *Xiphocheilus typus*		√							+
鹦嘴鱼科 SCARIDAE									

续表

物种	栖息习性				分布				
	中上层	珊瑚礁	底层或中下层	深海	渤海	黄海	东海	台湾周边海域	南海
驼峰大鹦嘴鱼 *Bolbometopon muricatum*		√					+	+	+
星眼绚鹦嘴鱼 *Calotomus carolinus*		√						+	+
日本绚鹦嘴鱼 *C. japonicus*		√							+
凹尾绚鹦嘴鱼 *C. spinidens*		√					+	+	+
双色鲸鹦嘴鱼 *Cetoscarus bicolor*		√					+	+	+
鲍氏绿鹦嘴鱼 *Chlorurus bowersi*		√					+	+	+
高额绿鹦嘴鱼 *C. frontalis*		√					+	+	+
日本绿鹦嘴鱼 *C. japanensis*		√						+	+
小鼻绿鹦嘴鱼 *C. microrhinos*		√					+	+	+
瘤绿鹦嘴鱼 *C. oedema*		√					+	+	+
蓝头绿鹦嘴鱼 *C. sordidus*		√					+	+	++
长头马鹦嘴鱼 *Hipposcarus longiceps*		√					+	+	+
纤鹦嘴鱼 *Leptoscarus vaigiensis*		√					+	+	+
蓝臀鹦嘴鱼 *Scarus chameleon*		√					+	+	+
弧带鹦嘴鱼 *S. dimidiatus*		√					+	+	+
锈色鹦嘴鱼 *S. ferrugineus*		√							+
杂色鹦嘴鱼 *S. festivus*		√					+	+	+
绿唇鹦嘴鱼 *S. forsteni*		√					+	+	+
网纹鹦嘴鱼 *S. frenatus*		√					+	+	+
灰尾鹦嘴鱼 *S. fuscocaudalis*		√					+	+	+
青点鹦嘴鱼 *S. ghobban*		√					+	+	+
黑斑鹦嘴鱼 *S. globiceps*		√					+	+	+
高鳍鹦嘴鱼 *S. hypselopterus*		√					+	+	+
黑鹦嘴鱼 *S. niger*		√					+	+	+
黄鞍鹦嘴鱼 *S. oviceps*		√					+	+	++
突额鹦嘴鱼 *S. ovifrons*		√					+	+	+
绿颌鹦嘴鱼 *S. prasiognathos*		√						+	+
棕吻鹦嘴鱼 *S. psittacus*		√					+	+	++

续表

物种	栖息习性				分布				
	中上层	珊瑚礁	底层或中下层	深海	渤海	黄海	东海	台湾周边海域	南海
瓜氏鹦嘴鱼 *S. quoyi*		√						+	
截尾鹦嘴鱼 *S. rivulatus*		√						+	+
钝头鹦嘴鱼 *S. rubroviolaceus*		√					+	+	+
横带鹦嘴鱼 *S. scaber*		√					+		+
许氏鹦嘴鱼 *S. schlegeli*		√					+	+	+
刺鹦嘴鱼 *S. spinus*		√					+	+	+
黄肋鹦嘴鱼 *S. xanthopleura*		√					+	+	+
绵鳚亚目 ZOARCOIDEI									
绵鳚科 ZOARCIDAE									
褐长孔绵鳚 *Bothrocara brunneum*			√				+	+	+
宽头长孔绵鳚 *B. molle*			√					+	
长绵鳚 *Zoarces elongatus*			√		+	+	+		
吉氏绵鳚 *Z. gilli*			√		++	++	+		
线鳚科 STICHAEIDAE									
绿鸡冠鳚 *Alectrias benjamini*			√		+	+	+		+
日本笠鳚 *Chirolophis japonicus*			√		+	+			+
网纹笠鳚 *C. saitone*			√		+	+			
伯氏网鳚 *Dictyosoma burgeri*			√		+	+	+	+	
六线鳚 *Ernogrammus hexagrammus*			√		+	+	+		
壮体小绵鳚 *Zoarchias major*			√				+		
内田小绵鳚 *Z. uchidai*			√		+	+	+		
锦鳚科 PHOLIDAE									
方氏锦鳚 *Pholis fangi*			√		+	+	+		
云纹锦鳚 *P. nebulosa*			√		+	++	++		
龙䲢亚目 TRACHINOIDEI									
叉齿龙䲢科 CHIASMODONTIDAE									
黑叉齿龙䲢 *Chiasmodon niger*			√					+	
阿氏线棘细齿䲢 *Dysalotus alcocki*			√					+	

续表

物种	栖息习性				分布				
	中上层	珊瑚礁	底层或中下层	深海	渤海	黄海	东海	台湾周边海域	南海
黑线岩鲈 *Pseudoscopelus sagamianus*			√				+		
鳄齿鱼科 CHAMPSODONTIDAE									
弓背鳄齿鱼 *Champsodon atridorsalis*			√				+		+
贡氏鳄齿鱼 *C. guentheri*			√				+	+	+
短鳄齿鱼 *C. snyderi*			√			+	+	+	+
毛背鱼科 [丝鳍鳚科] TRICHODONTIDAE									
日本叉牙鱼 *Arctoscopus japonicus*			√			+	+		
肥足鳚科 PINGUIPEDIDAE									
黄带高知鲈 *Kochichthys flavofasciata*			√				+		
蓝吻拟鲈 *Parapercis alboguttata*			√						+
黄拟鲈 *P. aurantiaca*			√				+	+	+
四斑拟鲈 *P. clathrata*			√				+	+	+
圆拟鲈 *P. cylindrica*			√				+	+	+++
十横斑拟鲈 *P. decemfasciata*			√				+		
长鳍拟鲈 *P. filamentosa*			√						+
六睛拟鲈 *P. hexophthalma*			√						++
蒲原拟鲈 *P. kamoharai*			√					+	
大眼拟鲈 *P. macrophthalma*			√					+	+
中斑拟鲈 *P. maculata*			√					+	
雪点拟鲈 *P. millepunctata*		√					+	+	+
多带拟鲈 *P. multifasciata*			√				+	+	
织纹拟鲈 *P. multiplicata*			√					+	+
鞍带拟鲈 *P. muronis*			√				+	+	
眼斑拟鲈 *P. ommatura*			√				+	+	+++
太平洋拟鲈 *P. pacifica*			√					+	+
美拟鲈 *P. pulchella*			√					+	+
细点拟鲈 *P. punctata*			√						+
兰道氏拟鲈 *P. randalli*			√					+	

续表

物种	栖息习性				分布				
	中上层	珊瑚礁	底层或中下层	深海	渤海	黄海	东海	台湾周边海域	南海
玫瑰拟鲈 *P. schauinslandii*		√						+	+
六带拟鲈 *P. sexfasciata*			√			+	+	+	+
邵氏拟鲈 *P. shaoi*			√					+	+
史氏拟鲈 *P. snyderi*			√				+		+
索马里拟鲈 *P. somaliensis*			√						+
斑棘拟鲈 *P. striolata*			√				+	+	+
斑纹拟鲈 *P. tetracantha*			√				+	+	+
黄纹拟鲈 *P. xanthozona*			√				+	+	+
毛背鱼科 TRICHONOTIDAE									
美丽毛背鱼 *Trichonotus elegans*			√					+	
线鳍毛背鱼 *T. filamentosus*			√						+
毛背鱼 *T. setiger*			√				+	+	+
无棘鳚科 CREEDIIDAE									
条纹沼泽鱼 *Limnichthys fasciatus*			√					+	
沙栖沼泽鱼［沙鳕］*L. nitidus*			√				+	+	+
东方沼泽鱼 *L. orientalis*			√				+	+	
鲈膳科 PERCOPHIDAE									
须棘吻鱼 *Acanthaphritis barbata*			√				+	+	
大鳞棘吻鱼 *A. grandisquamis*			√						+
昂氏棘吻鱼 *A. unoorum*			√					+	
尾斑鲔状鱼 *Bembrops caudimacula*			√				+	+	
曲线鲔状鱼 *B. curvatura*			√				+	+	++
丝棘鲔状鱼 *B. filifera*			√						+
扁吻鲔状鱼 *B. platyrhynchus*			√			+	+	+	
绿尾低线鱼 *Chrionema chlorotaenia*			√						+
黄斑低线鱼 *C. chryseres*			√				+		+
少鳞低线鱼 *C. furunoi*			√				+		+
台湾小骨膳 *Osopsaron formosensis*			√					+	

续表

物种	栖息习性				分布				
	中上层	珊瑚礁	底层或中下层	深海	渤海	黄海	东海	台湾周边海域	南海
帆鳍鲈䲁 *Pteropsaron evolans*			√					+	
玉筋鱼科 AMMODYTIDAE									
太平洋玉筋鱼 *Ammodytes personatus*			√		++	+++	++		+
箕作布氏筋鱼 *Bleekeria mitsukurii*			√				+	+	+
绿鳗布氏筋鱼 *B. viridianguilla*			√				++	+	++
短身原玉筋鱼 *Protammodytes brachistos*			√				+		
䲢科 URANOSCOPIDAE									
披肩䲢 *Ichthyoscopus lebeck*			√			+	+		+
双斑䲢 *Uranoscopus bicinctus*			√				+	+	+++
中华䲢 *U. chinensis*			√				+		
日本䲢 *U. japonicus*			√		+	+	++	+	+
少鳞䲢 *U. oligolepis*			√				+	+	+++
土佐䲢［项鳞䲢］ *U. tosae*			√			+	+	+	+
青奇头䲢［青䲢］ *Xenocephalus elongatus*			√		+	+	++	+	+++
䲁亚目 BLENNIOIDEI									
三鳍䲁科 TRIPTERYGIIDAE									
海伦额角三鳍䲁 *Ceratobregma helenae*			√					+	
黑尾双线䲁 *Enneapterygius bahasa*			√					+	
陈氏双线䲁 *E. cheni*			√					+	
美丽双线䲁 *E. elegans*			√						+
红身双线䲁 *E. erythrosoma*			√				+		+
筛口双线䲁 *E. etheostomus*			√				+	+	
条纹双线䲁 *E. fasciatus*			√					+	
黄顶双线䲁 *E. flavoccipitis*			√					+	
棕腹双线䲁 *E. fuscoventer*			√					+	
孝真双线䲁 *E. hsiojenae*			√					+	
白斑双线䲁 *E. leucopunctatus*			√					+	
小双线䲁 *E. minutus*			√				+	+	+

续表

物种	栖息习性				分布				
	中上层	珊瑚礁	底层或中下层	深海	渤海	黄海	东海	台湾周边海域	南海
矮双线鳚 *E. nanus*			√					+	+
暗尾双线鳚 *E. nigricauda*			√					+	+
苍白双线鳚 *E. pallidoserialis*			√					+	+
菲律宾双线鳚 *E. philippinus*		√						+	+
棒状双线鳚 *E. rhabdotus*			√					+	+
红尾双线鳚 *E. rubicauda*			√				+	+	+
邵氏双线鳚 *E. shaoi*		√						+	
沈氏双线鳚 *E. sheni*			√					+	
隆背双线鳚 *E. tutuilae*			√					+	
单斑双线鳚 *E. unimaculatus*		√						+	
黑鞍斑双线鳚 *E. vexillarius*			√					+	
奇卡弯线鳚 *Helcogramma chica*			√					+	+
四纹弯线鳚 *H. fuscipectoris*			√				+	+	
黑鳍弯线鳚 *H. fuscopinna*			√					+	+
赫氏弯线鳚 *H. hudsoni*			√						+
三角弯线鳚 *H. inclinata*			√					+	
钝吻弯线鳚 *H. obtusirostre*			√				+		
金带弯线鳚 *H. striata*			√					+	+
短鳞诺福克鳚 *Norfolkia brachylepis*			√					+	
托氏诺福克鳚 *N. thomasi*			√					+	
黑尾史氏三鳍鳚 *Springerichthys bapturus*			√					+	
鳚科 BLENNIIDAE									
跳弹鳚 *Alticus saliens*			√				+	++	+
雷氏唇盘鳚 *Andamia reyi*			√					+	
四指唇盘鳚 *A. tetradactyla*			√					+	
杜氏盾齿鳚 *Aspidontus dussumieri*			√					+	+
纵带盾齿鳚 *A. taeniatus*			√				+	+	+
全黑乌鳚 *Atrosalarias holomelas*			√					+	+

续表

物种	栖息习性				分布				
	中上层	珊瑚礁	底层或中下层	深海	渤海	黄海	东海	台湾周边海域	南海
对斑真动齿鳚 *Blenniella bilitonensis*			√				+	+	+
尾纹真动齿鳚 *B. caudolineata*			√					+	+
红点真动齿鳚 *B. chrysospilos*			√					+	
断纹真动齿鳚 *B. interrupta*			√					+	+
围眼真动齿鳚 *B. periophthalma*		√					+	+	+
颊纹穗肩鳚 *Cirripectes castaneus*			√				+	+	+
丝背穗肩鳚 *C. filamentosus*			√					+	
微斑穗肩鳚 *C. fuscoguttatus*			√					+	
紫黑穗肩鳚 *C. imitator*			√					+	
袋穗肩鳚 *C. perustus*			√					+	
多斑穗肩鳚 *C. polyzona*			√				+	+	+
斑穗肩鳚 *C. quagga*			√					+	
暗褐穗肩鳚 *C. variolosus*			√				+	+	+
巴氏异齿鳚 *Ecsenius bathi*			√				+	+	+
二色异齿鳚 *E. bicolor*		√					+	+	+
额异齿鳚 *E. frontalis*			√						+
线纹异齿鳚 *E. lineatus*		√					+	+	+
黑色异齿鳚 *E. melarchus*			√				+	+	+
纳氏异齿鳚 *E. namiyei*		√					+	+	+
眼斑异齿鳚 *E. oculus*		√						+	
八重山岛异齿鳚 *E. yaeyamaensis*		√						+	
克氏连鳍鳚 *Enchelyurus kraussii*			√				+	+	
尾带犁齿鳚 *Entomacrodus caudofasciatus*			√				+	+	+
斑纹犁齿鳚 *E. decussatus*			√					+	+
触角犁齿鳚 *E. epalzeocheilos*			√					+	
赖氏犁齿鳚 *E. lighti*			√				+	+	+
云纹犁齿鳚 *E. niuafoouensis*			√					+	+

续表

物种	栖息习性				分布				
	中上层	珊瑚礁	底层或中下层	深海	渤海	黄海	东海	台湾周边海域	南海
海犁齿鳚 *E. thalassinus*			√					+	
短豹鳚 *Exallias brevis*			√				+	+	+
杜氏动齿鳚 *Istiblennius dussumieri*			√				+	+	++
暗纹动齿鳚 *I. edentulus*			√					+	++
条纹动齿鳚 *I. lineatus*			√				+	+	+
穆氏动齿鳚 *I. muelleri*			√					+	+
多斑宽颌鳚 *Laiphognathus multimaculatus*			√					+	
金鳍稀棘鳚 *Meiacanthus atrodorsalis*			√				+	+	
黑带稀棘鳚 *M. grammistes*			√				+	+	+
浅带稀棘鳚 *M. kamoharai*			√					+	
黑点仿鳚 *Mimoblennius atrocinctus*			√					+	
金色肩鳃鳚 *Omobranchus aurosplendidus*			√						+
美肩鳃鳚 *O. elegans*			√		+	++	+	+	+
长肩鳃鳚 *O. elongatus*			√				+	+	+
斑头肩鳃鳚 *O. fasciolatoceps*			√					+	+
猛肩鳃鳚 *O. ferox*			√				+	+	+
吉氏肩鳃鳚 *O. germaini*			√					+	
斑点肩鳃鳚 *O. punctatus*			√					+	+
八部副鳚 *Parablennius yatabei*			√			+	+	+	
赫氏龟鳚 *Parenchelyurus hepburni*			√				+	+	+
短头跳岩鳚 *Petroscirtes breviceps*			√					+	+
高鳍跳岩鳚 *P. mitratus*			√				+	+	+
史氏跳岩鳚 *P. springeri*			√					+	
变色跳岩鳚 *P. variabilis*			√					+	
云雀短带鳚 *Plagiotremus laudandus*			√				+	+	+
粗吻短带鳚 *P. rhinorhynchos*			√				+	+	
叉短带鳚 *P. spilistius*			√						++
窄体短带鳚 *P. tapeinosoma*			√				+	+	

续表

物种	栖息习性				分布				
	中上层	珊瑚礁	底层或中下层	深海	渤海	黄海	东海	台湾周边海域	南海
双线矮冠鳚 *Praealticus bilineatus*			√						+
犬牙矮冠鳚 *P. margaritarius*			√				+	+	
吻纹矮冠鳚 *P. striatus*			√				+	+	
种子岛矮冠鳚 *P. tanegasimae*			√					+	
灿烂棒鳚 *Rhabdoblennius nitidus*			√					+	
细纹凤鳚 *Salarias fasciatus*			√				+	+	++
雨斑凤鳚 *S. guttatus*			√				+	+	+
点纹凤鳚 *S. luctuosus*			√						+
缘敏鳚 *Scartella emarginata*			√				+	+	+
塞舌尔呆鳚 *Stanulus seychellensis*			√					+	
带鳚 *Xiphasia setifer*			√				+	+	+++
胎鳚科 CLINIDAE									
黄身跳矶鳚 *Springeratus xanthosoma*			√					+	
烟管鳚科 CHAENOPSIDAE									
裸新热鳚 *Neoclinus nudus*			√					+	
喉盘鱼亚目 GOBIESOCOIDEI									
喉盘鱼科 GOBIESOCIDAE									
小姥鱼 *Aspasma minima*			√					+	
鹤姥鱼 *Aspasmichthys ciconiae*			√					+	
黑纹锥齿喉盘鱼 *Conidens laticephalus*			√					+	
线纹环盘鱼 *Diademichthys lineatus*			√					+	+
琉球盘孔喉盘鱼 *Discotrema crinophilum*		√						+	
连鳍喉盘鱼 *Lepadichthys frenatus*		√						+	
印度细喉盘鱼 *Pherallodus indicus*			√					+	
鲻亚目 CALLIONYMOIDEA									
鲻科 CALLIONYMIDAE									
基岛深水鲻 *Bathycallionymus kaianus*			√				+	+	++
纹鳍深水鲻 *B. sokonumeri*			√					+	

续表

物种	栖息习性				分布				
	中上层	珊瑚礁	底层或中下层	深海	渤海	黄海	东海	台湾周边海域	南海
大鳍䲗 *Callionymus altipinnis*			√						++
贝氏䲗 *C. belcheri*			√				+		
绯䲗 *C. beniteguri*			√		+	+	+++	+	++
弯角䲗 *C. curvicornis*			√				+	+	++
丝背䲗 *C. dorysus*			√			+	+		+
龙䲗 *C. draconis*			√						+
斑鳍䲗 *C. enneactis*			√				+	+	
单丝䲗 *C. filamentosus*			√				+	+	+
台湾䲗 *C. formosanus*			√					+	
海南䲗 *C. hainanensis*			√				+	+	+
海氏䲗 *C. hindsii*			√					+	++
长崎䲗 *C. huguenini*			√				+	+	+
日本䲗 *C. japonicus*			√				++		+++
朝鲜䲗 *C. koreanus*			√				++		++
中沙䲗 *C. macclesfieldensis*			√				++		+++
黑缘䲗 *C. martinae*			√					+	
南方䲗 *C. meridionalis*			√				+	+	+
斑臀䲗 *C. octostigmatus*			√				+	+	+
扁身䲗 *C. planus*			√				+	+	+
白臀䲗 *C. pleurostictus*			√						
糙首䲗 *C. scabriceps*			√						
沙氏䲗 *C. schaapii*			√				+	+	+
瓦氏䲗 *C. valenciennei*			√				+	+	+
曳丝䲗 *C. variegatus*			√				+	+	+
伊津美尾䲗 *Calliurichthys izuensis*			√					+	
指脚䲗 *Dactylopus dactylopus*			√				+	+	+
葛罗姆双线䲗 *Diplogrammus goramensis*			√						+
暗带双线䲗 *D. xenicus*			√					+	

续表

物种	栖息习性				分布				
	中上层	珊瑚礁	底层或中下层	深海	渤海	黄海	东海	台湾周边海域	南海
单鳍喉褶䲗 *Eleutherochir mirabilis*			√		+	+			+
双鳍喉褶䲗 *E. opercularis*			√					+	
益田氏棘红䲗 *Foetorepus masudai*			√					+	+
月斑斜棘䲗 *Repomucenus lunatus*			√			+	+	+	
香斜棘䲗 *R. olidus*			√		+	++	+++	+	
饰鳍斜棘䲗 *R. ornatipinnis*			√			+	+	+	
丝鳍斜棘䲗 *R. virgis*			√			+	+		+
红连鳍䲗 *Synchiropus altivelis*			√				+	+	
珊瑚连鳍䲗 *S. corallinus*			√					+	+
戴氏连鳍䲗 *S. delandi*			√					+	
格氏连鳍䲗 *S. grinnelli*			√					+	
饭岛氏连鳍䲗 *S. ijimae*			√						+
高鳍连鳍䲗 *S. laddi*			√					+	
侧斑连鳍䲗 *S. lateralis*			√				+	+	+
莫氏连鳍䲗 *S. morrisoni*		√							+
眼斑连鳍䲗 *S. ocellatus*		√					+	+	+
绣鳍连鳍䲗 *S. picturatus*		√						+	
花斑连鳍䲗 *S. splendidus*		√						+	+
蜥䲗科 DRACONETTIDAE									
短鳍粗棘蜥䲗 *Centrodraco acanthopoma*			√					+	+
珠点粗棘蜥䲗 *C. pseudoxenicus*			√						+
蜥䲗 *Draconetta xenica*			√						+
虾虎鱼亚目 GOBIOIDEI									
塘鳢科 ELEOTRIDAE									
乌塘鳢 *Bostrychus sinensis*			√			+	+++	+	+++
嵴塘鳢 *Butis butis*			√					+	+
裸首嵴圹鳢 *B. gymnopomus*			√					+	+
锯嵴塘鳢 *B. koilomatodon*			√				+	+	++

续表

物种	栖息习性				分布				
	中上层	珊瑚礁	底层或中下层	深海	渤海	黄海	东海	台湾周边海域	南海
黑点嵴塘鳢 *B. melanostigma*			√				+	+	++
戈氏巧塘鳢 *Calumia godeffroyi*			√				+	+	+
头孔塘鳢 *Ophiocara porocephala*			√				+	+	+
云斑尖塘鳢 *Oxyeleotris marmorata*			√				+	+	+
峡塘鳢科 XENISTHMIDAE									
多纹峡塘鳢 *Xenisthmus polyzonatus*		√					+	+	+
柯氏鱼科 KRAEMERIIDAE									
穴沙鳢［穴柯氏鱼］ *Kraemeria cunicularia*		√							+
虾虎鱼科 GOBIIDAE									
长体刺虾虎鱼 *Acanthogobius elongata*			√		+	+	++		+
黄鳍刺虾虎鱼 *A. flavimanus*			√		+	+	+		
乳色刺虾虎鱼 *A. lactipes*			√		+	+			
棕刺虾虎鱼 *A. luridus*			√		+	+	+		+
斑尾刺虾虎鱼 *A. ommaturus*			√		+	+++	+++	+	+++
斑鳍刺虾虎鱼 *A. stigmothonus*			√				+		++
圆头细棘虾虎鱼 *Acentrogobius ocyurus*			√					+	+
头纹细棘虾虎鱼 *A. viganensis*			√					+	+
青斑细棘虾虎鱼 *A. viridipunctatus*			√				+	+	+++
六丝钝尾虾虎鱼 *Amblychaeturichthys hexanema*			√		+	+	++	+	++
布氏钝塘鳢 *Amblyeleotris bleekeri*			√					+	
头带钝塘鳢 *A. cephalotaenius*			√						+
斜带钝塘鳢 *A. diagonalis*		√						+	
福氏钝塘鳢 *A. fontanesii*			√					+	
点纹钝塘鳢 *A. guttata*		√					+	+	+
日本钝塘鳢 *A. japonica*			√					+	
裸头钝塘鳢 *A. gymnocephala*			√						+
黑头钝塘鳢 *A. melanocephala*			√					+	

续表

物种	栖息习性				分布				
	中上层	珊瑚礁	底层或中下层	深海	渤海	黄海	东海	台湾周边海域	南海
小笠原钝塘鳢 A. ogasawarensis			√					+	
圆眶钝塘鳢 A. periophthalma			√					+	+
兰道氏钝塘鳢 A. randalli		√					+	+	+
施氏钝塘鳢 A. steinitzi			√				+	+	+
眼带钝塘鳢 A. stenotaeniata			√					+	
南沙太平岛钝塘鳢 A. taipinensis			√					+	+
红纹钝塘鳢 A. wheeleri			√				+	+	+
亚诺钝塘鳢 A. yanoi			√					+	
白条钝虾虎鱼 Amblygobius albimaculatus			√						+
百瑙钝虾虎鱼 A. bynoensis			√						+
华丽钝虾虎鱼 A. decussatus			√						+
短唇钝虾虎鱼 A. nocturnus			√				+	+	+
尾斑钝虾虎鱼 A. phalaena		√					+	+	++
红海钝虾虎鱼 A. sphynx			√						+
钝孔虾虎鱼 Amblyotrypauchen arctocephalus			√						+
短吻缰虾虎鱼 Amoya brevirostris			√				+		+
犬牙缰虾虎鱼 A. caninus			√				++	+	+++
绿斑缰虾虎鱼 A. chlorostigmatoides			√				++	+	+++
舟山缰虾虎鱼 A. chusanensis			√				++		
紫鳍缰虾虎鱼 A. janthinopterus			√				+	+	+
马达拉斯缰虾虎鱼 A. madraspatensis			√						++
小眼缰虾虎鱼 A. microps			√				+		
黑带缰虾虎鱼 A. moloanus			√					+	+
普氏缰虾虎鱼 A. pflaumi			√			+	+	+	++
少齿叉牙虾虎鱼 Apocryptodon glyphisodon			√				++		+
马都拉叉牙虾虎鱼 A. madurensis			√			+	+	+	++
细点叉牙虾虎鱼 A. malcolmi			√						+

续表

物种	栖息习性				分布				
	中上层	珊瑚礁	底层或中下层	深海	渤海	黄海	东海	台湾周边海域	南海
细斑叉牙虾虎鱼 *A. punctatus*			√				+	+	+
星塘鳢 *Asterropteryx semipunctatus*			√				+		+
棘星塘鳢 *A. spinosa*			√					+	+
沃氏软塘鳢 *Austrolethops wardi*		√						+	+
髯毛虾虎鱼 *Barbuligobius boehlkei*			√					+	+
蓝点深虾虎鱼 *Bathygobius coalitus*			√					+	+
椰子深虾虎鱼 *B. cocosensis*		√						+	
阔头深虾虎鱼 *B. cotticeps*			√					+	
圆鳍深虾虎鱼 *B. cyclopterus*			√				+	+	+
深虾虎鱼 *B. fuscus*			√				+	+	++
莱氏深虾虎鱼 *B. laddi*			√					+	+
香港深虾虎鱼 *B. meggetti*			√						+
扁头深虾虎鱼 *B. petrophilus*			√				+	+	+
大弹涂鱼 *Boleophthalmus pectinirostris*			√			++	+++	+	+++
宽鳃珊瑚虾虎鱼 *Bryaninops loki*			√					+	
漂游珊瑚虾虎鱼 *B. natans*			√					+	
颏突珊瑚虾虎鱼 *B. yongei*			√				+	+	+
鞍美虾虎鱼 *Callogobius clitellus*			√				+		
黄棕美虾虎鱼 *C. flavobrunneus*			√					+	+
长鳍美虾虎鱼 *C. hasseltii*			√				+	+	+
圆鳞美虾虎鱼 *C. liolepis*			√					+	+
斑鳍美虾虎鱼 *C. maculipinnis*		√						+	+
黑鳍缘美虾虎鱼 *C. nigromarginatus*			√					+	
冲绳美虾虎鱼 *C. okinawae*			√				+	+	++
美虾虎鱼 *C. sclateri*			√					+	
沈氏美虾虎鱼 *C. sheni*			√					+	+
史氏美虾虎鱼 *C. snelliusi*			√					+	
种子岛美虾虎鱼 *C. tanegasimae*			√					+	

续表

物种	栖息习性				分布				
	中上层	珊瑚礁	底层或中下层	深海	渤海	黄海	东海	台湾周边海域	南海
尾鳞头虾虎鱼 *Caragobius urolepis*			√					+	+	+
尾纹裸头虾虎鱼 *Chaenogobius annularis*			√				+		+
大口裸头虾虎鱼 *C. gulosus*			√		+	+	+		
矛尾虾虎鱼 *Chaeturichthys stigmatias*			√		+	+	++	+	++
浅色项冠虾虎鱼 *Cristatogobius nonatoae*			√				+	+	+
拟丝虾虎鱼 *Cryptocentroides insignis*			√						+
白背带丝虾虎鱼 *Cryptocentrus albidorsus*		√					+	+	+
棕斑丝虾虎鱼 *C. caeruleomaculatus*			√					+	
蓝带丝虾虎鱼 *C. cyanotaenius*			√						+
眼斑丝虾虎鱼 *C. nigrocellatus*		√						+	
孔雀丝虾虎鱼 *C. pavoninoides*			√						+
银丝虾虎鱼 *C. pretiosus*			√						+
红丝虾虎鱼 *C. russus*			√				+	+	+++
纹斑丝虾虎鱼 *C. strigilliceps*			√					+	+
谷津氏丝虾虎鱼 *C. yatsui*			√					+	+
斜带栉眼虾虎鱼 *Ctenogobiops aurocingulus*		√						+	
丝棘栉眼虾虎鱼 *C. feroculus*		√					+	+	+
台湾栉眼虾虎鱼 *C. formosa*			√					+	
颊纹栉眼虾虎鱼 *C. maculosus*			√					+	
丝背栉眼虾虎鱼 *C. mitodes*			√					+	+
小斑栉眼虾虎鱼 *C. phaeostictus*			√				+		+
点斑栉眼虾虎鱼 *C. pomastictus*			√					+	+
长棘栉眼虾虎鱼 *C. tangaroai*			√				+	+	+
中华栉孔虾虎鱼 *Ctenotrypauchen chinensis*			√		+	+	++		++
三角捷虾虎鱼 *Drombus triangularis*			√						+
南海伊氏虾虎鱼 *Egglestonichthys patriciae*			√				+	+	+
带虾虎鱼 *Eutaeniichthys gilli*			√		+	+	+		
矶塘鳢 *Eviota abax*		√					+	+	+

续表

物种	栖息习性				分布				
	中上层	珊瑚礁	底层或中下层	深海	渤海	黄海	东海	台湾周边海域	南海
条纹矶塘鳢 *E. afelei*		√						+	+
细点矶塘鳢 *E. albolineata*		√					+	+	+
对斑矶塘鳢 *E. cometa*		√					+	+	+
细身矶塘鳢 *E. distigma*		√						+	
项纹矶塘鳢 *E. epiphanes*		√						+	
泣矶塘鳢 *E. lacrimae*		√							+
侧带矶塘鳢 *E. latifasciata*		√					+	+	+
黑体矶塘鳢 *E. melasma*		√						+	
黑腹矶塘鳢 *E. nigriventris*		√						+	
透体矶塘鳢 *E. pellucida*		√					+	+	+
葱绿矶塘鳢 *E. prasina*		√					+	+	+
胸斑矶塘鳢 *E. prasites*		√					+	+	+
昆士兰矶塘鳢 *E. queenslandica*		√					+	+	+
塞班矶塘鳢 *E. saipanensis*		√						+	
希氏矶塘鳢 *E. sebreei*		√					+	+	+
大印矶塘鳢 *E. sigillata*		√							+
蜘蛛矶塘鳢 *E. smaragdus*		√						+	
斑点矶塘鳢 *E. spilota*		√							+
颏斑矶塘鳢 *E. storthynx*		√							+
条尾矶塘鳢 *E. zebrina*			√						+
明仁鹦虾虎鱼 *Exyrias akihito*			√					+	
黑点鹦虾虎鱼 *E. belissimus*			√					+	+
纵带鹦虾虎鱼 *E. puntang*			√				+	+	+
裸项蜂巢虾虎鱼 *Favonigobius gymnauchen*		√				+	+	+	++
裸项纺锤虾虎鱼 *Fusigobius duospilus*		√					+	+	+
肱斑纺锤虾虎鱼 *F. humeralis*		√						+	
阿曼纺锤虾虎鱼 *F. inframaculatus*		√						+	+
长棘纺锤虾虎鱼 *F. longispinus*		√					+	+	+

续表

物种	栖息习性				分布				
	中上层	珊瑚礁	底层或中下层	深海	渤海	黄海	东海	台湾周边海域	南海
巨纺锤虾虎鱼 *F. maximus*		√						+	+
桔斑纺锤虾虎鱼 *F. melacron*		√						+	
短棘纺锤虾虎鱼 *F. neophytus*		√					+	+	+
斑鳍纺锤虾虎鱼 *F. signipinnis*		√						+	+
剑盖棘虾虎鱼 *Gladiogobius ensifer*			√						+
金黄舌虾虎鱼 *Glossogobius aureus*			√				++	+	++
双须舌虾虎鱼 *G. bicirrhosus*			√				+	+	+
拟背斑舌虾虎鱼 *G. brunnoides*			√					+	+
盘鳍舌虾虎鱼 *G. celebius*			√				+	+	+
钝吻舌虾虎鱼 *G. circumspectus*			√					+	
舌虾虎鱼 *G. giuris*			√			+	+++	+	+++
暗鳍舌虾虎鱼 *G. obscuripinnis*			√					+	
斑纹舌虾虎鱼 *G. olivaceus*			√			+	++	+	+++
颌鳞虾虎鱼 *Gnatholepis anjerensis*			√				+	+	+
高伦颌鳞虾虎鱼 *G. cauerensis*			√					+	+
德瓦颌鳞虾虎鱼 *G. davaoensis*			√					+	
橙色叶虾虎鱼 *Gobiodon citrinus*		√				+	+	+	+
红点叶虾虎鱼 *G. erythrospilus*		√							+++
棕褐叶虾虎鱼 *G. fulvus*		√						+	
宽纹叶虾虎鱼 *G. histrio*		√							+
多线叶虾虎鱼 *G . multilineatus*		√					+	+	+++
眼带叶虾虎鱼 *G. oculolineatus*		√					+	+	+++
黄体叶虾虎鱼 *G. okinawae*		√					+	+	++
五带叶虾虎鱼 *G. quinquestrigatus*		√					+	+	++
灰叶虾虎鱼 *G. unicolor*		√						+	+
砂犷虾虎鱼 *Gobiopsis arenarius*			√					+	
大口犷虾虎鱼 *G. macrostomus*			√						++
五带犷虾虎鱼 *G. quinquecincta*			√						+

续表

物种	栖息习性				分布				
	中上层	珊瑚礁	底层或中下层	深海	渤海	黄海	东海	台湾周边海域	南海
栗色裸身虾虎鱼 *Gymnogobius castaneus*			√			+	+		
七棘裸身虾虎鱼 *G. heptacanthus*			√		++	++			
大颌裸身虾虎鱼 *G. macrognathos*			√		+	+			
网纹裸身虾虎鱼 *G. mororanus*			√		+	++			
大泷粗棘虾虎鱼 *Hazeus otakii*			√					+	
斜纹半虾虎鱼 *Hemigobius hoevenii*			√				+	+	++
异塘鳢 *Hetereleotris poecila*			√					+	
凯氏衔虾虎鱼 *Istigobius campbelli*			√				+	+	+
华丽衔虾虎鱼 *I. decoratus*			√				+	+	+
戈氏衔虾虎鱼 *I. goldmanni*			√				+	+	+
和歌衔虾虎鱼 *I. hoshinonis*			√				+	+	+
黑点衔虾虎鱼 *I. nigroocellatus*			√						+
妆饰衔虾虎鱼 *I. ornatus*			√				+	+	++
线斑衔虾虎鱼 *I. rigilius*			√				+	+	+
萨摩亚黏虾虎鱼 *Kelloggella cardinalis*			√					+	
海氏库曼虾虎鱼 *Koumansetta hectori*			√					+	
雷氏库曼虾虎鱼 *K. rainfordi*			√					+	+
韧虾虎鱼 *Lentipes armatus*			√					+	
睛尾蝌蚪虾虎鱼 *Lophiogobius ocellicauda*			√			++	++		
白头虾虎鱼 *Lotilia graciliosa*			√					+	+
克氏白头虾虎鱼 *L. klausewitzi*			√					+	
短身裸叶虾虎鱼 *Lubricogobius exiguus*			√				+	+	+
竿虾虎鱼 *Luciogobius guttatus*			√		+	++	++	+	+
扁头竿虾虎鱼 *L. platycephalus*			√						+
西海竿虾虎鱼 *L. saikaiensis*			√				+	+	
狼牙双盘虾虎鱼 *Luposicya lupus*			√					+	
威氏壮牙虾虎鱼 *Macrodontogobius wilburi*			√					+	+
大口巨颌虾虎鱼 *Mahidolia mystacina*			√					+	

续表

物种	栖息习性				分布				
	中上层	珊瑚礁	底层或中下层	深海	渤海	黄海	东海	台湾周边海域	南海
芒虾虎鱼 *Mangarinus waterousi*			√						+
阿部鲻虾虎鱼 *Mugilogobius abei*			√			++	++	+	++
清尾鲻虾虎鱼 *M. cavifrons*			√				+	+	+
诸氏鲻虾虎鱼 *M. chulae*			√				+	+	+
泉鲻虾虎鱼 *M. fontinalis*			√					+	
横带犁突虾虎鱼 *Myersina fasciatus*			√				+		
长丝犁突虾虎鱼 *M. filifer*			√			+	++	+	+++
大口犁突虾虎鱼 *M. macrostoma*			√				+	+	+
巴布亚犁突虾虎鱼 *M. papuanus*			√				+		
杨氏犁突虾虎鱼 *M. yangii*			√				+		
拉氏狼牙虾虎鱼 *Odontamblyopus lacepedii*			√		+	++	+++	+	+++
尖鳍寡鳞虾虎鱼 *Oligolepis acutipennis*			√				+	+	++
大口寡鳞虾虎鱼 *O. stomias*			√				+	+	+
拟犬牙刺盖虾虎鱼 *Oplopomus caninoides*			√						+
刺盖虾虎鱼 *O. oplopomus*			√				+	+	+++
犬齿背眼虾虎鱼 *Oxuderces dentatus*			√				++		+++
长背沟虾虎鱼 *Oxyurichthys amabalis*			√						+
角质沟虾虎鱼 *O. cornutus*			√					+	
矛状沟虾虎鱼 *O. lonchotus*			√					+	
大鳞沟虾虎鱼 *O. macrolepis*			√			+	+		
小鳞沟虾虎鱼 *O. microlepis*			√				+		+++
眼点沟虾虎鱼 *O. oculomirus*			√						++
眼瓣沟虾虎鱼 *O. ophthalmonemus*			√				++		++
巴布亚沟虾虎鱼 *O. papuensis*			√				+	+	++
触角沟虾虎鱼 *O. tentacularis*			√				+		++
南方沟虾虎鱼 *O. visayamus*			√				+		+
双斑矮虾虎鱼 *Pandaka bipunctata*	√								+
雷氏点颊虾虎鱼 *Papillogobius rechei*			√				+		+

续表

物种	栖息习性				分布				
	中上层	珊瑚礁	底层或中下层	深海	渤海	黄海	东海	台湾周边海域	南海
拟矛尾虾虎鱼 *Parachaeturichthys polynema*			√		+	+	++	+	+
棘头副叶虾虎鱼 *Paragobiodon echinocephalus*		√							+
黑鳍副叶虾虎鱼 *P. lacunicolus*		√					+	+	+
黑副叶虾虎鱼 *P. melanosomus*		√							+
疣副叶虾虎鱼 *P. modestus*		√					+	+	+
黄副叶虾虎鱼 *P. xanthosomus*		√					+		+
蜥形副平牙虾虎鱼 *Parapocryptes serperaster*			√				+++		+++
小头副孔虾虎鱼 *Paratrypauchen microcephalus*			√		+	+	++	+	++
银线弹涂鱼 *Periophthalmus argentilineatus*			√				+	+	+
大鳍弹涂鱼 *P. magnuspinnatus*			√			+	+++		+++
弹涂鱼 *P. modestus*			√		+	++	+++	+	+++
双叶腹瓢虾虎鱼 *Pleurosicya bilobata*			√						+
鲍氏腹瓢虾虎鱼 *P. boldinghi*			√				+	+	
厚唇腹瓢虾虎鱼 *P. coerulea*			√				+	+	
米氏腹瓢虾虎鱼 *P. micheli*			√						
莫桑比克腹瓢虾虎鱼 *P. mossambica*			√				+	+	
中华多椎虾虎鱼 *Polyspondylogobius sinensis*			√						++
广裸锯鳞虾虎鱼 *Priolepis boreus*			√					+	
横带锯鳞虾虎鱼 *P. cincta*			√					+	+
拟横带锯鳞虾虎鱼 *P. fallacincta*			√					+	
裸颊锯鳞虾虎鱼 *P. inhaca*			√				+	+	+
卡氏锯鳞虾虎鱼 *P. kappa*			√					+	
侧条锯鳞虾虎鱼 *P. latifascima*		√						+	
颈纹锯鳞虾虎鱼 *P. nuchifasciatus*		√							+
多纹锯鳞虾虎鱼 *P. semidoliatus*		√					+		
双斑砂虾虎鱼 *Psammogobius biocellatus*			√				++	+	++

续表

物种	栖息习性				分布				
	中上层	珊瑚礁	底层或中下层	深海	渤海	黄海	东海	台湾周边海域	南海
长身拟平牙虾虎鱼 *Pseudapocryptes elongatus*			√				+	+	+
爪哇拟虾虎鱼 *Pseudogobius javanicus*			√			+	+	+	+
小口拟虾虎鱼 *P. masago*			√				+	+	+
蛇首高鳍虾虎鱼 *Pterogobius elapoides*			√		+	+	+		+
五带高鳍虾虎鱼 *P. zacalles*			√		+	+			
大青弹涂鱼 *Scartelaos gigas*			√				++	+	++
青弹涂鱼 *S. histophorus*			√			+	+++	+	+++
鳢形鳗虾虎鱼 *Taenioides anguillaris*			√			+	+++	+	+++
须鳗虾虎鱼 *T. cirratus*			√			+	+++	+	+++
等颌鳗虾虎鱼 *T. limicola*			√				+		
艾伦氏富山虾虎鱼 *Tomiyamichthys alleni*			√				+		
梭形富山虾虎鱼 *T. lanceolatus*			√				+		
奥奈氏富山虾虎鱼 *T. oni*			√				+	+	+
史氏富山虾虎鱼 *T. smithi*			√					+	+
髭缟虾虎鱼 *Tridentiger barbatus*			√		+	+	++	+	+++
双带缟虾虎鱼 *T. bifasciatus*			√				++	+	++
短棘缟虾虎鱼 *T. brevispinis*			√			+	+		+
裸项缟虾虎鱼 *T. nudicervicus*			√			+	+	+	+
暗缟虾虎鱼 *T. obscurus*			√		+	+	+		++
纹缟虾虎鱼 *T. trigonocephalus*			√			+	++	+	++
透明磨塘鳢 *Trimma anaima*		√					+		
橘点磨塘鳢 *T. annosum*		√					+		+
红磨塘鳢 *T. caesiura*		√					+		+
埃氏磨塘鳢 *T. emeryi*		√					+	+	+
方氏磨塘鳢 *T. fangi*		√					+		+
纵带磨塘鳢 *T. grammistes*		√					+		
红小斑磨塘鳢 *T. halonevum*		√					+		

续表

物种	栖息习性				分布				
	中上层	珊瑚礁	底层或中下层	深海	渤海	黄海	东海	台湾周边海域	南海
大眼磨塘鳢 *T. macrophthalmum*		√					+	+	
丝背磨塘鳢 *T. naudei*		√						+	+
冲绳磨塘鳢 *T. okinawae*		√					+	+	+
底斑磨塘鳢 *T. tevegae*		√						+	+
大足微虾虎鱼 *Trimmatom macropodus*			√					+	
大鳞孔虾虎鱼 *Trypauchen taenia*			√						++
孔虾虎鱼 *T. vagina*			√			++	+++	+	+++
大孔精美虾虎鱼 *Tryssogobius porosus*			√					+	
双带凡塘鳢 *Valenciennea helsdingenii*		√						+	+
无斑凡塘鳢 *V. immaculatus*		√							+
长鳍凡塘鳢 *V. longipinnis*		√					+	+	+
石壁凡塘鳢 *V. muralis*		√					+	+	++
大鳞凡塘鳢 *V. puellaris*		√					+	+	+
六斑凡塘鳢 *V. sexguttata*		√						+	+
丝条凡塘鳢 *V. strigata*		√					+	+	+
鞍带凡塘鳢 *V. wardii*		√					+	+	+
背斑梵虾虎鱼 *Vanderhorstia ambanoro*			√				+	+	+
黄点梵虾虎鱼 *V. ornatissima*			√					+	
斑头梵虾虎鱼 *V. puncticeps*			√				+		+
多鳞汉霖虾虎鱼 *Wuhanlinigobius polylepis*			√				+	+	+
云斑裸颊虾虎鱼 *Yongeichthys nebulosus*			√				++	+	+++
蠕鳢科 MICRODESMIDAE									
眼带鳚虾虎鱼 *Gunnellichthys curiosus*			√					+	
鳍塘鳢科 PTERELEOTRIDAE									
华丽线塘鳢 *Nemateleotris decora*		√					+	+	+
大口线塘鳢 *N. magnifica*		√						+	+
侧扁窄颅塘鳢 *Oxymetopon compressus*			√						+
尾斑舌塘鳢 *Parioglossus dotui*			√				+	+	+

续表

物种	栖息习性				分布				
	中上层	珊瑚礁	底层或中下层	深海	渤海	黄海	东海	台湾周边海域	南海
华美舌塘鳢 *P. formosus*			√				+	+	+
中华舌塘鳢 *P. sinensis*			√				++		
带状舌塘鳢 *P. taeniatus*			√					+	
黑尾鳍塘鳢 *Ptereleotris evides*		√					+	+	+
丝尾鳍塘鳢 *P. hanae*		√					+	+	+
尾斑鳍塘鳢 *P. heteroptera*		√					+	+	+
细鳞鳍塘鳢 *P. microlepis*		√					+	+	+
单鳍鳍塘鳢 *P. monoptera*		√					+	+	
斑马鳍塘鳢 *P. zebra*		√					+	+	
辛氏微体鱼科 SCHINDLERIIDAE									
等鳍辛氏微体鱼 *Schindleria pietschmanni*	√						+	+	+
早熟辛氏微体鱼 *S. praematura*	√						+	+	+
刺尾鱼亚目 ACANTHUROIDEI									
白鲳科 EPHIPPIDAE									
白鲳 *Ephippus orbis*			√				+	+	+++
印尼燕鱼 *Platax batavianus*	√						+		+
波氏燕鱼 *P. boersii*	√							+	
圆燕鱼 *P. orbicularis*	√						+	+	+
弯鳍燕鱼 *P. pinnatus*	√							+	+
燕鱼 *P. teira*	√					+	+	+	+++
金钱鱼科 SCATOPHAGIDAE									
金钱鱼 *Scatophagus argus*			√		+	++	+	+++	
篮子鱼科 SIGANIDAE									
银色篮子鱼 *Siganus argenteus*			√				+	+	++
长鳍篮子鱼 *S. canaliculatus*			√				+	+	++
凹吻篮子鱼 *S. corallinus*			√						+
褐篮子鱼 *S. fuscescens*			√		+	++	+	+++	
星斑篮子鱼 *S. guttatus*			√				+	+	+

续表

物种	栖息习性				分布				
	中上层	珊瑚礁	底层或中下层	深海	渤海	黄海	东海	台湾周边海域	南海
爪哇篮子鱼 *S. javus*			√				+	+	+
眼带篮子鱼 *S. puellus*			√				+	+	+
黑身篮子鱼 *S. punctatissimus*			√				+	+	++
斑篮子鱼 *S. punctatus*			√				+	+	+
刺篮子鱼 *S. spinus*			√				+	+	++
单斑篮子鱼 *S. unimaculatus*			√				+	+	+
蠕纹篮子鱼 *S. vermiculatus*			√				+	+	+
蓝带篮子鱼 *S. virgatus*			√				+	+	++
狐篮子鱼 *S. vulpinus*			√						+
镰鱼科 ZANCLIDAE									
角镰鱼 *Zanclus cornutus*		√					++	+	+++
刺尾鱼科 ACANTHURIDAE									
鳃斑刺尾鱼 *Acanthurus bariene*		√					+	+	+
布氏刺尾鱼 *A. blochii*		√						+	+
黑斑刺尾鱼 *A. chronixis*			√						+
额带刺尾鱼 *A. dussumieri*		√					+	+	+
肩斑刺尾鱼 *A. gahhm*			√						+
斑点刺尾鱼 *A. guttatus*		√						+	
日本刺尾鱼 *A. japonicus*		√					+	+	+
白颊刺尾鱼 *A. leucopareius*		√						+	
纵带刺尾鱼 *A. lineatus*		√					+	+	+
斑头刺尾鱼 *A. maculiceps*		√					+	+	+
暗色刺尾鱼 *A. mata*		√					+	+	+
白面刺尾鱼 *A. nigricans*		√					+	+	++
黑尾刺尾鱼 *A. nigricauda*		√						+	+
褐斑刺尾鱼 *A. nigrofuscus*		√					+	+	+
密线刺尾鱼 *A. nubilus*			√					+	
橙斑刺尾鱼 *A. olivaceus*		√					+	+	++

续表

物种	栖息习性				分布				
	中上层	珊瑚礁	底层或中下层	深海	渤海	黄海	东海	台湾周边海域	南海
黑鳃刺尾鱼 *A. pyroferus*		√					+	+	+
黄尾刺尾鱼 *A. thompsoni*		√					+	+	+
横带刺尾鱼 *A. triostegus*		√					+	+	+++
黄鳍刺尾鱼 *A. xanthopterus*		√					+	+	+
双斑栉齿刺尾鱼 *Ctenochaetus binotatus*		√					+	+	+
栉齿刺尾鱼 *C. striatus*		√					+	+	++
突角鼻鱼 *Naso annulatus*		√					+	+	+
粗棘鼻鱼 *N. brachycentron*		√						+	
短吻鼻鱼 *N. brevirostris*		√					+	+	++
马面鼻鱼 *N. fageni*			√					+	
六棘鼻鱼 *N. hexacanthus*		√				+	+	+	++
颊吻鼻鱼 *N. lituratus*		√					+	+	++
洛氏鼻鱼 *N. lopezi*		√					+	+	++
斑鼻鱼 *N. maculatus*		√						+	+
方吻鼻鱼 *N. mcdadei*			√					+	
小鼻鱼 *N. minor*		√						+	
网纹鼻鱼 *N. reticulatus*			√					+	
大眼鼻鱼 *N. tergus*			√					+	
单板鼻鱼 *N. thynnoides*		√						+	++
球吻鼻鱼 *N. tonganus*		√						+	
单角鼻鱼 *N. unicornis*		√			+	+	+	+	++
丝尾鼻鱼 *N. vlamingii*		√					+	+	+
黄尾副刺尾鱼 *Paracanthurus hepatus*		√					+	+	+
三棘多板盾尾鱼 *Prionurus scalprum*		√						+	+
黄高鳍刺尾鱼 *Zebrasoma flavescens*		√					+	+	+
小高鳍刺尾鱼 *Z. scopas*		√					+	+	+
横带高鳍刺尾鱼 *Z. velifer*		√						+	++

鲭鲈亚目 SCOMBROLABRACOIDEI

续表

物种	栖息习性				分布				
	中上层	珊瑚礁	底层或中下层	深海	渤海	黄海	东海	台湾周边海域	南海
鲭鲈科 SCOMBROLABRACIDAE									
鲭鲈 *Scombrolabrax heterolepis*				√					+
鲭亚目 SCOMBROIDEI									
魣科 SPHYRAENIDAE									
尖鳍魣 *Sphyraena acutipinnis*			√					+	+
大魣 *S. barracuda*		√					+	+	+
黄尾魣 *S. flavicauda*			√					+	+
大眼魣 *S. forsteri*			√				+	+	+
黄带魣 *S. helleri*			√						+
日本魣 *S. japonica*			√		+	++	+	++	
斑条魣 *S. jello*			√				+	+	++
钝魣 *S. obtusata*			√						+
油魣 *S. pinguis*			√		+	+++			+++
倒牙魣 *S. putnamae*			√					+	+
暗鳍魣 *S. qenie*			√					+	+
蛇鲭科 GEMPYLIDAE									
双棘蛇鲭 *Diplospinus multistriatus*				√					+
蛇鲭 *Gempylus serpens*	√						+	+	+
异鳞蛇鲭 *Lepidocybium flavobrunneum*			√				+	+	+
三棘若蛇鲭 *Nealotus tripes*	√						+	+	+
东方新蛇鲭 *Neoepinnula orientalis*			√				+	+	+
无耙蛇鲭 *Nesiarchus nasutus*			√						+
纺锤蛇鲭 *Promethichthys prometheus*			√					+	+
短蛇鲭 *Rexea prometheoides*			√					+	+
索氏短蛇鲭 *R. solandri*			√						+
棘鳞蛇鲭 *Ruvettus pretiosus*				√				+	+
黑鳍蛇鲭 *Thyrsitoides marleyi*			√				+	+	+
带鱼科 TRICHIURIDAE									

续表

物种	栖息习性				分布				
	中上层	珊瑚礁	底层或中下层	深海	渤海	黄海	东海	台湾周边海域	南海
长剃刀带鱼 *Assurger anzac*	√								+
叉尾深海带鱼 *Benthodesmus tenuis*				√			+	+	+
小带鱼 *Euplerogrammus muticus*			√		+	+	+++		+++
波氏窄颅带鱼 *Evoxymetopon poeyi*			√					+	+
条状窄颅带鱼 *E. taeniatus*			√					+	
沙带鱼 *Lepturacanthus savala*			√			+	+++	+	+++
窄额带鱼 *Tentoriceps cristatus*			√				+	+	+
短带鱼 *Trichiurus brevis*			√				+	+	++
带鱼 *T. japonicus*			√		+++	+++	+++	+	+++
珠带鱼 *T. margarites*			√						+
鲭科 SCOMBRIDAE									
沙氏刺鲅 *Acanthocybium solandri*	√						+	+	+
双鳍舵鲣［圆舵鲣］*Auxis rochei*	√					+	+		+
扁舵鲣 *A. thazard*	√					+	+++		++
鲔 *Euthynnus affinis*	√						+	+	+++
大眼双线鲭 *Grammatorcynus bilineatus*	√						+	+	+
裸狐鲣 *Gymnosarda unicolor*	√						+	+	+
鲣 *Katsuwonus pelamis*	√					+	++	+	+++
福氏羽鳃鲐 *Rastrelliger faughni*	√							+	+
羽鳃鲐 *R. kanagurta*	√						+++		+++
东方狐鲣 *Sarda orientalis*	√					+	+++		++
澳洲鲭 *Scomber australasicus*	√						+++	+	++
日本鲭［鲐］*S. japonicus*	√				++	+++	++	+	++
康氏马鲛 *Scomberomorus commersoni*	√					+	+	++	+++
斑点马鲛 *S. guttatus*	√							++	++
朝鲜马鲛 *S. koreanus*	√					+	+	++	+
蓝点马鲛 *S. niphonius*	√					+	+++	+++	+	+++
中华马鲛 *S. sinensis*	√					+	+	++	+

续表

物种	栖息习性				分布				
	中上层	珊瑚礁	底层或中下层	深海	渤海	黄海	东海	台湾周边海域	南海
长鳍金枪鱼 *Thunnus alalunga*	√						+	+	+
黄鳍金枪鱼 *T. albacares*	√						+	+	+
大眼金枪鱼 *T. obesus*	√						+	+	+
东方金枪鱼 *T. orientalis*	√						+	+	+
金枪鱼 *T. thynnus*	√								+
青干金枪鱼 *T. tonggol*	√						++	+	+++
剑鱼科 XIPHIIDAE									
剑鱼 *Xiphias gladius*	√						+	+	+
旗鱼科 ISTIOPHORIDAE									
平鳍旗鱼 *Istiophorus platypterus*	√				+	+	+	+	+
红肉旗鱼 *Kajikia audax*	√						+		+
印度枪鱼 *Makaira indica*	√					+	+		+
蓝枪鱼 *M. mazara*	√					+	+		+
小吻四鳍旗鱼 *Tetrapturus angustirostris*	√						+		+
鲳亚目 STROMATEOIDEI									
长鲳科 CENTROLOPHIDAE									
日本栉鲳 *Hyperoglyphe japonica*			√			+	+	+	+
刺鲳 *Psenopsis anomala*			√		+	+	++	+	++
双鳍鲳科 NOMEIDAE									
巴氏方头鲳 *Cubiceps baxteri*				√					+
科氏方头鲳 *C. kotlyari*				√				+	+
少鳍方头鲳 *C. pauciradiatus*				√				+	+
拟鳞首方头鲳 *C. squamicephaloides*				√			+		
威氏方头鲳 *C. whiteleggii*				√		+	+		
水母双鳍鲳 *Nomeus gronovii*				√			+	+	
水母玉鲳 *Psenes arafurensis*				√			+		
琉璃玉鲳 *P. cyanophrys*				√			+	+	+
银斑玉鲳 *P. maculatus*				√					+

续表

物种	栖息习性				分布				
	中上层	珊瑚礁	底层或中下层	深海	渤海	黄海	东海	台湾周边海域	南海
花瓣玉鲳 *P. pellucidus*			√				+	+	+
无齿鲳科 ARIOMMATIDAE									
短鳍无齿鲳 *Ariomma brevimanus*			√				+		+
爱氏无齿鲳 *A. evermanni*			√						+
印度无齿鲳 *A. indicum*			√		+	+	+	+	+++
鲳科 STROMATEIDAE									
银鲳 *Pampus argenteus*	√				+	+	+++	+	+++
中国鲳 *P. chinensis*			√			+	+++	+	+++
灰鲳 *P. cinereus*	√				+	++	+++	+	+++
镰鲳 *P. echinogaster*			√		+	+	++	+	
镜鲳 *P. minor*			√				+		
北鲳 *P. punctatissimus*			√		++	++	+		
羊鲂亚目 CAPROIDEI									
羊鲂科 CAPROIDAE									
高菱鲷 *Antigonia capros*			√				+	+	+
红菱鲷 *A. rubescens*			√				+	+	+
绯菱鲷 *A. rubicunda*			√				+		+
鲽形目 PLEURONECTIFORMES									
鲆科 PSETTODIDAE									
大口鲆 *Psettodes erumei*			√			+	+++	+	+++
棘鲆科 CITHARIDAE									
新西兰短鲽 *Brachypleura novaezeelandiae*			√						++
菲律宾拟棘鲆 *Citharoides macrolepidotus*			√				+		
大鳞拟棘鲆 *C. macrolepis*			√				++	+	++
鳞眼鲆 *Lepidoblepharon ophthalmolepis*			√				+	+	
菱鲆科 SCOPHTHALMIDAE									
大菱鲆 *Scophthalmus maximus*			√		+	+++	++		++
牙鲆科 PARALICHTHYIDAE									

续表

物种	栖息习性				分布				
	中上层	珊瑚礁	底层 或中 下层	深海	渤海	黄海	东海	台湾 周边 海域	南海
牙鲆 *Paralichthys olivaceus*			√		+	++	++	+	++
大牙斑鲆 *Pseudorhombus arsius*			√				++	+	++
桂皮斑鲆 *P. cinnamoneus*			√		+	+	++	+	++
栉鳞斑鲆 *P. ctenosquamis*			√				+	+	+
双瞳斑鲆 *P. dupliciocellatus*			√				+		++
高体斑鲆 *P. elevatus*			√				+		++
爪哇斑鲆 *P. javanicus*			√				+		+
圆鳞斑鲆 *P. levisquamis*			√				+		+
马来斑鲆 *P. malayanus*			√						++
南海斑鲆 *P. neglectus*			√				+	+	+
少牙斑鲆 *P. oligodon*			√				+	+	++
五眼斑鲆 *P. pentophthalmus*			√			+	++	+	++
五点斑鲆 *P. quinquocellatus*			√				+	+	++
三眼斑鲆 *P. triocellatus*			√			+	++		+
高体大鳞鲆 *Tarphops oligolepis*			√			+	+	+	+
花鲆 *Tephrinectes sinensis*			√				++	+	++
鲽科 PLEURONECTIDAE									
赫氏高眼鲽 *Cleisthenes herzensteini*			√		+	+++	++		
松木高眼鲽 *C. pinetorum*			√						+
粒鲽 *Clidoderma asperrimum*			√			+	+		
虫鲽 *Eopsetta grigorjewi*			√		+	++	++	+	
斯氏美首鲽 *Glyptocephlus stelleyi*			√				+		
犬形拟庸鲽 *Hippoglossoides dubius*			√			+			
石鲽 *Kareius bicoloratus*			√		++	++			
亚洲油鲽 *Microstomus achne*			√			++	++		
星斑川鲽 *Platichthys stellatus*			√				+		
糙鲽 *Pleuronectes asper*			√			+			
赫氏鲽［尖吻黄盖鲽］*P. herzensteini*			√		+	++	++		

续表

物种	栖息习性				分布				
	中上层	珊瑚礁	底层或中下层	深海	渤海	黄海	东海	台湾周边海域	南海
暗色鲽 *P. obscurus*			√				+		
钝吻鲽［钝吻黄盖鲽］*P. yokohamae*			√		+	++	++		
木叶鲽 *Pleuronichthys cornutus*			√		++	++	+++	+	++
日本木叶鲽 *P. japonicus*			√				+		
长鲽 *Tanakius kitaharae*			√			++	++		
条斑星鲽 *Verasper moseri*			√		+	+	+		
圆斑星鲽 *V. variegatus*			√		+	++	++		
鲆科 BOTHIDAE									
无斑羊舌鲆 *Arnoglossus aspilos*			√				+		
日本羊舌鲆 *A. japonicus*			√				+	+	+
长冠羊舌鲆 *A. macrolophus*			√				+		
多斑羊舌鲆 *A. polyspilus*			√				+	+	++
大羊舌鲆 *A. scapha*			√				+		+
长鳍羊舌鲆 *A. tapeinosoma*			√				+	+	+
细羊舌鲆 *A. tenuis*			√				+	+	++
可可群岛角鲆 *Asterorhombus cocosensis*			√				+	+	+
中间角鲆 *A. intermedius*			√				+	+	+
圆鳞鲆 *Bothus assimilis*			√						+
凹吻鲆 *B. mancus*			√				+	+	+
繁星鲆 *B. myriaster*			√				+		++
豹鲆 *B. pantherinus*			√						++
大口长颌鲆 *Chascanopsetta lugubris*			√				+		
前长颌鲆 *C. prognatha*			√				+		
青缨鲆 *Crossorhombus azureus*			√				++	+	++
霍文缨鲆 *C. howensis*			√				+		
双带缨鲆 *C. kanekonis*			√				+		
长臂缨鲆 *C. kobensis*			√				+	+	+
宽额缨鲆 *C. valderostratus*			√				+		++

续表

物种	栖息习性				分布				
	中上层	珊瑚礁	底层或中下层	深海	渤海	黄海	东海	台湾周边海域	南海
长鳍短额鲆 *Engyprosopon filipennis*			√						+
伟鳞短额鲆 *E. grandisquama*			√				+	+	++
宽额短额鲆 *E. latifrons*			√						++
长腹鳍短额鲆 *E. longipelvis*			√				+	+	++
马尔代夫短额鲆 *E. maldivensis*			√					+	++
黑斑短额鲆 *E. mogki*			√						+
多鳞短额鲆 *E. multisquama*			√				+	+	++
克氏双线鲆 *Grammatobothus krempfi*			√				+	+	
多眼双线鲆 *G. polyophthalmus*			√						++
多齿日本左鲆 *Japonolaeops dentatus*			√					+	
大嘴鳄口鲆 *Kamoharaia megastoma*			√				+	+	
北原左鲆 *Laeops kitakarae*			√						++
小头左鲆 *L. parviceps*			√				+	+	++
东港左鲆 *L. tungkongensis*			√					+	
小眼新左鲆 *Neolaeops microphthalmus*			√				+	+	
绿斑拟鲆 *Parabothus chlorospilus*			√						+
短腹拟鲆 *P. coarctatus*			√				+	+	+
少鳞拟鲆 *P. kiensis*			√					+	
台湾拟鲆 *P. taiwanensis*			√			+		+	
丝指鎌鲆 *Psettina filimanus*			√			+	+		++
大鎌鲆 *P. gigantea*			√					+	
海南鎌鲆 *P. hainanensis*			√						++
饭岛鎌鲆 *P. iijimae*			√				+	+	++
土佐鎌鲆 *P. tosana*			√					+	+
眼斑线鳍鲆 *Taeniopsetta ocellata*			√				+	+	
瓦鲽科 POECILOPSETTIDAE									
黑斑瓦鲽 *Poecilopsetta colorata*			√						+
南非瓦鲽 *P. natalensis*			√				+	+	

续表

物种	栖息习性				分布				
	中上层	珊瑚礁	底层或中下层	深海	渤海	黄海	东海	台湾周边海域	南海
双斑瓦鲽 *P. plinthus*			√			+	++	+	++
长体瓦鲽 *P. praelonga*			√				+	+	
冠鲽科 SAMARIDAE									
舌形斜颌鲽 *Plagiopsetta glossa*			√				++	+	++
冠鲽 *Samaris cristatus*			√				++	+	++
丝鳍沙鲽 *Samariscus filipectoralis*			√				+	+	
胡氏沙鲽 *S. huysmani*			√						+
无斑沙鲽 *S. inornatus*			√				+		
日本沙鲽 *S. japonicus*			√					+	
满月沙鲽 *S. latus*			√				+	+	++
长臂沙鲽 *S. longimanus*			√				+	+	
三斑沙鲽 *S. triocellatus*			√					+	+
高知沙鲽 *S. xenicus*			√				+	+	+
鳎科 SOLEIDAE									
角鳎 *Aesopia cornuta*			√				++	+	++
陈氏栉鳞鳎 *Aseraggodes cheni*			√					+	
日本栉鳞鳎 *A. kaianus*			√				+	+	+
褐斑栉鳞鳎 *A. kobensis*			√				++	+	++
东方栉鳞鳎 *A. orientalis*			√					+	
外来栉鳞鳎 *A. xenicus*			√				+		+
云斑宽箬鳎 *Brachirus annularis*			√				+		
东方宽箬鳎 *B. orientalis*			√				++	+	++
恒河宽箬鳎 *B. pan*			√						+
斯氏宽箬鳎 *B. swinhonis*			√						+
日本钩嘴鳎 *Heteromycteris japonicus*			√				+		+
松原氏钩嘴鳎 *H. matsubarai*			√				+		+
黑斑圆鳞鳎 *Liachirus melanospilus*			√				++		++
毛鳍单臂鳎 *Monochirus trichodactylus*			√						+

续表

物种	栖息习性				分布				
	中上层	珊瑚礁	底层或中下层	深海	渤海	黄海	东海	台湾周边海域	南海
眼斑豹鳎 *Pardachirus pavoninus*			√				+	+	+
日本拟鳎 *Pseudaesopia japonica*			√				+	+	
卵鳎 *Solea ovata*			√				+	+	++
异吻长鼻鳎 *Soleichthys heterorhinos*			√				+	+	
暗斑箬鳎 *Synaptura marginata*			√				+	+	+
缨鳞条鳎 *Zebrias crossolepis*			√				+	+	++
峨眉条鳎 *Z. quagga*			√				+	+	++
条鳎 *Z. zebra*			√		+	+	++	+	+
舌鳎科 CYNOGLOSSIDAE									
短吻三线舌鳎 *Cynoglossus abbreviatus*			√		+	++	++	+	+
印度舌鳎 *C. arel*			√				+	+	++
双线舌鳎 *C. bilineatus*			√				+	+	++
窄体舌鳎 *C. gracilis*			√		+	++	++	+	+
断线舌鳎 *C. interruptus*			√			+	++	+	+
单孔舌鳎 *C. itinus*			√				+	+	++
焦氏舌鳎 *C. joyneri*			√		++	+++	++	+	++
格氏舌鳎 *C. kopsii*			√				+	+	+
南洋舌鳎 *C. lida*			√				+	+	
长吻舌鳎 *C. lighti*			√		+	++	++		
线纹舌鳎 *C. lineolatus*			√						+
巨鳞舌鳎 *C. macrolepidotus*			√						+
黑尾舌鳎 *C. melampetalus*			√				++		++
小鳞舌鳎 *C. microlepis*			√				+		
高眼舌鳎 *C. monopus*			√						+
黑鳍舌鳎 *C. nigropinnatus*			√				+	+	++
落合氏舌鳎 *C. ochiaii*			√				+		
寡鳞舌鳎 *C. oligolepis*			√						+
斑头舌鳎 *C. puncticeps*			√				++	+	++

续表

物种	栖息习性				分布				
	中上层	珊瑚礁	底层或中下层	深海	渤海	黄海	东海	台湾周边海域	南海
紫斑舌鳎 *C. purpureomaculatus*			√		+	++	+		+
宽体舌鳎 *C. robustus*			√		+	+	++	+	+
黑鳃舌鳎 *C. roulei*			√				++		++
半滑舌鳎 *C. semilaevis*			√		+	++	++		
中华舌鳎 *C. sinicus*			√			+	++		++
书颜舌鳎 *C. suyeni*			√					+	
三线舌鳎 *C. trigrammus*			√				++		++
长钩须鳎 *Paraplagusia bilineata*			√				++		++
短钩须鳎 *P. blochi*			√				+		++
栉鳞须鳎 *P. guttata*			√			+	+	+	+
日本须鳎 *P. japonica*			√			+	++	+	++
深色无线鳎 *Symphurus bathyspilus*			√					+	+
洪都无线鳎 *S. hondoensis*			√				+	+	+
多斑无线鳎 *S. multimaculatus*			√					+	+
九带无线鳎 *S. novemfasciatus*			√						+
东方无线鳎 *S. orientalis*			√			+	+	+	+
细纹无线鳎 *S. strictus*			√				+	+	+
鲀形目 TETRAODONTIFORMES									
拟三刺鲀科 TRIACANTHODIDAE									
日本下棘鲀 *Atrophacanthus japonicus*			√						+
长棘卫渊鲀 *Bathyphylax bombifrons*			√				+		+
阿氏管吻鲀 *Halimochirurgus alcocki*			√				+	+	
长管吻鲀 *H. centriscoides*			√				+	+	+
尤氏拟管吻鲀 *Macrorhamphosodes uradoi*			√				+	+	+
倒刺副三刺鲀 *Paratriacanthodes retrospinis*			√				+		+
拟三刺鲀 *Triacanthodes anomalus*			√					+	+++
六带拟三刺鲀 *T. ethiops*			√				+	+	+
尖尾倒刺鲀 *Tydemania navigatoris*			√				+	+	+

续表

物种	栖息习性				分布				
	中上层	珊瑚礁	底层或中下层	深海	渤海	黄海	东海	台湾周边海域	南海
三刺鲀科 TRIACANTHIDAE									
长吻假三刺鲀 *Pseudotriacanthus strigilifer*			√				+	+	+++
双棘三刺鲀 *Triacanthus biaculeatus*			√		+	+	++	+	+++
牛氏三刺鲀 *T. nieuhofii*			√						+
布氏三足刺鲀 *Tripodichthys blochii*			√			+	+	+	+
鳞鲀科 BALISTIDAE									
星点宽尾鳞鲀 *Abalistes stellaris*		√						+	
宽尾鳞鲀 *A. stellatus*		√			+	+	+		+++
波纹钩鳞鲀 *Balistapus undulatus*		√					+	+	++
妪鳞鲀［姬鳞鲀］*Balistes vetula*		√							+
圆斑拟鳞鲀 *Balistoides conspicillum*		√					+	+	+
绿拟鳞鲀 *B. viridescens*		√					+	+	+
疣鳞鲀 *Canthidermis maculata*		√					+	+	+
角鳞鲀 *Melichthys niger*		√					+		
黑边角鳞鲀 *M. vidua*		√					+	+	++
红牙鳞鲀 *Odonus niger*		√					+	+	+
黄边副鳞鲀 *Pseudobalistes flavimarginatus*		√					+	+	+
黑副鳞鲀 *P. fuscus*		√					+	+	+
叉斑锉鳞鲀 *Rhinecanthus aculeatus*		√					+	+	+++
黑带锉鳞鲀 *R. rectangulus*		√					+	+	++
毒锉鳞鲀 *R. verrucosus*		√					+	+	+
项带多棘鳞鲀 *Sufflamen bursa*		√					+	+	+
黄鳍多棘鳞鲀 *S. chrysopterum*		√					+	+	++
缰纹多棘鳞鲀 *S. fraenatum*		√					+	+	++
金边黄鳞鲀 *Xanthichthys auromarginatus*		√					+	+	+
黑带黄鳞鲀 *X. caeruleolineatus*		√						+	
线斑黄鳞鲀 *X. lineopunctatus*		√					+	+	+
单角鲀科 MONACANTHIDAE									

续表

物种	栖息习性				分布				
	中上层	珊瑚礁	底层或中下层	深海	渤海	黄海	东海	台湾周边海域	南海
白线鬃尾鲀 *Acreichthys tomentosus*			√				+	+	+
单角革鲀 *Aluterus monoceros*			√		+	++	+++	+	+++
拟态革鲀 *A. scriptus*			√				+	+	+
美尾棘鲀 *Amanses scopas*			√					+	
拟须鲀 *Anacanthus barbatus*			√				+	+	+
棘尾前孔鲀 *Cantherhines dumerilii*			√				+	+	+
纵带前孔鲀 *C. fronticinctus*			√		+			+	
多线前孔鲀 *C. multilineatus*			√						
细斑前孔鲀 *C. pardalis*			√				+	+	
单棘棘皮鲀 *Chaetodermis penicilligerus*			√				+	+	
中华单角鲀 *Monacanthus chinensis*			√		+	+	++	+	+++
尖吻鲀 *Oxymonacanthus longirostris*	√						+	+	+
锯尾副革鲀 *Paraluteres prionurus*	√						+	+	+
长方副单角鲀 *Paramonacanthus oblongus*			√		+		+		++
布希勒副单角鲀 *P. pusillus*			√				+	+	++
绒纹副单角鲀 *P. sulcatus*			√		+		+++	+	+++
粗尾前角鲀 *Pervagor aspricaudus*			√					+	
红尾前角鲀 *P. janthinosoma*			√				+	+	+
黑头前角鲀 *P. melanocephalus*			√				+	+	+
前棘假革鲀 *Pseudalutarius nasicorinis*			√						+
粗皮鲀 *Rudarius ercodes*			√						+
丝背细鳞鲀 *Stephanolepis cirrhifer*			√			+	+++	+	+++
黄鳍马面鲀 *Thamnaconus hypargyreus*			√				+	+	+++
拟绿鳍马面鲀 *T. septentrionalis*			√		+	+	+	+	+
马面鲀 *T. modestus*			√		+	+	+++	+	+
绿鳍马面鲀 *T. septentrionalis*			√			++	+++	+	
密斑马面鲀 *T. tessellatus*			√				+	+	+

箱鲀科 OSTRACIONTIDAE

续表

物种	栖息习性				分布				
	中上层	珊瑚礁	底层或中下层	深海	渤海	黄海	东海	台湾周边海域	南海
棘箱鲀 *Kentrocapros aculeatus*			√				++	+	
黄纹棘箱鲀 *K. flavofasciatus*			√				+		+
角箱鲀 *Lactoria cornuta*			√			+	++	+	++
棘背角箱鲀 *L. diaphana*			√				+	+	+
福氏角箱鲀 *L. fornasini*			√					+	+
粗突箱鲀 *Ostracion cubicus*			√			+	++	+	++
无斑箱鲀 *O. immaculatus*			√		+	+		+	
白点箱鲀 *O. meleagris*			√					+	+
突吻箱鲀 *O. rhinorhynchus*			√				+		+
蓝带箱鲀 *O. solorensis*			√				+		
尖鼻箱鲀 *Rhynchostracion nasus*			√						++
双峰真三棱箱鲀 *Tetrosomus concatenatus*			√						++
驼背真三棱箱鲀 *T. gibbosus*			√				+	+	++
小棘真三棱箱鲀 *T. reipublicae*			√					+	
三齿鲀科 TRIODONTIDAE									
大鳍三齿鲀 *Triodon macropterus*			√					+	
鲀科 TETRAODONTIDAE									
白点宽吻鲀 *Amblyrhynchotes honckeni*			√						++
棕斑宽吻鲀 *A. rufopunctatus*			√						+
蓝点叉鼻鲀 *Arothron caeruleopunctatus*		√					+	+	+
瓣叉鼻鲀 *A. firmamentum*		√					+	+	+
纹腹叉鼻鲀 *A. hispidus*		√					+	+	+
无斑叉鼻鲀 *A. immaculatus*		√					+	+	+
菲律宾叉鼻鲀 *A. manilensis*		√						+	+
辐纹叉鼻鲀 *A. mappa*		√					+	+	+
白点叉鼻鲀 *A. meleagris*		√					+	+	+
黑斑叉鼻鲀 *A. nigropunctatus*		√					+	+	++
网纹叉鼻鲀 *A. reticularis*		√						+	

续表

物种	栖息习性				分布				
	中上层	珊瑚礁	底层或中下层	深海	渤海	黄海	东海	台湾周边海域	南海
星斑叉鼻鲀 *A. stellatus*		√					+	+	++
安汶扁背鲀 *Canthigaster amboinensis*		√						+	+
点线扁背鲀 *C. bennetti*		√					+	+	+
细纹扁背鲀 *C. compressa*		√						+	
花冠扁背鲀 *C. coronata*		√							+
亮丽扁背鲀 *C. epilampra*		√						+	+
圆点扁背鲀 *C. jactator*		√							+
圆斑扁背鲀 *C. janthinoptera*		√					+	+	
水纹扁背鲀 *C. rivulata*		√					+	+	++
细斑扁背鲀 *C. solandri*		√						+	+
横带扁背鲀 *C. valentini*		√					+	+	+
凹鼻鲀 *Chelonodon patoca*			√				+	+	++
暗鳍兔头鲀 *Lagocephalus gloveri*			√			+	+	+	+
黑鳃兔头鲀 *L. inermis*			√		+	+	+	+	++
月兔头鲀［月腹刺鲀］*L. lunaris*			√		+	+	+	+	++
花鳍兔头鲀 *L. oceanicus*			√				+		+
圆斑兔头鲀 *L. sceleratus*			√			+	+	+	+
棕斑兔头鲀 *L. spadiceus*			√		+	+	++		++
杂斑兔头鲀 *L. suezensis*			√						++
淡鳍兔头鲀 *L. wheeleri*			√			+	+	+	+
密沟圆鲀［皱纹光鲀］*Sphoeroides pachygaster*			√					+	+
铅点多纪鲀 *Takifugu alboplumbeus*			√		+	+	++		++
墨绿多纪鲀 *T. basievskianus*			√		+	+			
双斑多纪鲀 *T. bimaculatus*			√			+	++	+	++
晕环多纪鲀 *T. coronoidus*			√			++	++		
暗纹多纪鲀 *T. fasciatus*			√		++	++	+++		
菊黄多纪鲀 *T. flavidus*			√		+	+	+		
星点多纪鲀 *T. niphobles*			√		+	+++	+	+	+

续表

物种	栖息习性				分布				
	中上层	珊瑚礁	底层或中下层	深海	渤海	黄海	东海	台湾周边海域	南海
横纹多纪鲀 *T. oblongus*			√				++	+	+++
弓斑多纪鲀 *T. ocellatus*			√			+	++	+	+
圆斑多纪鲀 *T. orbimaculatus*			√						+
豹纹多纪鲀 *T. pardalis*			√		+	++			
斜斑多纪鲀 *T. plagiocellatus*			√						+
斑点多纪鲀 *T. poecilonotus*			√					+	
紫色多纪鲀 *T. porphyreus*			√		+	++	+	+	
假睛多纪鲀 *T. pseudommus*			√		+	++	++		
网纹多纪鲀 *T. reticularis*			√		++	++			
红鳍多纪鲀 *T. rubripes*			√		++	++	+	+	
密点多纪鲀 *T. stictonotus*			√			+	+		
花斑多纪鲀 *T. variomaculatus*			√				+		+
虫纹多纪鲀 *T. vermicularis*			√		++	++	+	+	
黄鳍多纪鲀 *T. xanthopterus*			√		+	++	+++	+	++
黄带窄额鲀［黄带丽纹鲀］ *Torquigener brevipinnis*			√				+	+	+
南海窄额鲀 *T. gloerfelti*			√						+
头纹窄额鲀［头纹丽纹鲀］ *T. hypselogeneion*			√				+	+	++
长刺泰氏鲀 *Tylerius spinosissimus*			√				+	+	+
刺鲀科 DIODONTIDAE									
网纹短刺鲀 *Chilomycterus reticulatus*		√					+	+	+
短棘圆刺鲀 *Cyclichthys orbicularis*		√					++	+	++
黄斑圆刺鲀 *C. spilostylus*		√							++
艾氏刺鲀 *Diodon eydouxii*			√					+	+
六斑刺鲀 *D. holocanthus*		√			+	+	++	+	++
密斑刺鲀 *D. hystrix*		√				+	+	+	+
大斑刺鲀 *D. liturosus*		√					+	+	++
四带异棘刺鲀 *Lophodiodon calori*									+

续表

物种	栖息习性				分布				
	中上层	珊瑚礁	底层或中下层	深海	渤海	黄海	东海	台湾周边海域	南海
翻车鲀科 MOLIDAE									
矛尾翻车鲀 *Masturus lanceolatus*	√						+	+	+
翻车鲀 *Mola mola*	√					+	+	+	+
斑点长翻车鲀 *Ranzania laevis*	√							+	

注：√表示有分布，+表示稀有种，++表示常见种，+++表示优势种

附表 2-2　中国海洋部分游泳动物（头足纲、虾、龟蛇、海鸟和鲸豚）及其分布

物种	分布				
	渤海	黄海	东海	台湾周边海域	南海
软体动物门 MOLLUSCA					
头足纲 CEPHALOPODA					
耳乌贼科 SEPIADARIIDAE					
寇氏拟耳乌贼 *Sepiadarium kochii*			+	+	+
乌贼科 SEPIOIDAE					
针乌贼 *Sepia aculeata*			++	+	+
安德里亚纳乌贼 *S. andreana*		+	+		
金斑乌贼 *S. aureomaculata*			+		
短腕乌贼 *S. brevimana*					
金乌贼 *S. esculenta*	+	+	++	+	
线腕乌贼 *S. filibrachia*			+		
叶足乌贼 *S. foliopexa*			+	+	
叉尾乌贼 *S. furcata*			+		
燕尾乌贼 *S. hirunda*			+		
神户乌贼 *S. kobiensis*			++	+	+
白斑乌贼 *S. latimanus*			++	+	+
长腕乌贼 *S. longipes*			+	+	
鹦鹉乌贼 *S. lorigera*			+		+
拟目乌贼 *S. lycidas*			++	+	+

续表

物种	分布				
	渤海	黄海	东海	台湾周边海域	南海
佐佐木乌贼 *S. madodai*			+	+	+
豹纹乌贼 *S. pardex*			+	+	
虎斑乌贼 *S. pharaonis*			++	+	+
曲针乌贼 *S. recurvirostra*				+	+
亚细腕乌贼 *S. subtenuipes*				+	
细腕乌贼 *S. tenuipes*				+	
越南乌贼 *S. vietnamica*				+	+
佛斯氏乌贼 *S. vossi*				+	+
尹纳无针乌贼 *Sepiella inermis*					+
日本无针乌贼 *S. japonica* [曼氏无针乌贼 *S. maindroni*]	+	+	++	+	+
图氏后乌贼 *Metasepia tullbergi*			+	+	+
微鳍乌贼科 IDIOSEPIIDAE					
玄妙微鳍乌贼 *Idiosepius paradoxus*	+	+	+	+	+
侏儒微鳍乌贼 *I. pygmaeus*				+	+
耳乌贼科 SEPIOLIDAE					
双喙耳乌贼 *Sepiola birostrata*	+	+	+	+	+
暗耳乌贼 *Inioteuthis japonica*			+	+	+
斑暗耳乌贼 *I. maculosa*					+
柏氏四盘耳乌贼 *Euprymna berryi*				+	+
四盘耳乌贼 *E. morsei*		+		+	
日本银带耳乌贼 *Sepiolina nipponensis*			+	+	+
短乌贼 *Stoloteuthis* sp.					+
双乳突僧头耳乌贼 *Austrorossia bipapillata*					
新僧头耳乌贼 *Neorossia* sp.			+	+	+
夏威夷异耳乌贼 *Heteroteuthis hawaiiensis*				+	
异耳乌贼 *Heteroteuthis* sp.					+
枪乌贼科 LOLIGINIDAE					
火枪乌贼 *Loliolus beka*	+	+	++	+	+

续表

物种	分布				
	渤海	黄海	东海	台湾周边海域	南海
日本枪乌贼 *L. japonica*	+	+	++	+	+
苏门答腊枪乌贼 *L. sumatrensis*			+	+	+
尤氏枪乌贼 *L. uyii*		+	++	+	+
中国枪乌贼 *Uroteuthis chinensis*			++	+	+
杜氏枪乌贼 *U. duvaucelii*			++	+	+
剑尖枪乌贼 *U. edulis*		+	+++	+	+
诗博加枪乌贼 *U. sibogae*			+	+	+
辛加长枪乌贼 *U. singhalensis*			+		+
长枪乌贼 *Heterloligo bleekeri*		+	+	+	+
莱氏拟乌贼 *Sepioteuthis lessoniana*		+	++	+	+
狼乌贼科 LYCOTEUTHIDAE					
灯乌贼 *Lampadioteuthis megaleia*					+
武装乌贼科 ENOPLOTEUTHIDAE					
富山武装乌贼 *Enoploteuthis chuni*			+	+	+
安达曼钩腕乌贼 *Abralia andamanica*			+	+	+
星斑钩腕乌贼 *A. astrostica*				+	
多钩钩腕乌贼 *A. multihamata*			+	+	+
相似钩腕乌贼 *A. similis*				+	
线纹钩腕乌贼 *Abraliopsis lineata*				+	
萤乌贼 *Watasenia scintillans*				+	
火乌贼科 PYROTEUTHIDAE					
火乌贼 *Pyroteuthis margaritifera*				+	+
芽翼乌贼 *Pterygioteuthis gemmata*				+	
基氏乌贼 *P. giardi*			+	+	+
鱼钩乌贼科 ANCISTROCHEIRIDAE					
鱼钩乌贼 *Ancistrocheirus lesueuri*				+	
蛸乌贼科 OCTOPOTEUTHIDAE					
蛸乌贼 *Octopoteuthis sicula*				+	+
角鳞乌贼科 PHOLIDOTEUTHIDAE					

续表

物种	分布				
	渤海	黄海	东海	台湾周边海域	南海
麦氏角鳞乌贼 *Pholidoteuthis massyae*				+	+
爪乌贼科 ONYCHOTEUTHIDAE					
日本爪乌贼 *Onychoteuthis borealiaponicus*			+	+	+
斑乌贼 *Onykia carriboea*			+		+
龙氏拟爪乌贼 *O. loennbergi*			+		+
手钩乌贼科 GONATIDAE					
八腕拟手钩乌贼 *Gonatopsis octopedatus*			+		
栉鳍乌贼科 CHTENOPTERYGIDAE					
栉鳍乌贼 *Chtenopteryx sicula*				+	+
深海乌贼科 BATHYTEUTHIDAE					
深海乌贼 *Bathyteuthis abyssicola*				+	+
帆乌贼科 HISTIOTEUTHIDAE					
太平洋帆乌贼 *Histioteuthis pacifica*				+	+
霍氏帆乌贼 *H. hoylei*			+	+	+
奇妙帆乌贼 *H. miranda*				+	+
珠鸡帆乌贼 *H. meleagroteuthis*			+	+	+
臂乌贼科 BRACHIOTEUTHIDAE					
里氏臂乌贼 *Brachioteuthis riisei*			+		+
柔鱼科 OMMASTREPHIDAE					
巴氏柔鱼 *Ommastrephes bartrami*			++	+	+
奥兰鸢鱿 *Sthenoteuthis oualaniensis*			++		+
乌柔鱼 *Ornithoteuthis volatilis*			+		+
发光柔鱼 *Eucleoteuthis luminosa*			+		+
太平洋褶柔鱼［太平洋丛柔鱼］ *Todarodes pacificus*	+		++	+	+
夏威夷双柔鱼 *Nototodarus hawaiiensis*			+	+	+
短柔鱼 *Todaropsis eblanae*					+
玻璃乌贼 *Hyaloteuthis pelagic*			+		
菱鳍乌贼科 THYSANOTEUTHIDAE					

续表

物种	分布				
	渤海	黄海	东海	台湾周边海域	南海
菱鳍乌贼 *Thysanoteuthis rhombus*			+	+	+
圆鳍乌贼科 CYCLOTEUTHIDAE					
圆盘乌贼 *Discoteuthis discus*					+
手乌贼科 CHIROTEUTHIDAE					
皮氏手乌贼 *Chiroteuthis picteti*			+	+	+
古洞乌贼 *Grimalditeuthis bonplandi*				+	
鞭乌贼科 MASTIGOTEUTHIDAE					
心鳍鞭乌贼 *Idioteuthis cordiformis*				+	+
葛氏鞭乌贼 *Mastigoteuthis* cf. *grimaldi*					+
小头乌贼科 CRANCHIIDAE					
深奇乌贼 *Bathothauma lyromma*				+	
小头乌贼 *Cranchia scabra*			+	+	+
纺锤乌贼 *Liocranchia reinhardti*			+	+	+
瓦尔迪瓦纺锤乌贼 *L. valdiviae*				+	
太平洋塔乌贼 *Leachia pacifica*			+	+	
孔雀乌贼 *Taonius pavo*			+	+	+
深海巨大小头乌贼 *Megalocranchia abyssicola*				+	+
履乌贼 *Sandalops melancholicus*				+	+
节肢动物门 ARTHROPODA					
甲壳纲 CRUSTACEA					
须虾科 ARISTEIDAE					
拟须虾 *Aristaeomorpha foliacea*			+	+	+
雄壮须虾 *Aristeus virilis*			+	+	+
马氏须虾 *A. mabahissae*					+
灰白须虾 *A. pallidicauda*				+	
长带似须虾 *Aristaeopsis edwardsiana*			+	+	+
卡氏半对虾 *Hemipenaeus carpenteri*				+	+
水肝刺虾 *Hepomadus glacialis*					+

续表

物种	分布				
	渤海	黄海	东海	台湾周边海域	南海
长额拟肝刺虾 *Parahepomadus vaubani*				+	+
短肢近对虾 *Plesiopenaeus coruscans*				+	+
粗足假须虾 *Pseudaris crassipes*			+	+	+
深对虾科 BENTHESICYMIDAE					
中型深居虾 *Bentheogennema intermedia*				+	+
高脊深对虾 *Benthesicymus altus*				+	
东方深对虾 *B. investigaloris*					+
细足深浮虾 *Benthonectes filipes*					+
拟屈腕虾 *Gennadas incertus*					+
小屈腕虾 *G. parvus*					+
近屈腕虾 *G. propinquus*					+
盾屈腕虾 *G. scutatus*					+
布威屈腕虾 *G. bouvieri*				+	+
南非屈腕虾 *G. capensis*				+	+
琴奈屈腕虾 *G. tinayrei*				+	
管鞭虾科 SOLENOCERIDAE					
中国粗对虾 *Cryptopenaeus sinensis*					+
芦卡厚对虾 *Hadropenaeus lucasii*					+
刺尾厚对虾 *H. spinicauda*					+
刀额拟海虾 *Haliporoides sibogae*			+	+	+++
亚非海虾 *Haliporus taprobanensis*					+
弯角膜对虾 *Hymenopenaeus aequalis*				+	+
叉突膜对虾 *H. halli*				+	
海神膜对虾 *H. neptunus*				+	
圆突膜对虾 *H. propinquus*					+
刺足间对虾 *Mesopenaeus mariae*					+
布氏间对虾 *M. brucei*				+	
高脊管鞭虾 *Solenocera alticarinata*			+	+	++
百陶管鞭虾 *S. bedokensis*					+

续表

物种	分布				
	渤海	黄海	东海	台湾周边海域	南海
乔氏管鞭虾 *S. choprai*					+
古氏管鞭虾 *S.* cf. *gurjanovae*					+
哈氏管鞭虾 *S. halli*					+
芳管鞭虾 *S.* cf. *phuongi*					+
合刺管鞭虾 *S. spinajugo*				+	
萨兰管鞭虾 *S. zarenkovi*					+
短足管鞭虾 *S. comata*				+	+
中华管鞭虾 *S. crassicornis*		+	+++	+	++
尖管鞭虾 *S. faxoni*				+	+
凹管鞭虾 *S. koelbeli*			+	+	+
大管鞭虾 *S. melantho*			+++	+	+
栉管鞭虾 *S. pectinata*			+++	+	++
拟栉管鞭虾 *S. pectinulata*					+
多突管鞭虾 *S. rathbunae*					++
对虾科 PENAEIDAE					
扁足异对虾 *Atypopenaeus stenodactylus*			++	+	++
柔毛刺颚虾 *Funchalia taaningi*				+	+
日本刺颚虾 *F. sagamiensis*				+	
脊赤虾 *Metapenaeopsis acclivis*			+	+	+
埃及赤虾 *M. aegyptia*					+
锡兰赤虾 *M. ceylonica*					+
共栖赤虾 *M. commensalis*				+	
长角赤虾 *M. provocatoria*			++		
切娃赤虾 *M. tchekunovae*					+
安达曼赤虾 *M. andamanensis*				+	+
须赤虾 *M. barbata*			++	++	+++
戴氏赤虾 *M. dalei*	+	+	++	+	+
硬壳赤虾 *M. dura*				+	+
刺板赤虾 *M. hilarula*					+

续表

物种	分布				
	渤海	黄海	东海	台湾周边海域	南海
高脊赤虾 *M. lamellata*			+	+	+
圆板赤虾 *M. lata*					+
刘氏赤虾 *M. liui*					+
门司赤虾 *M. mogiensis*				+	++
宽突赤虾 *M. palmensis*				+	+++
菲赤虾 *M. philippi*			+		
中国赤虾 *M. sinica*				+	+
音响赤虾 *M. stridulans*					+
方板赤虾 *M. tenella*					+
吐露赤虾 *M. toloensis*					+
钳突赤虾 *M. velutina*					+
近缘新对虾 *Metapenaeus affinis*			+	+	++
美丽新对虾 *M. elegans*				+	
刀额新对虾 *M. ensis*			+	+	++
中型新对虾 *M. intermedius*			+	+	++
周氏新对虾 *M. joyneri*	+	++	+	++	
沙栖新对虾 *M. moyebi*			+	+	+
细足新对虾 *M. tenuipes*				+	
长眼对虾 *Miyadiella podophthalmus*			+		+
角突仿对虾 *Parapenaeopsis cornuta*			+	+	++
哈氏仿对虾 *P. hardwickii*	+	+++		+++	
亨氏仿对虾 *P. hungerfordi*			+		++
中华仿对虾 *P. sinica*					+
细巧仿对虾 *P. tenella*	+	++	+	++	
维纳斯仿对虾 *P. venusta*				+	
假长缝拟对虾 *Parapenaeus fissuroides*		++	+	+	
澳洲拟对虾 *P. australiensis*				+	
长缝拟对虾 *P. fissurus*				+	+
东方拟对虾 *P. murray*				+	

续表

物种	分布				
	渤海	黄海	东海	台湾周边海域	南海
印度拟对虾 *P. investigatoris*				+	+
矛形拟对虾 *P. lanceolatus*			+	+	+
长足拟对虾 *P. ongipes*			+	+	+
六突拟对虾 *P. sextuberculatus*			+	+	+
巴博浮对虾 *Pelagopenaeus balboae*					+
长角拟对虾 *Penaeopsis eduardoi*			+	+	+
尖直拟对虾 *P. rectacutus*			+	+	+
中国明对虾 *Fenneropenaeus chinensis*	++	+	+		+
印度明对虾 *F. indicus*				+	+
墨吉明对虾 *F. merguiensis*			+	+	+++
长毛明对虾 *F. penicillatus*			++	+	++
日本囊对虾 *Marsupenaeus japonicus*		+	++	+	++
粒突大突虾 *Megokris granulosus*				+	
澎湖大突虾 *M. pescadoreensis*				+	+
尖突大突虾 *M. sedili*					+
深沟对虾 *Melicertus canaliculatus*				+	+
宽沟对虾 *M. latisulcatus*			+	+	++
红斑沟对虾 *M. longistylus*					+
缘沟沟对虾 *M. marginatus*				+	
斑节对虾 *Penaeus monodon*			+	++	++
短沟对虾 *P. semisulcatus*			+		++
锚爪鹰爪虾 *Trachypenaeus anchoralis*				+	
鹰爪虾 *T. curvirostris*	+	++	+++	++	+++
长足鹰爪虾 *T. longipes*					+
马来鹰爪虾 *T. malaiana*					++
白毛鹰爪虾 *T. albicoma*				+	+
粗糙鹰爪虾 *T. aspera*				+	
澎湖鹰爪虾 *T. pescadoreensis*				+	+
尖突鹰爪虾 *T. sedili*					+

续表

物种	分布				
	渤海	黄海	东海	台湾周边海域	南海
单肢虾科 SICYONIDAE				+	
底栖单肢虾 *Sicyonia benthophila*				+	
德氏单肢虾 *S. dejouanneti*				+	
虚假单肢虾 *S. fallax*				+	
叉单肢虾 *S. furcata*				+	
弯体单肢虾 *S. inflexa*				+	
眼斑单肢虾 *S. ocellata*				+	
副日单肢虾 *S. parajaponica*				+	
台湾单肢虾 *S. taiwanensis*				+	
脊单肢虾 *S. cristata*				+	+
弯角单肢虾 *S. curvirostris*				+	+
台湾美单肢虾 *S. formosa*				+	
日本单肢虾 *S. japonica*				+	++
披针单肢虾 *S. lancifer*					+
长尾单肢虾 *S. longicauda*				+	
少刺单肢虾 *S.ommanneyi*					+
玻璃虾科 PASIPHAEIDAE					
细螯虾 *Leptochela gracilis*	+	+	+		+
海南细螯虾 *L. hainanensis*	+	+	+		+
悉尼细螯虾 *L. sydniensis*					+
日本细螯虾 *L. japonicus*					+
猛细螯虾 *L. pugnax*					+
壮细螯虾 *L. robusta*			+		+
叶额真玻璃虾 *Eupasiphae latirostris*			+		+
沟额拟玻璃虾 *Parapasiphae sulcatifrons*			+		+
日本玻璃虾 *Pasiphaea japonica*			+		
太平玻璃虾 *P. pacifica*			+		+
半刺玻璃虾 *P. semispinosa*					+
中华玻璃虾 *P. sinensis*			+		

续表

物种	分布				
	渤海	黄海	东海	台湾周边海域	南海
细额玻璃虾 *P. sivado*			+		+
雕玻璃虾 *Glyphus marsupialis*			+		+
刺虾科 OPLOPHORIDAE					
长角棘虾 *Acanthephyra armata*			+		+
脊甲棘虾 *A. carinata*			+		
短弯角棘虾 *A. curtirostris*			+		+
异常棘虾 *A. eximia*					+
紫红棘虾 *A. purpurea*					+
短角弓背虾 *Notostomus brevirostris*			+		
长角弓背虾 *N. longirostris*			+		
屈体弓背虾 *N. patentissimus*					+
典型刺虾 *Oplophorus typus*					+
柔弱腹刺虾 *Systellaspis debilis*					+
颚指虾科 BRESILIIDAE					
芦卡虾 *Lucaya* sp.					+
驼背虾科 EUGONATONOTIDAE					
厚壳驼背虾 *Eugonatonotus crassus*					+
线足虾科 NEMATOCARCINIDAE					
尖额线足虾 *Nematocarcinus cursor*					+
细额线足虾 *N. tenuirostri*					+
波形线足虾 *N. undulatipes*			+		+
活额虾科 RHYNCHOCINETIDAE					
红斑活额虾 *Rhynchocinetes uritai*					+
条纹活额虾 *R. rugulosus*					+
剪足虾科 PSALIDOPODIDAE					
栗刺剪足虾 *Psalidopus huxleyi*			+		+
刺腹剪足虾 *P. spiniventris*					+
棒指虾科 STYLODACTYLIDAE					
疣背新棒指虾 *Neostylodactylus amarhynsus*					+

续表

物种	分布				
	渤海	黄海	东海	台湾周边海域	南海
双颚副棒指虾 *Parastylodactylus bimaxillaris*					+
齿形副棒指虾 *P. serratus*					+
多齿棒指虾 *Stylodactylus multidentatus*			+		+
叶颚虾科 GNATHOPHYLLIDAE					
美洲叶颚虾 *Gnathophyllum americanum*				+	+
小拟叶颚虾 *G. mineri*					+
膜角虾科 HYMENOCERIDAE					
海胆光滑虾 *Levicaris mammillata*					+
美丽膜角虾 *Hymenocera elegans*					+
拟江瑶虾科 ANCHISTIOIDAE					
侧扁拟贝隐虾 *Anchistioides compressus*					+
维勒拟贝隐虾 *A. willeyi*					+
长臂虾科 PALAEMONIDAE					
葫芦贝隐虾 *Anchistus custos*					+
德曼贝隐虾 *A. demani*					+
米尔斯贝隐虾 *A. miersi*					+
单指江瑶虾 *Conchodytes monodactylus*					
双爪江瑶虾 *C. biunguiculatus*				+	+
斑点江瑶虾 *C. meleagrinae*					
日本江瑶虾 *C. nipponensis*			+		+
砗磲江瑶虾 *C. tridacnae*					+
翠条珊瑚虾 *Coralliocaris graminea*					+
褐点珊瑚虾 *C. superba*					+
女神珊瑚虾 *C. venusta*					+
短额珊瑚虾 *C. brevirostris*					+
女子珊瑚虾 *C. nudirostris*					+
越南古节虾 *Coutierella tonkinensis*					+
广东古节虾 *C. tonkinensis guangdongensis*			+		+
角尖腹虾 *Dasycaris ceratops*					+

续表

物种	分布				
	渤海	黄海	东海	台湾周边海域	南海
桑给巴尔尖腹虾 *D. zanzibarica*				+	
共生尖腹虾 *D. symbiotes*					+
安氏白虾 *Exopalaemon annandalei*	+	+	+		
脊尾白虾 *E. carinicauda*	+	++	++		+
广东白虾 *E. guangdongensis*					+
海南白虾 *Epipontonia hainanensis*					+
东方白虾 *E. orientalis*			+		+
秀丽白虾 *E. modestus*	+	+	+		
珊瑚钩隐虾 *Hamopontonia coralliocola*					+
博氏钩指虾 *Hamodactylus boschmai*					+
鲍氏拟滨虾 *Harpiliopsis beaupresii*					+
夜真隐虾 *Eupontonia noctalbata*					+
海南表隐虾 *Epipontonia hainanensis*					+
平扁拟钩岩虾 *Harpiliopsis depressa*					+
刺拟钩岩虾 *H. spinigera*					+
杯形珊瑚钩岩虾 *Harpilius consobrinus*					+
土黄钩岩虾 *H. lutescens*					+
扁隐虾 *Ischnopotonis lophos*					+
日本尤卡虾 *Jocaste japonica*					+
红条尤卡虾 *J. lucina*					+
纤瘦虾 *Leander urocaridella*					+
细角瘦虾 *L. tenuicornis*					+
长足拟瘦虾 *L. antonbruunii*					+
宽额拟瘦虾 *L. deschampsi*					+
细足拟瘦虾 *L. stenopus*					+
淡水细腕虾 *Leptocarpus potamiscus*					+
等齿沼虾 *Macrobrachium equidens*			+		+
大螯沼虾 *M. grandimanus*					+
海南沼虾 *M. hainanense*			+		+

续表

物种	分布				
	渤海	黄海	东海	台湾周边海域	南海
阔指沼虾 *M. latidactylus*					+
乳指沼虾 *M. mammillodactylus*					+
日本沼虾 *M. nipponense*	+	+	++		++
罗氏沼虾 *M. rosenbergii*					+
细螯沼虾 *M. superbum*			+		+
共栖中隐虾 *Mesopontonia gorgoniophila*					+
指异双爪虾 *Onycocaridites anomodactylus*					+
少齿双爪虾 *Onycocaris oligodentata*					+
南沙双爪虾 *O. aualitica*					+
四眼双爪虾 *O. quadratophthalma*					+
双爪虾 *O. aualitica*					+
博克双爪虾 *O. bocki*					+
寡齿双爪虾 *O. oligodentata*					+
洁白长臂虾 *Palaemon concinnus*			+		+
葛氏长臂虾 *P. gravieri*	++	++	+		
长角长臂虾 *P. debilis*			+		+
广东长臂虾 *P. guangdongensis*					+
巨指长臂虾 *P. macrodacttylus*	+	+	+		+
敖氏长臂虾 *P. ortmanni*			+		
太平长臂虾 *P. pacificus*			++		++
条纹长臂虾 *P. paucidens*		+			
锯齿长臂虾 *P. serrifer*	+	+			+
白背长臂虾 *P. sewelli*					+
细指长臂虾 *P. tenuidactylus*	+	+	++		
圆掌拟长臂虾 *Palaemonella rotumana*					+
有刺拟长臂虾 *P. spinulata*					+
博氏拟长臂虾 *P. pottsi*					+
细足拟长臂虾 *P. tenuipes*					+
无暇凯氏岩虾 *Kemponia amymone*					+

续表

物种	分布				
	渤海	黄海	东海	台湾周边海域	南海
安达曼凯氏岩虾 *K. andamanensis*					+
德曼凯氏岩虾 *K. demani*					+
秀丽凯氏岩虾 *K. elegans*					+
刀额凯氏岩虾 *K. ensifrons*					+
大凯氏岩虾 *K. grandis*					+
约翰逊凯氏岩虾 *K. johnsoni*					+
尼兰凯氏岩虾 *K. nilandensis*					+
扁螯凯氏岩虾 *K. platycheles*					+
塞舌尔凯氏岩虾 *K. seychellensis*					+
细足凯氏岩虾 *K. tenuipes*				+	
富兰克林副岩虾 *Paraclimenes frankli*					+
柳珊瑚副岩虾 *P. gorgonicola*					+
刘氏副贝隐虾 *Paranchistus liui*					+
海菊蛤副贝隐虾 *P. spondylis*					+
刺近岩虾 *Periclimenella spinifera*					+
阿拉伯小岩虾 *Periclimenaeus arabicus*					+
海绵小岩虾 *P. spongicola*					+
海克特小岩虾 *P. hecate*					+
耙形小岩虾 *P. rastrifer*					+
刺尾小岩虾 *P. spinicauda*					+
细角小岩虾 *P. stylirostris*					+
壮螯小岩虾 *P. rhodope*					+
三齿小岩虾 *P. tridentatus*					+
近缘岩虾 *Periclimenes affinis*					+
短腕岩虾 *P. brevicarpalis*					+
共栖岩虾 *P. commensalis*					+
珠掌岩虾 *P. cristimanus*					+
有齿滨虾 *P. denticulatus*					+
细指岩虾 *P. digitalis*					+

续表

物种	分布				
	渤海	黄海	东海	台湾周边海域	南海
霍氏岩虾 *P. holthuisi*					+
香港岩虾 *P. hongkongensis*					+
象鼻岩虾 *P. imperator*					+
无刺岩虾 *P. inornatus*					+
拉岛滨虾 *P. laccadivensis*					+
片足岩虾 *P. lanipes*					+
尼兰德岩虾 *P. nilandensis*					+
锦装岩虾 *P. ornatus*					+
次小滨虾 *P. paraparvus*					+
混乱滨虾 *P. pertubans*					+
中华岩虾 *P. sinensis*					+
姊妹滨虾 *P. soror*					+
有刺滨虾 *P. spiniferus*					+
细小滨虾 *P. tenuipes*					+
吐露滨虾 *P. toloensis*					+
土佐滨虾 *P. tosaensis*				+	
安波岩虾 *P. amboinensis*					+
切斯岩虾 *P. chacei*					+
异足岩虾 *P. diversipes*					+
多毛岩虾 *P. hirsutus*					+
海葵岩虾 *P. magnificus*					+
海百合岩虾 *P. tenuis*				+	+
齿指拟岩虾 *Periclimenoides odontodactylus*					+
共栖盖隐虾 *Stegopontonia commensalis*				+	+
冈氏隐虾 *Pontonia okai*					+
平扁拟滨虾 *Harpiliopsis depressa*					+
美丽尾瘦虾 *Urocaridella antonbrunii*					+
纤毛瘦虾 *U. urocaridella*					+
东方曼隐虾 *Vir orientalis*					+

续表

物种	分布				
	渤海	黄海	东海	台湾周边海域	南海
葛来隐虾 *Philarius gerlachei*					+
帝菲隐虾 *P. imperialis*					+
匙指虾科 ATYIDAE					
剑额米虾 *Caridina lanceifrons*			+		+
海南米虾 *C. hainanensis*					+
细腕拟米虾 *Paracaridina leptocarpa*			+		+
异指虾科 PROCESSIDAE					
东方拟异指虾 *Nikoides sibogae*			+		+
共栖盖隐虾 *Stegopontonia commensalis*					+
等螯异指虾 *Processa aequimana*					+
戴曼异指虾 *P. demani*					+
日本异指虾 *P. japonica*			+		+
沟纹异指虾 *P. sulcata*					+
鼓虾科 ALPHEIDAE					
等眼拟鼓虾 *Alpheopsis equalis*				+	+
锐脊鼓虾 *Alpheus acutocarinatus*					+
海绵鼓虾 *A. alcyone*					+
贪吃鼓虾 *A. avarus*					+
斑纳鼓虾 *A. bannerorum*					+
双齿鼓虾 *A. bidens*					+
双凹鼓虾 *A. bisincisus*			+		+
短脊鼓虾 *A. brevicristatus*	+	+	+		+
短足鼓虾 *A. brevipes*					+
尖腿鼓虾 *A. acutofemoratus*					+
阿美兰鼓虾 *A. amiranti*				+	
奥多鼓虾 *A. audouini*					+
须毛鼓虾 *A. barbatus*				+	
牛首鼓虾 *A. bucephalus*					+
沟掌鼓虾 *A. canaliculatus*					+

续表

物种	分布				
	渤海	黄海	东海	台湾周边海域	南海
脆甲鼓虾 *A. chiragricus*					+
柱脊鼓虾 *A. collumianus*					+
突脊鼓虾 *A. diadema*					+
鲜明鼓虾 *A. distinguendus*	+	+	++		++
毛掌鼓虾 *A. edamensis*					
艾德华鼓虾 *A. edwardsii*					+
刺眼鼓虾 *A. facetus*					+
突额鼓虾 *A. frontalis*					+
细足鼓虾 *A. gracilipes*					+
快马鼓虾 *A. hippothoe*					+
刺螯鼓虾 *A. hoplocheles*	+	+	+		+
日本鼓虾 *A. japonicus*	+	++	++		++
偶见鼓虾 *A. inopinatus*					+
窄螯鼓虾 *A. leptocheles*					+
光壳鼓虾 *A. leviusculus*					+
叶齿鼓虾 *A. lobidens*					+
珊瑚鼓虾 *A. lottini*					+
大脊鼓虾 *A. macroskeles*					+
马拉巴鼓虾指名亚种 *A. malabaricus malabaricus*					+
马拉巴鼓虾长指亚种 *A. malabaricus dolichodactylus*			+		+
马拉巴鼓虾窄足亚种 *A. malabaricus leptopus*					+
锤指鼓虾 *A. malleodigitus*					+
短刺鼓虾 *A. microstylu*					+
线形鼓虾 *A. mites*					+
唯一鼓虾 *A. nonalter*					+
粗掌鼓虾 *A. obesomanus*					+
厚螯鼓虾 *A. pachychirus*					+

续表

物种	分布				
	渤海	黄海	东海	台湾周边海域	南海
太平鼓虾 *A. pacificus*					+
副海锦鼓虾 *A. paralcyone*					+
侧螯鼓虾 *A. pareuchirus*					+
细角鼓虾 *A. parvirostris*					+
小鼓虾 *A. parvus*					+
双爪鼓虾 *A. polyxo*					+
密毛鼓虾 *A. pubescens*					+
粒突鼓虾 *A. pustulosus*					+
贪食鼓虾 *A. rapacida*					+
长指鼓虾 *A. rapax*					+
蓝螯鼓虾 *A. sereni*					+
扁螯鼓虾 *A. compressus*					+
海百合鼓虾 *A. crinitus*					+
后足鼓虾 *A. deuteropus*					+
异鼓虾 *A. dispar*					+
长指鼓虾 *A. digitalis*					+
艾勒鼓虾 *A. ehlersii*					+
真枝鼓虾 *A. euchirus*					+
港神鼓虾 *A. eulimene*					+
优美鼓虾 *A. euphrosyne*				+	+
纤细鼓虾 *A. gracilis*				+	+
海斯通鼓虾 *A. hailstonei*					+
副百合鼓虾 *A. paracrinitus*				+	
原螯鼓虾 *A. proseuchirus*					+
剑脊鼓虾 *A. savuensis*				+	
东方鼓虾 *A. sibogae*					+
匙指鼓虾 *A. spatulatus*					+
光彩鼓虾 *A. splendidus*					+
无刺鼓虾 *A. stanleyl dearmarus*					+

续表

物种	分布				
	渤海	黄海	东海	台湾周边海域	南海
苏答拉鼓虾 *A. sudara*					+
细腕鼓虾 *A. tenuicarpus*					+
齐米鼓虾 *A. tirmiziae*					+
西沙鼓虾 *A. xishaensis*					+
珠脊鼓虾 *A. seurati*					+
强壮鼓虾 *A. strenuus*				+	
有沟鼓虾 *A. sulcatus*				+	
波氏阿莱鼓虾 *Arete borradailei*					+
高背阿莱鼓虾 *A. dorsalis*				+	+
印度阿莱鼓虾 *A. indicus*					+
拟阿莱鼓虾 *A. amabilis*				+	
脊形角鼓虾 *Athanas areteformis*					+
异形角鼓虾 *A. dimorphus*					+
吉布堤角鼓虾 *A. djiboutensis*					+
高背角鼓虾 *A. dorsalis*					+
细足角鼓虾 *A. gracilipes*					+
香港角鼓虾 *A. hongkongensis*					+
日本角鼓虾 *A. japonicus*					+
鸟嘴角鼓虾 *A. ornithorhynchus*					+
大岛角鼓虾 *A. oshimai*		+	+		+
东方角鼓虾 *A. sibogae*					+
多态角鼓虾 *A. polymorphus*		+			
虾蛄角鼓虾 *A. squillophilus*					+
刺足澳托虾 *Automate anacanthopus*					+
长颚澳托虾 *A. dolichognatha*					+
粒螯乙鼓虾 *Betaeus granulimanus*			+		
小螯小乙鼓虾 *B. parvimanus*			+		
瘦长后鼓虾 *Metalpheus paragracilis*				+	+
莫顿锯鼓虾 *Prionalpheus mortoni*					+

续表

物种	分布				
	渤海	黄海	东海	台湾周边海域	南海
三节锯鼓虾 *P. triarticulatus*					+
东方折螯虾 *Salmoneus sibogae*					+
锯指折螯虾 *S. serratidigitus*					+
凹尾折螯虾 *S. alpheophilus*					+
金眼折螯虾 *S. auroculatus*					
镰指折螯虾 *S. falcidactylus*					
小型折螯虾 *S. pusillus*					
芽庄折螯虾 *S. nhatrangensis*					
长额折螯虾 *S. rostratus*					
锯指折螯虾 *S. serratidigitus*					
无刺鞭尾虾 *Stenalpheops anacanthus*					
半螯鞭尾虾 *S. crangonus*					
双突合鼓虾 *Synalpheus bituberculatus*					
掘沙合鼓虾 *S. fossor*					
波氏合鼓虾 *S. pococki*					
双刺合鼓虾 *S. bispinosus*					
脊螯合鼓虾 *S. carinatus*					
幂河合鼓虾 *S. charon*					+
古洁合鼓虾 *S. coutiere*					+
大形合鼓虾 *S. demani*					+
格拉合鼓虾 *S. gravieri*					+
粗矛合鼓虾 *S. hastilicrassus*					+
箭脊合鼓虾 *S. iocosta*					+
新角合鼓虾 *S. neomeris*					+
海神合鼓虾 *S. neptunus*					+
尼兰合鼓虾 *S. nilandensis*					+
齿孔合鼓虾 *S. odontophorus*					+
次新合鼓虾 *S. paraneomeris*					+
澎湖合鼓虾 *S. pescadorensis*					+

续表

物种	分布				
	渤海	黄海	东海	台湾周边海域	南海
斯氏合鼓虾 *S. stimpsoni*					+
斯托合鼓虾 *S. stormi*					+
扭指合鼓虾 *S. streptodactylus*					+
三刺合鼓虾 *S. trispinosus*			+		+
茶合鼓虾 *S. theano*					+
瘤掌合鼓虾 *S. tumidomanus*					+
长眼虾科 OGYRIDIDAE					
东方长眼虾 *Ogyrides orientalis*	+	++	++		++
纹（脊）尾长眼虾 *O. striaticauda*		+	+		+
藻虾科 HIPPOLYTIDAE					
东方海后虾 *Alope orientalis*					+
毕如虾 *Birulia kishinouyei*		+			
细额安乐虾 *Eualus gracilirostris*		+			
窄颚安乐虾 *E. leptognathus*		+			
中华安乐虾 *E. sinensis*		+			
匙额安乐虾 *E. spathulirostris*		+			
长额拟鞭腕虾 *Exhippolysmata ensirostris*			+		+
巴荣惹虾 *Gelastocaris parenae*					+
勘察加七腕虾 *Heptacarpus camtschaticus*			+		
长足七腕虾 *H. futilirostris*		+	+		
屈腹七腕虾 *H. geniculatus*		+	+		
长额七腕虾 *H. pandaloides*		+	+		
直额七腕虾 *H. rectirostris*		+			
褐藻虾 *Hippolyte ventricosa*					+
刀形宽额虾 *Latreutes laminirostris*		+	+		
水母宽额虾 *L. anoplonyx*	+	++	++		+
铲形宽额虾 *L. mucronatus*					+
疣背宽额虾 *L. planirostris*	+	+	+		
矮小深额虾 *L. pygmaeus*					+

续表

物种	分布				
	渤海	黄海	东海	台湾周边海域	南海
东海莱伯虾 *Lebbeus ballsi*			+		
直额莱伯虾 *L. speciosus*		+			
安波鞭腕虾 *Lysmata amboinensis*					+
锯齿鞭腕虾 *L. debelius*					+
特纳鞭腕虾 *L. ternatensis*					+
横斑鞭腕虾 *L. kuekenthali*					+
红条鞭腕虾 *L. vittata*					+
卡氏深藻虾 *Merhippolyte calmani*					+
粗额湾虾 *Spirontocaris crassirostris*					+
栉湾虾 *S. pectinifera*					+
安波托虾 *Thor amboinensis*					+
热带托虾 *T. paschalis*					+
主拟鞭腕虾 *Lysmatella prima*					+
无刺扫帚虾 *Saron inermis*					+
隐密扫帚虾 *S. neglectus*				+	
花斑扫帚虾 *S. mammoratus*					+
钩背船形虾 *Tozeuma armatum*			+		+
长角船形虾 *T. lanceolatum*			+		+
密毛船形虾 *T. tomentosum*			+		+
长额虾科 PANDALIDAE					
纤细绿点虾 *Chlorotocella gracilis*			+		+
刺尾拟绿虾 *Chlorotocoides spinicauda*					+
厚角绿虾 *Chlorotocus crassicornis*					+
难决绿虾 *C. incertus*					+
新谢蓝绿虾 *C. novae-zealandiae*					+
滑脊等腕虾 *Heterocarpoides laevicarina*			+		+
阿氏异腕虾 *Heterocarpus alphonsi*					+
背刺异腕虾 *H. dorsalis*			+	+	+
驼背异腕虾 *H. gibbosus*			+	+	+

续表

物种	分布				
	渤海	黄海	东海	台湾周边海域	南海
滑异腕虾 *H. laevigatus*				+	+
小刺异腕虾 *H. parvispina*				+	
东方异腕虾 *H. sibogae*			+		+
三脊异腕虾 *H. tricarinatus*				+	+
强刺异腕虾 *H. woodmasoni*					+
陈氏异腕虾 *H. chani*					+
林氏异腕虾 *H. hayashii*			+		+
纤细长额虾 *Pandalus gracilis*		+	+		
北方长额虾 *P. prensor*		+			
南方长额虾 *P. meridionalis*	+	+			
异齿拟长额虾 *Parapandalus zurstrasseni*					+
刺足拟长额虾 *P. spinips*					+
疏齿红虾 *Plesionika alcocki*					+
双斑红虾 *P. binoculus*					+
叉尾红虾 *P. bifurca*					+
柯聂红虾 *P. crosnieri*				+	
齿额红虾 *P. dentirostris*			+		
爱德华红虾 *P. edwardsii*				+	
单刺红虾 *P. ensis*					+
印度红虾 *P. indica*					+
东海红虾 *P. izumiae*			+		
长足红虾 *P. martia*			+		+
敖氏红虾 *P. ortmanni*			+		+
半滑红虾 *P. semilaevis*					+
全齿红虾 *P. sindoi*					+
单齿红虾 *P. unidens*					+
游氏红虾 *P. yui*					+
白冠红虾 *P. albocristata*				+	
卡氏红虾 *P. carsini*				+	

续表

物种	分布				
	渤海	黄海	东海	台湾周边海域	南海
长指红虾 *P. fimbriata*				+	
大红虾 *P. grandis*				+	+
肯氏红虾 *P. kensleyi*				+	+
冠脊红虾 *P. lophotes*				+	
独角红虾 *P. narval*				+	+
小眼红虾 *P. ocellus*				+	+
菲律宾红虾 *P. philippinensis*					+
彩虹虾 *P. picta*					+
小巧红虾 *P. pumila*					+
翘背红虾 *P. reflexa*			+	+	
腹刺红虾 *P. spinensis*					+
刺甲红虾 *P. spinidorsalis*					+
台湾红虾 *P. taiwanica*				+	
威廉红虾 *P. williamsi*				+	
滑脊等腕虾 *Procletes levicarina*		+	+		+
浮游长额虾 *Stylopandalus richardi*					+
海虾科 THALASOCARIDAE					
多毛海虾 *Thalasocaris crinita*					+
褐虾科 CRANGONIDAE					
脊腹褐虾 *Crangon affinis*		+	+		
圆腹褐虾 *C. cassiope*	+	+			
黄海褐虾 *C. uritai*		+	+		
拉卡爱琴褐虾 *Aegaeon lacazei*			+		+
东方爱琴褐虾 *A. orientalis*			+		+
拉氏爱琴褐虾 *A. rathbuni*			+		
粗糙拟疣褐虾 *Parapontocaris aspera*				+	+
光滑拟疣褐虾 *P. levigata*				+	+
中华后褐虾 *Metacrangon sinensis*		+			
日本拟褐虾 *Paracrangon abei*		+			

续表

物种	分布				
	渤海	黄海	东海	台湾周边海域	南海
泥污疣褐虾 *Pontocaris pennata*			+		+
东方疣褐虾 *P. sibogae*					+
愉悦疣褐虾 *P. hilarula*					+
大疣褐虾 *P. major*					+
纤细海褐虾 *Pontophilus junceus*					+
窄尾合褐虾 *Syncrangon angusticauda*			+		
窄额南褐虾 *Philocheras angustirostris*					+
双刺南褐虾 *P. bidentatus*		+	+		
脊尾南褐虾 *P. carinicauda*					+
缺额南褐虾 *P. incisus*					+
娄氏南褐虾 *P. lowisi*					+
小额南褐虾 *P. parvirostris*			+		+
镰虾科 GLYPHOCRANGONIDAE					
颗粒镰虾 *Glyphocrangon granulosis*					
戟尾镰虾 *G. hastacauda*					+
凶猛镰虾 *G. pugnax*					+
粗镰虾 *G. regalis*					+
镰虾 *Glyphocrangon* sp.					+
淡粉镰虾 *G. caecescens*					+
疏毛镰虾 *G. fimbriata*			+		
近缘镰虾 *G. juxtaculeata*					+
大眼镰虾 *G. megalophthalma*			+		
粗壮镰虾 *G. robusta*					+
宽指镰虾 *G. unguiculata*					+
海螯虾科 NEPHROPIDAE					
细掌刺海螯虾 *Acanthacaris tenuimana*			+		+
安达曼后海螯虾 *Metanephrops andamanicus*					+
胃甲多刺后海螯虾 *M. armatus*				+	
台湾后海螯虾 *M. formosanus*				+	

续表

物种	分布				
	渤海	黄海	东海	台湾周边海域	南海
日本后海螯虾 *M. japonicus*			+		
海神后海螯虾 *M. neptunus*					+
相模后海螯虾 *M. sagamiensis*				+	+
中华后海螯虾 *M. sinensis*					+
红斑后海螯虾 *M. thompsoni*		+	+		+
尖甲拟海螯虾 *Nephropsis carpenteri*					+
史氏拟海螯虾 *N. stewarti*			+	+	+
钩拟海螯虾 *N. sulcata*					+
锯齿拟海螯虾 *N. serrata*				+	
拟海螯虾 *Nephropsis* sp.					+
剑额拟海螯虾 *N. ensirostris*					+
锯指螯虾科 THAUMASTOCHELIDAE					
日本锯指海螯虾 *Thaumastocheles japonicus*				+	+
斜齿锯指虾 *T. dochmiodon*				+	
礁螯虾科 ENOPLOMETOPIDAE					
柯氏礁螯虾 *Enoplometopus crosnieri*				+	
西方礁螯虾 *E. occidentalis*		+	+		+
脊索动物门 CHORDATA					
爬行纲 REPTILIA					
龟鳖目 TESTUDIFORMES					
海龟科 CHELONIIDAE					
蠵龟 *Caretta caretta*		+	+	+	+
绿海龟［海龟］ *Chelonia mydas*		+	++	+	++
玳瑁 *Eretmochelys imbricata*		+	+		+
太平洋丽龟 *Lepidochelys olivacea*			+	+	
棱皮龟科 DERMOCHELYIDAE					
棱皮龟 *Dermochelys coriacea*	+	+	+	+	+
蛇目 SERPENTIFORMES					
瘰鳞蛇科 ACROCHORDIDAE					

续表

物种	分布				
	渤海	黄海	东海	台湾周边海域	南海
瘰鳞蛇 *Acrochordus granulatus*					+
眼镜蛇科 ELAPIDAE					
蓝灰扁尾海蛇 *Laticauda colubrina*				+	
扁尾海蛇 *L. laticaudata*			+	+	
半环扁尾海蛇 *L. semifasciata*	+	+	+		
龟头海蛇 *Emydocephalus ijimae*				+	
棘眦海蛇 *Acalyptophis peronii*				+	+
棘鳞海蛇 *Astrotia stokesii*				+	
青灰海蛇 *Hydrophis caerulescens*		+		+	+
青环海蛇 *H. cyanocinctus*	+	++	++	++	++
环纹海蛇 *H. fasciatus*				+	+
小头海蛇 *H. gracilis*			+		+
黑头海蛇 *H. melanocephalus*			+	+	+
淡灰海蛇 *H. ornatus*		+		+	+
平颏海蛇 *Lapemis curtus*	+	+	+		+
长吻海蛇 *Pelamis platurus*			+	+	+
海蝰 *Praescutata viperina*	+		+		+
截吻海蛇 *Kerilia jerdonii*				+	
鸟纲 AVES					
鹲科 PHAETHONTIDAE					
红嘴鹲 *Phaethon aethereus*					+
红尾鹲 *P. rubricauda*				+	+
白尾鹲 *P. lepturus*				+	+
鲣鸟科 SULIDAE					
蓝脸鲣鸟 *Sula dactylatra*				+	+
红脚鲣鸟 *S. sula*					+
褐鲣鸟 *S. leucogaster*					+
军舰鸟科 FREGATIDAE					
小军舰鸟 *Fregata minor*					+

续表

物种	分布				
	渤海	黄海	东海	台湾周边海域	南海
白斑军舰鸟 *F. ariel*					+
白腹军舰鸟 *F. andrewsi*					+
鹱科 PROCELLARIIDAE					
纯褐鹱 *Bulweria bulwerii*			+		+
白额鹱 *Clonectris leucomelas*			+		
点额圆尾鹱 *Pterodroma hypoleuca*				+	
曳尾鹱 *Puffinus pacificus*				+	+
肉足鹱 *P. carneipes*					+
短尾鹱 *P. tenuirostris*				+	
短尾信天翁 *Diomedea albatrus*				+	+
烟黑叉尾海燕 *Oceanites oceanicus*					+
日本叉尾海燕 *O. matsudairae*					
哺乳纲 MAMMALIA					
鲸目 CETACEA					
露脊鲸科 BALAENIDAE					
北太平洋露脊鲸 *Eubalaena japonica*	+				
灰鲸 *Eschrichtius robustus*		+	+		+
蓝鲸 *Balaenoptera musculus*		+	+		
长须鲸 *B. physalus*	+	+	+	+	+
塞鲸 *B. borealis*		+	+	+	+
布氏鲸 *B. edeni*		+			
小须鲸 *B. acutorostrata*	+	+			+
大村鲸 *B. omurai*			+	+	
大翅鲸 *Megaptera novaeangliae*		+	+		+
抹香鲸科 PHYSETERIDAE					
抹香鲸 *Physeter macrocephalus*		+	+		+
小抹香鲸 *Kogia breviceps*			+	+	
侏儒抹香鲸 *K. simus*			+	+	+
剑吻鲸科 ZIPHIIDAE					

续表

物种	分布				
	渤海	黄海	东海	台湾周边海域	南海
贝氏喙鲸 *Berardius bairdii*			+	+	
瘤齿喙鲸 *Mesoplodon densirostris*			+	+	
银杏齿中喙鲸 *M. ginkgodens*	+		+	+	
剑吻鲸 *Ziphius cavirostris*			+	+	
巨头鲸科 GLOBICEPHALIDAE					
小虎鲸 *Feresa attenuate*				+	
虎鲸 *Orcinus orca*	+	+	+	+	+
伪虎鲸 *Pseudorca crassidens*	+	+	++	+	+
瓜头鲸 *Peponocephala electra*				+	
短肢领航鲸 *Globicephala macrorhynchus*				+	+
灰海豚科 GRAMPIDAE					
灰海豚 *Grampus griseus*	+	+	+	+	+
鼠海豚科 PHOCOENIDAE					
江豚 *Neophocaena phocaenoides*					
指名亚种 *N. p. phocaenoides*			+		++
长江亚种 *N. p. asiaeorientalis*			++		
北方亚种 *N. p. sunameri*	+	++			
海豚科 DELPHINIDAE					
真海豚 *Delphinus delphis*	+	+	+	+	+
热带真海豚 *D. capensis*	+	+	+		+
瓶鼻海豚 *Tursiops truncatus*	+	++	++	++	++
南宽吻海豚 *T. aduncus*				+	+
长吻原海豚 *Stenella longirostris*				+	+
热带斑海豚 *S. attenuata*				+	+
条纹海豚 *S. coeruleoalba*				+	
太平洋斑纹海豚 *Lagenorhynchus obliquidens*		+	+		+
弗氏海豚 *Lagenodelphis hosei*				+	+
糙齿海豚 *Steno bredanensis*				+	+
中华白海豚 *Sousa chinensis*					

续表

物种	分布				
	渤海	黄海	东海	台湾周边海域	南海
鳍脚目 PINNIPEDIA					
海豹科 PHOCIDAE〔OTARIIDAE〕					
斑海豹 *Phoca largha*	++				
环海豹 *Pusa hispida*		+			
髯海豹 *Erignathus barbatus*			+		
海狮科 OTARIDAE					
北海狮 *Eumetopias jubatus*		+			
北海狗 *Callorhinus ursinus*		+			
海牛目 SIRENIA					
儒艮科 DUGONGIDAE					
儒艮 *Dugong dugon*					+

注：+表示有分布，++表示习见种，+++表示优势种

第三章

海洋生物的洄游

第一节　洄　游

一、洄游

海洋生物定向的周期性运动称为洄游。通过洄游，其完成生活史中的一些重要环节，如繁殖与发育、索饵与生长及越冬等。生殖洄游、索饵洄游和越冬洄游构成游泳生物生命过程中 3 个互相联系的主要环节，也是游泳生物在性成熟后生活周期的 3 个主要阶段。洄游包括水平方向的移动，水平距离长短不一，最长可达数千千米；也包括上、下垂直移动，即由表层至底层和由底层至表层的垂直移动。

洄游是动物的一种习性或本能，是物种长期以来在进化过程中形成的，是对环境变化的一种适应。标志放流是确定洄游方向和路线的方法之一。通过渔业捕捞实践，也可确定游泳生物的洄游路线、方向和时间。对洄游的研究，可以进一步指导海洋捕捞实践。

二、洄游的类型

洄游分为河海间洄游和海域间洄游。

（一）河海间洄游

河海间洄游包括降海洄游和溯河洄游。降海洄游指生活于河川的亲体，当性成熟时降海游向海洋产卵、繁殖；幼体又随海流漂游至河口，溯河而上到河川生长发育。例如，中国海域鳗鲡中的日本鳗鲡（*Anguilla japonica*）、花鳗鲡（*A. marmorata*）等 7 种。溯河洄游指生活于海洋的亲体，性成熟时洄游到河川繁殖，如胡瓜鱼科的香鱼（*Plecoglossus altivelis*）、鲑科的大麻哈鱼（*Oncorhynchus keta*）、鲱科的鲥（*Tenualosa reevesii*）等。这种洄游要经历淡水和海水两种截然不同的生境。

（二）海域间洄游

海域间洄游是指因季节（水温）变化等而在海区之间的洄游。这种洄游在季节温差大的温带和亚热带更为普遍，大致分为三类，如图 3-1 所示。

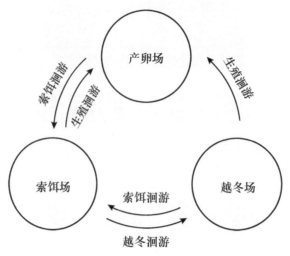

图 3-1　鱼类洄游的周期

1. 生殖洄游

　　鱼、虾和乌贼的生殖洄游也称产卵洄游。在性腺成熟后，产卵季节之前，它们往往集成群，沿着一定方向和路线游动，到达产卵场后产卵。通常是越冬过后，由外海游向沿岸和内湾海域。例如，小黄鱼（*Larimichthys polyactis*）越冬场在黄海南部和东海外海，生殖洄游到渤海、黄海和长江口南岸产卵场产卵。中国明对虾（*Fenneropenaeus chinensis*）主要越冬场在黄海南部深水区，5~6 月洄游到渤海和黄海北部产卵。剑尖枪乌贼（*Uroteuthis edulis*）在东海外海越冬，5~8 月洄游至东海中部产卵。又如，海龟、鲸和海豹也有生殖洄游。海龟在潮间带沙滩产卵，海豹在辽东湾冰上产仔。

2. 索饵洄游

　　索饵洄游是指为寻找或追逐饵料所进行的洄游。产卵后和未成熟的群体表现得较为明显。

3. 越冬洄游

　　越冬洄游也称季节洄游，主要是温带和亚热带海域的暖水性游泳生物的习性。一般是在晚秋和初冬水温下降的季节，暖水性游泳生物集群游至适于过冬的海区，通常是在远岸的深水区，如小黄鱼、鳀、蓝点马鲛、镰鲳、日本鲭、中国明对虾、剑尖枪乌贼等。中国海洋最主要的渔捞对象多数有越冬洄游。

第二节 鳗鲡的降海生殖、洄游和鳗苗的溯河洄游

一、鳗鲡的种类和起源

鳗鲡属（*Anguilla*）的不同种类，外形不同。Ege（1939）依照鳗鲡的皮肤花纹、背鳍起点与臀鳍起点的相对距离及上额齿带的宽窄等特征，将 18 种鳗鲡分为四群。第一群的特征是有花纹无齿沟，第二群的特征是有花纹有齿沟，第三群的特征是无花纹长背鳍型，第四群的特征是无花纹短背鳍型。第一群的种类有：西里伯鳗鲡（*A. celebesensis*）、内唇鳗鲡（*A. interiorris*）和大口鳗鲡（*A. megastoma*）；第二群的种类有：花鳗鲡（*A. marmorata*）、宽鳍鳗鲡（*A. reinhardtii*）、祖先鳗（*A. ancestralis*）、亚洲云纹鳗鲡（*A. nebulosa nebulosa*）和非洲云纹鳗鲡（*A. nebulosa labiata*）；第三群的种类有：欧洲鳗鲡（*A. anguilla*）、美洲鳗鲡（*A. rostrata*）、莫桑比克鳗鲡（*A. mossambica*）、大鳗鲡（*A. diffenbachii*）、婆罗洲鳗（*A. borneensis*）和日本鳗鲡（*A. japonica*）；第四群的种类有：双色鳗鲡（*A. bicolor bicolor*）、太平洋双色鳗鲡（*A. bicolor pacifica*）、澳洲鳗鲡（*A. australis australis*）、新澳鳗鲡（*A. australis schmiditii*）和灰鳗（*A. obscura*）。其中，祖先鳗为西里伯鳗鲡的同种异名（Castle and Williamson, 1974）。Watanabe 等于 2009 年发现新种吕宋鳗鲡（*A. luzonensis*）后（Watanabe et al., 2009），全世界的鳗鲡增加到 19 种。中国台湾学者也发现该新种，命名为黄氏鳗（*A. hungi*）（Teng, 2009）。吕宋鳗鲡和黄氏鳗为同种异名。因吕宋鳗鲡发表的时间早，依国际动植物命名规则，黄氏鳗为无效种。

从全世界 19 种鳗鲡的分布看，欧洲鳗鲡和美洲鳗鲡单独分布于北大西洋，其余种类都分布于印度洋—太平洋。下文将通过 19 种鳗鲡遗传基因的类缘关系，来了解欧洲鳗鲡和美洲鳗鲡如何从印度洋—太平洋进入北大西洋。

Aoyama 等（2001）根据 19 种鳗鲡的线粒体 DNA 遗传标记 16S rRNA 和 Cytb 建立其类缘关系树，发现印度尼西亚水域的婆罗洲鳗具有 19 种鳗鲡的共同祖征，因此推测鳗鲡的祖先为热带起源。并且根据遗传标记的基因演化速率，推测欧洲鳗鲡和美洲鳗鲡大约在三千万年前种化，然后从印度洋经由特提斯海（Tethys）进入大西洋，这样的演化途径被称为赤道走廊假说。

另有一派学者，根据 12 种鳗鲡的线粒体 DNA 遗传标记 12S rRNA 和 Cytb 的类缘关系树，认为欧洲鳗鲡和美洲鳗鲡两千万年前才种化，那时特提斯海已经封闭，所以欧洲鳗鲡和美洲鳗鲡的祖先只能从太平洋经由巴拿马地峡（isthmus of Panama）进入大西洋的藻海（Sargasso Sea）（Lin et al., 2001）。

两派学者使用的遗传标记、分析的种类数和方法不同，所得到的类缘关系树也有差异，孰是孰非，还有待进一步考证。

二、中国大陆和台湾的鳗鲡种类比较

据伍汉霖等（2012）研究，中国大陆有 7 种鳗鲡，分别为日本鳗鲡、花鳗鲡、太平洋双

色鳗鲡、西里伯鳗鲡、孟加拉鳗鲡（*A. bengalensis*）、乌耳鳗鲡（*A. nigricans*）和云纹鳗鲡（*A. nebulosa*）。前3种最常见，在福建九龙江口和江中都有这3种的鳗苗和成体的报道（连珍水等，1997；吕小梅等，1999）。

中国台湾有日本鳗鲡、花鳗鲡、太平洋双色鳗鲡、西里伯鳗鲡、吕宋鳗鲡和内唇鳗鲡等6种（曾万年，1982，1983；Tzeng and Tabeta，1982；Han et al.，2001）。这6种鳗鲡的习性和外部形态互有差异（表3-1）。例如，花鳗鲡为热带性，喜欢栖息于河川上游水潭处；日本鳗鲡为温带性，喜欢栖息于河川中下游。日本鳗鲡和花鳗鲡数量较多，其余4种为热带性偶来种，在河川中几乎看不到成体。日本鳗鲡和花鳗鲡为同源种，即同源产卵异域分布的种类，两者地理分布有差异的主要原因是温度喜好性的不同和海流依赖性的筛选（Han et al.，2012）及柳叶鳗变态日龄的差异（Leander et al.，2013）。日本鳗鲡在中国沿海均有分布。

表 3-1　中国台湾水域 6 种鳗鲡的习性和外部形态的比较

种名	习性	鳍型	体色	数量
日本鳗鲡	温带性	长	均匀	丰富
花鳗鲡	热带性	长	具大理石纹	较多
太平洋双色鳗鲡	热带性	短	均匀	稀少
西里伯鳗鲡	热带性	长	具大理石纹	稀少
吕宋鳗鲡	热带性	长	具大理石纹	稀少
内唇鳗鲡	热带性	长	具大理石纹	稀少

自古以来，日本鳗鲡（俗称黑鳗）是我国闽南和台湾的名贵补品。两地都大规模养殖日本鳗鲡并出口。鳗苗主要是在河口捕捞的溯河洄游的天然苗，2011年鳗苗采捕量达23吨。2014年中国大陆日本鳗鲡养殖产量达45万吨。鳗苗严重不足是鳗业生产的瓶颈。1990~1992年是中国台湾鳗鲡养殖高峰期，年产量达到6万吨，之后因鳗苗严重不足，产量逐年下降。探索日本鳗鲡的产卵场和洄游路线及其人工繁殖已成为非常热门的课题。

三、日本鳗鲡的生活史

鳗鲡属于降海洄游鱼类，在河川中长大后洄游到大洋中产卵（Tesch，2007）（图3-2）。日本鳗鲡在陆地河川中生长5~6年后性成熟，然后从黄鳗变态为银鳗，降海洄游到太平洋马里亚纳群岛西侧海域产卵。鳗鲡一生只产一次卵，产完卵后死亡。日本鳗鲡的产卵场与陆地河川生长栖息地相隔大约5000km，为了传宗接代，日本鳗鲡要花半年时间才能从陆地河川洄游到大洋区的深海产卵，这是生物演化的一项奇迹。大洋区的生产力贫瘠，天敌少，到大洋区产卵，产下子代被捕食的概率小，存活率较高。然后其子代再借北赤道洋流和黑潮分布到中国、韩国及日本等地的内陆河川的高生产力区生长。洄游到很远的海流源头产卵虽然很耗能，但是可以让子代分布到各地分散死亡的风险，这是一种有得有失的生存策略。

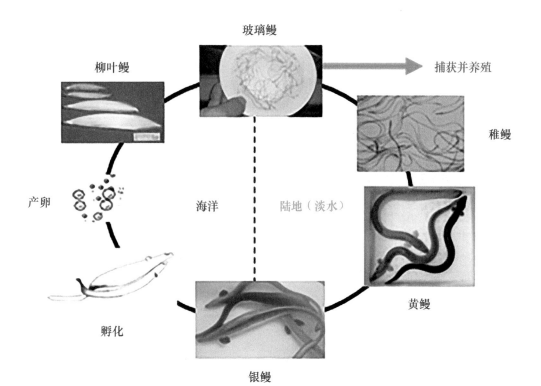

图 3-2　日本鳗鲡的生活史和发育阶段变化

　　日本鳗鲡的生活史可分为卵、前期柳叶鳗、柳叶鳗、玻璃鳗、稚鳗、黄鳗及银鳗等 7 个发育阶段。下文以日本鳗鲡为例，说明各个发育阶段的特征。

（一）卵期

　　日本鳗鲡的产卵场位于太平洋马里亚纳群岛西侧、水深 40~70m、高盐和低盐交界处的盐度锋处，产卵时间为 5~6 月的新月晚上。刚产下的卵，其卵径约 1.6mm，为半浮性卵，有卵黄和油球各 1 个。孵化前的受精卵，已略可以看到眼睛和内耳出现，心脏开始跳动（图 3-3）。在水温 25℃下，卵受精后 30h 就孵化。

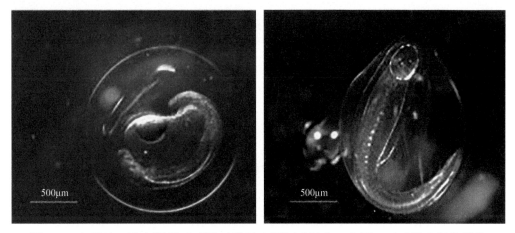

图 3-3　人类第一次在野外采到的天然日本鳗鲡受精卵（左图）及受精卵孵化前的
胚胎发育情形（右图）（Tsukamoto et al.，2011）

（二）柳叶鳗

刚孵化的仔鱼称为卵黄囊期仔鳗，体长约 6mm，其间还保有来自母体的卵黄，不需外界食物（图 3-4 左上图）。一星期后变为前期柳叶鳗，口腔具针状长牙（图 3-4 右上图）。前期柳叶鳗会从大洋较深处上浮到 200m 以上的水层，这层含有丰富的有机碎屑和微型浮游生物。柳叶鳗是鱼类的特殊发育阶段，海洋鱼类中仅有辐鳍鱼纲亲缘关系接近的海鲢目（Elopiformes）、北梭鱼目（Albuliformes）、鳗鲡目（Anguilliformes）和囊鳃鳗目（Saccopharyngiformes）在早期发育阶段才经过这个阶段。前期柳叶鳗身体逐渐变高成柳叶状透明的柳叶鳗，这种体型使其漂浮期适合在海洋长距离漂游（图 3-4 下图）。柳叶鳗的漂浮期长达 4~11 个月。这段时间的长短依产卵场至不同河川的距离而异，热带地区距离较近，漂浮期较短，温带地区漂浮期较长。柳叶鳗每日大约生长 0.5mm，全长达 60mm 时就开始变态为玻璃鳗。我国台湾和日本的柳叶鳗变态时间相差 3 个星期左右，早变态者进入我国台湾，晚变态者进入日本（Cheng and Tzeng，1996）。

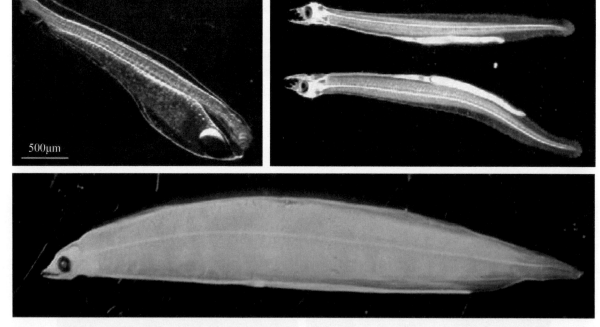

图 3-4　刚孵化的日本鳗鲡（Tsukamoto et al.，2011）（左上图）、牙齿特化的前期柳叶鳗（右上图）及我国台湾水产研究者第一次采到的柳叶鳗（体长 27.4mm）（下图）

（三）玻璃鳗和稚鳗

玻璃鳗还被渔民称为鳗苗、白鳗苗或白鳗仔。日本鳗鲡刚进入玻璃鳗阶段时，脊椎骨很快发育完成，长出肌肉，体型变成强有力的流线型，主动洄游离开黑潮流域，由海洋游向近岸河口进入河川。刚到达沿岸的玻璃鳗头部及躯干部都无色素，进入河口接触到淡水后，身上出现黑色素细胞，称之为稚鳗。根据背鳍起点和肛门之间的距离可大致区分鳗苗种类，日本鳗鲡和花鳗鲡背鳍起点和肛门之间的距离较远，称之为长鳍鳗；而太平洋双色鳗鲡背鳍起点和肛门之间的距离较近，称之为短鳍鳗（图3-5）。根据玻璃鳗尾部黑色素细胞也可以区分鳗苗种类，以我国台湾的鳗苗种类为例，日本鳗鲡尾部无色素，而花鳗鲡和太平洋双色鳗鲡则分别在尾柄部和尾鳍出现黑色素细胞（图3-6）。

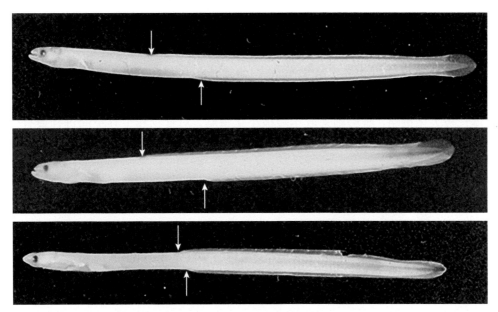

图3-5　玻璃鳗背鳍起点和肛门之间的距离日本鳗鲡（上）和花鳗鲡（中）为长鳍鳗，
太平洋双色鳗鲡（下）为短鳍鳗（曾万年等，2012）

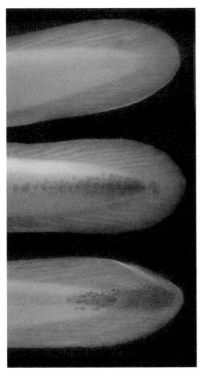

日本鳗鲡

花鳗鲡

太平洋双色鳗鲡

图3-6　三种鳗鲡尾部比较（Leander et al.，2012）

（四）黄鳗

黄鳗在河川中生长、发育，身体的颜色与生境一致，称之为拟态，拟态可以欺敌避免被捕食。日本鳗鲡的黄鳗 1 年大约长到 20cm，3 年长到 35cm，5 年长到 50cm，7 年长到 70cm。我国珠江的日本鳗鲡，雌、雄成熟的平均年龄分别为 8.3 龄和 6.4 龄，我国台湾的是 6.7 龄和 5.9 龄。日本曾捕获到一尾 22 龄的日本鳗鲡。这表明，纬度高，鳗鲡的生长慢，年龄长。黄鳗在河川中有筑巢的领域行为（Kuroki and Tsukamoto，2012）。标志放流的实验发现，黄鳗在河川中每天的最大移动距离不会超过 2km，有 80% 的个体移动距离都在 1km 以内。黄鳗生长到最大体长后就进行银化，准备降海产卵。鳗鲡的最大体长（银化体长），雌、雄有很大差异（图 3-7），雌鳗采取体长极大化策略，雄鳗则采取年龄极小化策略，对食物和生存空间进行最有效的利用。

图 3-7　雌、雄鳗鲡最大体长的差异

（五）银鳗

银鳗是鳗鲡生长发育的最后阶段。日本鳗鲡在降海产卵前消化道开始萎缩不再进食，眼睛变大，背部和胸鳍变黑，腹部变成银灰色（图 3-8），与大洋的水色形成拟态避免敌害。Chow等（2009）在太平洋马里亚纳群岛西侧捕获过银鳗，因而进一步证实了日本鳗鲡的产卵场所在地。此外，因同一时间一网采获日本鳗鲡和花鳗鲡的银鳗（图 3-8），显示花鳗鲡是和日本鳗鲡同在一个海域产卵的同域演化种。

日本鳗鲡在马里亚纳群岛西侧海域诞生后，其前期柳叶鳗便随北赤道洋流由东向西漂游并成长为柳叶鳗，到了菲律宾东部海域后进入黑潮，接近东亚大陆架时变态为玻璃鳗，即离开黑潮，向中国沿岸海域、朝鲜半岛沿岸海域和日本的河口趋近。换言之，柳叶鳗从产卵场到成育场的洄游路径非常清楚，但是银鳗降海洄游至 3000~5000km 远的产卵场（繁殖场）的路线、习性至今尚不清楚。

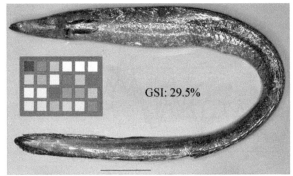
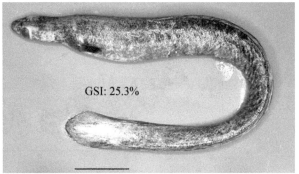

图 3-8　日本鳗鲡的雄银鳗（左上图）、花鳗鲡的雄银鳗（右上图）及一网同时采获的

日本鳗鲡和花鳗鲡的银鳗（下图）（Chow et al., 2009）

两者的性腺成熟度指数（GSI）均在 25% 以上

四、玻璃鳗的溯河生态

玻璃鳗的溯河行为受沿岸流、潮流、月亮周期和水温等环境因素的影响（Tzeng，1985）。柳叶鳗由黑潮输送到东亚大陆架后变态为玻璃鳗，然后进入沿岸水域，接着便溯河。溯河时主要受潮流和月亮周期的影响，以中国台湾东北部的福隆地区为例，于冬季平均最低水温（约15℃）时，日本鳗鲡的玻璃鳗的溯河数量达到最高峰，但是受月亮周期的影响，只有新月（农历初一）前后夜间涨潮时才溯河（图 3-9）（曾万年等，2012）。鳗鲡为夜行性鱼类，玻璃鳗刚刚到沿岸时，皮下黑色素细胞没有发育完全，惧怕光线，满月（农历十五）时，即使大潮时也大都潜在沙底不活动，因此捕捉不易以致渔获量变少。

中国台湾南部东港溪玻璃鳗进入河川后，皮下黑色素细胞逐渐增加变成稚鳗，发育阶段进入 VIA 期，对光线便没有那么敏感，即使农历十五满月时，稚鳗也会顺着夜间涨潮溯河。因此，农历十五的大潮晚上，河川内也有很高的稚鳗渔获量（图 3-10）（曾万年等，2012）。

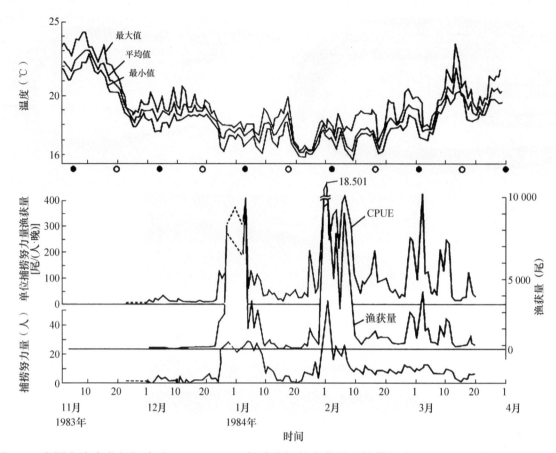

图 3-9　中国台湾东北部福隆地区 1983~1984 年玻璃鳗的渔获量、捕捞努力量和单位捕捞努力量渔获量
（CPUE，每人每晚的捕获尾数）的日变化与日平均（最高和最低）水温、月亮周期的关系（曾万年等，2012）

黑色圆圈表示新月，空圆圈表示满月

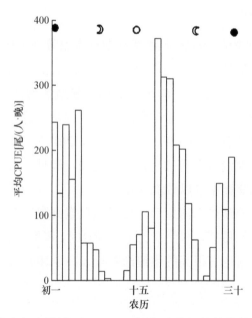

图 3-10　中国台湾南部东港溪 1981~1982 年冬季稚鳗的单位捕捞努力量渔获量的
日变化与月亮周期的关系（曾万年等，2012）

五、中国台湾玻璃鳗种类组成的地理变化

日本鳗鲡的玻璃鳗随着中国大陆沿岸流到达中国台湾东北部和西部沿岸，花鳗鲡的玻璃鳗则随着黑潮与黑潮支流到达中国台湾东部和西南沿岸，因此台湾北部、南部及东岸、西岸的玻璃鳗种类组成有明显差异：北部的淡水河以日本鳗鲡为主，东部的秀姑峦溪和南部的枋山溪以花鳗鲡为主；南部东港溪、东北部宜兰河是中国大陆沿岸流和黑潮的折冲地带，日本鳗鲡和花鳗鲡平分秋色。这样的分配与稚鳗在溯时，对温度的偏好和海流输送有关。花鳗鲡是热带品种，在高水温时才会上溯河川，受黑潮影响的东部水温高，来游量自然比较多。太平洋双色鳗鲡和吕宋鳗鲡是中国台湾以南的品种，数量相对较少。花鳗鲡分布于低纬度地区（菲律宾、印度尼西亚）的数量远高于高纬度地区（日本）。花鳗鲡终年皆可产卵，因此其鳗苗终年皆可捕获，在中国台湾主产期为每年3~10月。太平洋双色鳗鲡属于热带品种，广泛分布于菲律宾与印度尼西亚，中国台湾为其分布北界，因此数量很少，其鳗苗终年皆可捕获，在中国台湾主产期为每年秋冬。近来在中国台湾与菲律宾吕宋岛发现的新种吕宋鳗鲡，其资源分布与生活史相关资料仍不足，目前仅知其在中国台湾主产期为每年秋季且数量很少。

六、耳石日轮的应用研究

耳石位于鱼类内耳的膜迷路中，是生物矿化作用所形成的碳酸钙结晶。耳石随鱼类成长而增大，碳酸钙沉积受日夜光周期影响而产生日轮，受季节性变化影响而产生年轮。用电子显微镜放大2000倍就可以清晰地分辨日轮（图3-11）（Tzeng，1990）。根据柳叶鳗耳石日轮可精确推算其孵化日期（诞生日），如上述日本鳗鲡产卵期的新月假说（Tsukamoto et al.，2003）。此外，利用玻璃鳗的耳石日轮可以推算柳叶鳗变成玻璃鳗的变态日龄或在海洋的漂浮时间及玻璃鳗阶段的长短和进入淡水的日龄（徐兆礼和陈佳杰，2009；郭弘艺等，2012）。其中，变态日龄是决定玻璃鳗早或晚进入淡水的关键因素（Cheng and Tzeng，1996），以及欧洲鳗鲡和美洲鳗鲡在北大西洋百慕大三角洲藻海诞生之后，因柳叶鳗变态日龄不同，其玻璃鳗分别进入欧洲和美洲（Wang and Tzeng，1998，2000）。

（一）中国大陆沿海玻璃鳗日龄的推算

李城华（1998）在中国大陆沿海鸭绿江口至湛江6处河口进行玻璃鳗取样，对112尾的耳石进行研究，结果表明，其半径为142.5~155.8μm，生长轮宽度为0.996~1.079μm，推算这些玻璃鳗从太平洋马里亚纳群岛西侧产卵场到达这些河口的时间是138~155天（表3-2）。郭弘艺等（2012）对中国大陆沿岸9个河口的104尾玻璃鳗的耳石日轮进行研究，结果表明，柳叶鳗漂游91.9~107.7天后才变为玻璃鳗，玻璃鳗继续浮游31.8~35.7天才到中国大陆河口区（表3-3）。

耳石的生态应用：

耳石是时间的记录器，耳石随鱼类的成长
而出现日轮（日龄）及年轮（年龄）

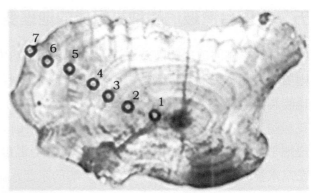

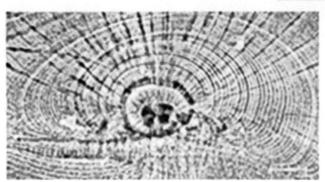

日轮（日龄）

图 3-11   日本鳗鲕耳石年轮的光学显微镜照片（右上图）及日轮的扫描电子显微镜照片（左下图）

年轮是因为鱼类的冬夏季成长速度不同而形成的。日轮是因为鱼类的日夜成长速度不同而形成的。年轮只能测定鱼类的年龄，日轮可
以测定日龄。年轮是指生长速度较慢的冬轮（右上图红圈蓝字，年龄 7 岁）。日轮包含成长带（明带）和不连续带（暗带）两部分，
一个日轮形成时间大约 24h

表 3-2   中国大陆沿海从北向南玻璃鳗耳石的半径和生长轮宽度（李城华，1998）

采集地点	采集日期	样品数（尾）	耳石半径（μm）	耳石生长轮平均宽度（μm）	玻璃鳗日龄测算（天）
鸭绿江口	1994.4.21~1994.4.28	20	155.8	1.004	155
胶州湾	1994.4.5~1994.4.9	19	148.0	1.007	147
长江口	1994.2.27~1994.4.23	17	150.2	1.064	141
瓯江口	1994.1.31~1994.3.26	17	151.6	1.079	138
漳江口	1994.2.2~1994.3.15	21	142.5	0.997	143
湛江	1994.1.27~1994.3.3	18	149.7	0.996	150

表 3-3 中国大陆沿海从北向南柳叶鳗和玻璃鳗的日龄（郭弘艺等，2012）

采集地点	样品数（尾）	日龄（天）	
		柳叶鳗	玻璃鳗
江苏大丰	12	106.0	35.7
长江口	15	106.3	34.7
瓯江口	7	100.1	35.3
灵江口	12	99.8	35.3
钱塘江口	14	107.7	33.5
霍童溪口	11	99.5	33.8
闽江口	14	99.9	32.3
榕江口	11	96.0	31.8
潭江口	8	91.9	35.4

中国大陆沿岸，从北向南自鸭绿江口东港市至广东湛江的河口区都有鳗苗分布，其体长为 47.4~63.5mm，多在 53~55mm。用耳石日轮测算，这些鳗苗的出生日期是 8 月 15 日至翌年 1 月 1 日，日龄 127.0~160.2 天（4~5 个月），生长率 0.34~0.42mm/d（表 3-4）（李城华，1998；郭弘艺等，2012）。

表 3-4 中国大陆沿海从北向南玻璃鳗的分布、体长及日龄

采集地点	采集日期	尾数	体长（mm）	测算出生日期	测算日龄（天）	测算生长率（mm/d）
鸭绿江口	1994.4.21	15	54.7	1993.11.13~1993.12.7	151.1	0.36
	1994.4.28	14	54.6	1993.11.7~1993.12.3	160.2	0.34
胶州湾	1994.5.8	36	58.1	1993.11.2~1994.1.1	147.0	0.40
江苏大丰	2008.3.11	56	48.0~63.5		141.8	
长江口	1994.2.27	10	56.0	1993.10.6~1993.10.20	137.8	0.41
	1994.3.28	10	56.7	1993.11.7~1993.11.29	136.3	0.42
	1994.4.23	11	56.9	1993.11.3~1993.12.28	149.3	0.38
	2008.1.25	66	50.2~58.7		141.3	
瓯江口	1994.1.31	12	55.6	1993.9.6~1993.9.16	138.6	0.40
	1994.2.23	10	55.5	1993.9.25~1993.10.17	138.3	0.40
	1994.3.26	16	55.3	1993.10.30~1993.11.22	137.6	0.40
	2008.2.27	50	51.2~59.3		135.4	

续表

采集地点	采集日期	尾数	体长（mm）	测算出生日期	测算日龄（天）	测算生长率（mm/d）
灵江口	2008.2.25	53	47.4~57.9		135.2	
钱塘江口	2008.2.25	53	47.4~57.9		141.2	
霍童溪口	2008.2.22	52	49.4~61.1		133.3	
闽江口	2008.2.22	78	50.4~62.3		132.1	
九龙江口	1994.12~1996.4	575	47.9~63.1			
漳江口	1994.2.2	10	53.9	1993.8.25~1993.10.13	144.4	0.37
	1994.2.28	10	53.4	1993.9.25~1993.10.17	145.1	0.37
	1994.3.15	8	52.6	1993.10.10~1993.11.13	138.7	0.38
榕江口	2008.1.23	77	50.7~60.1		127.8	
潭江口	2008.2.20	57	50.3~59.2		127.0	
湛江口	1994.1.27	10	54.9	1993.8.15~1993.9.9	151.3	0.36
	1994.2.18	10	52.3	1993.9.28~1993.10.17	144.8	0.36
	1994.3.3	9	54.3	1993.9.15~1993.10.30	155.0	0.36

　　鳗苗捕捞是中国大陆和台湾的季节性捕捞渔业。连珍水等（1997）在厦门九龙江口设3个站，1994年12月至1996年4月连续两年进行生产性捕苗，共捕获575尾日本鳗鲡的玻璃鳗，另有少数的花鳗鲡和孟加拉鳗鲡。厦门1994年12月到1996年4月月平均水温13.2~16.9℃，九龙江口最早见苗时间是12月初或中旬。鳗苗溯河盛期在1月下旬至3月初或2月中旬至3月下旬，4月上旬渔汛结束。白天的捕捞产量是夜间的1.8~2.8倍。农历初一、十五前1~2天和后2~3天大潮时上溯量最多，小潮时上溯量较少。新月大潮比满月大潮上溯量多。捕捞产量2月最多（2609尾/月），其次为1月。靠近河口的捕捞站位多，远离河口的站位少。两年捕获575尾鳗苗，其体长组成两年相似，第一年为49.2~63.1mm，平均55.1mm，第二年为47.9~62.5mm，平均54.5mm。两年鳗苗平均体重分别为0.096g/尾和0.092g/尾。九龙江口鳗苗产量历年波动大且越来越低，如1986~1994年，1988年最多（2629kg），1991年最少（759kg）（连珍水等，1997）。

　　中国大陆沿海1973年开始养殖日本鳗鲡，当年捕捞天然苗3t，之后逐年增加，除自己养殖外还有出口。1982年鳗鲡捕捞产量达到47t，是中国大陆沿海捕鳗苗的最高峰，之后逐年减少，1989年后鳗捕捞产量大大降低（表3-5）（王涵生，1995；连珍水，1995）。

表3-5　中国大陆沿海河口区历年日本鳗鲡苗捕捞产量

年份	1973	1975	1980	1981	1982	1983	1989	1990	1991	1992	1993	2010	2011
捕捞产量（t）	3	14.5	16	25	47	11	4.1	5.2	2.8	3.6	4.1	2.6	2.3

资料来源：中华人民共和国农业部渔业局（1996），农业部渔业局（2010）

（二）同源产卵异域分布的欧洲鳗鲡和美洲鳗鲡

欧洲鳗鲡和美洲鳗鲡的产卵场位于北大西洋百慕大三角洲的藻海，出生后的柳叶鳗皆顺着大西洋的北赤道洋流和墨西哥湾流向北美洲和西欧漂游，柳叶鳗变态成玻璃鳗后，则分别进入美洲大陆和欧洲大陆。欧洲鳗鲡和美洲鳗鲡是不同的种类，但产卵场相同，在演化上称之为同源种。

为什么来自相同产卵场的欧洲鳗鲡和美洲鳗鲡，柳叶鳗变态后，其玻璃鳗却分别回到欧洲大陆和美洲大陆？为了回答这个问题，研究者通过玻璃鳗耳石日轮的轮宽变化（图3-12）及锶钙比（Sr/Ca）急剧下降的时间点找到柳叶鳗的变态轮位置，然后计算柳叶鳗的变态日龄和耳石的生长速率。详细方法可参阅 Arai 等（1997）、Tzeng（1996）、Cheng 和 Tzeng（1996）、Shiao 等（2001）、Tzeng 和 Tsai（1994）、Wang 和 Tzeng（1998）等的文章。

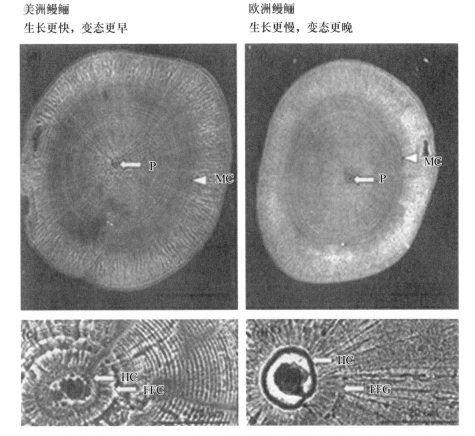

美洲鳗鲡　　　　　　　　　　　　　欧洲鳗鲡
生长更快，变态更早　　　　　　　　生长更慢，变态更晚

图 3-12　美洲鳗鲡玻璃鳗（左上图）和欧洲鳗鲡玻璃鳗（右上图）耳石的纵切面及
美洲鳗鲡玻璃鳗（左下图）和欧洲鳗鲡玻璃鳗（右下图）耳石的日轮

P 为耳石核心位置，MC 为柳叶鳗变态成玻璃鳗的时间点；HC 为孵化轮，FFC 为第一个日轮
（或第一次摄食轮，日轮是开始摄食后形成的）

Wang 和 Tzeng（2000）研究发现，美洲鳗鲡柳叶鳗耳石的轮宽比欧洲鳗鲡的宽，表明美洲鳗鲡柳叶鳗生长比欧洲鳗鲡快。美洲鳗鲡平均变态日龄为 200 天，也比欧洲鳗鲡的 350 天提早 150 天（表3-6）。换句话说，当美洲鳗鲡进入美洲大陆时，欧洲鳗鲡还在柳叶鳗阶段，继续顺着北大西洋洋流漂游，大约 150 天后才变态成玻璃鳗进入欧洲大陆。由此可见，柳叶鳗的变态日龄和耳石生长速率是决定同源种异域演化的主要因素。

表3-6　欧洲鳗鲡（*Anguilla anguilla*）、美洲鳗鲡（*A. rostrata*）柳叶鳗的平均变态日龄和
耳石生长速率的比较（Wang and Tzeng，2000）

	样本数	变态日龄（天）	耳石生长速率（μm/d）
欧洲鳗鲡	56	350.2±40.43	0.287±0.044
美洲鳗鲡	125	200.2±23.84	0.418±0.05
二者差异		150.0（P＜0.001）	−0.131（P＜0.001）

七、鳗鲡资源的衰竭

1970年起，北半球的三种温带鳗（日本鳗鲡、美洲鳗鲡及欧洲鳗鲡）资源量陆续下降，到2000年资源量只剩下1%~10%，已经到了生物安全警戒线以下（图3-13）。

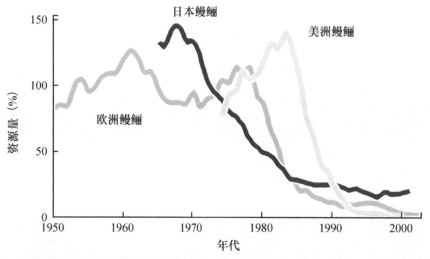

图3-13　日本鳗鲡、美洲鳗鲡及欧洲鳗鲡资源量（Dekker，2003）

资源量下降的原因不明，但可能与气候变迁、过度捕捞、栖息地环境恶化及寄生虫感染等有关。例如，中国台湾日本鳗鲡的加入量（玻璃鳗渔获量）与多重尺度的气候指标有关（Tzeng et al.，2012）。近几十年来，日本鳗鲡的有效栖息地也丧失非常严重（Chen et al.，2014）。另外，联合国粮食及农业组织（Food and Agriculture Organization of the United Nations，FAO）的渔业统计数据显示，随着鳗鲡养殖量的增加，天然河川鳗鲡的捕捞产量逐年减少，表明用于鳗鲡养殖的玻璃鳗被过度捕捞，已经严重影响到鳗鲡的天然资源量。

第三节 鱼类的降海和溯河洄游

一、降海洄游鱼类

日本鳗鲡降海生殖洄游，子代又溯河至河川中生长发育。像这种河海模式的双向洄游鱼类还有国家二级保护野生动物松江鲈（*Trachidermus fasciatus*）。在长江三角洲的河川，11月底至翌年2月上旬，性成熟的亲鱼降海至海中繁殖。在海中的幼鱼，从4月下旬开始至6月中上旬溯河期结束，5月为溯河盛期。松江鲈分布于渤海和东海，黄海南部蛎蚜山牡蛎礁是其产卵场之一。其卵具黏性，黏附在砾石等硬物上孵化。松江鲈为中国四大名鱼之一，是暖温性底层鱼类，已有人工繁殖和放养的报道（金鑫波，2006）。包括松江鲈在内的中国海洋河海和海河双向洄游鱼类见图3-14。

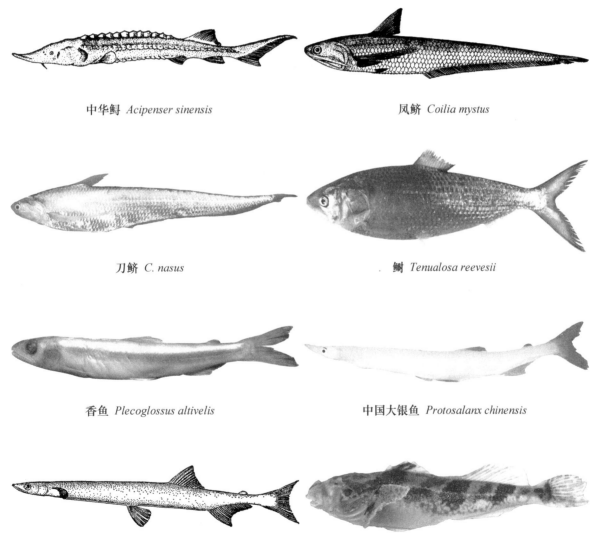

中华鲟 *Acipenser sinensis*

凤鲚 *Coilia mystus*

刀鲚 *C. nasus*

鲥 *Tenualosa reevesii*

香鱼 *Plecoglossus altivelis*

中国大银鱼 *Protosalanx chinensis*

陈氏新银鱼 *Neosalanx tangkahkeii*

松江鲈 *Trachidermus fasciatus*

日本鳗鲡 *Anguilla japonica*　　　　　　花鳗鲡 *A. marmorata*

图 3-14　中国海洋河海和海河双向洄游的鱼类

二、溯河洄游鱼类

鲟形目（Acipenseriformes）的中华鲟（*Acipenser sinensis*）是大型的软骨硬鳞鱼，分布于黄海、东海和南海近海，性成熟时溯河至长江中上游等地繁殖，幼鱼降海到海洋生活。现已人工繁殖成功并标志放流到海洋（林丹军，2004）。

鲑形目（Salmoniformes）在北太平洋有 7 种鲑，都是在北太平洋度过成年期后，沿海岸游向阿留申群岛，甚至进入白令海和北冰洋河川产卵。鲑科（Salmonidae）鱼类大麻哈鱼（*Oncorhynchus keta*）在日本海域及俄罗斯远东海域生活至性成熟后，从中国黑龙江、乌苏里江和图们江溯河至河川中繁殖。

胡瓜鱼目（Osmeriformes）胡瓜鱼科（Osmeridae）的香鱼（*Plecoglossus altivelis*）生活于东海沿海，秋季在河口区产卵后亲体即死亡，孵化的幼鱼生活于近海，春夏季幼鱼游到江河上游育肥。厦门九龙江口的香鱼性成熟时溯江至江东桥淡水河段，产卵后亲体即死亡。香鱼成体体长 200mm 左右，是上等食用鱼，已进行人工孵化和养殖。

中国沿海河口水域的中国大银鱼（*Protosalanx chinensis*）、陈氏新银鱼（*Neosalanx tangkahkeii*）等多种银鱼也有溯河生殖洄游的习性。

鲱形目（Clupeiformes）鲱科（Clupeidae）的鲥（*Tenualosa reevesii*）分布于黄海、东海及南海，以及长江、钱塘江和珠江流域的西江等通海河川。平时生活在海中，每年 4 月左右开始由海洋溯河进行繁殖洄游并停止摄食。例如，长江鲥的繁殖亲体体长一般为 300~600mm，2 龄鱼和 3 龄鱼占 90% 以上，从长江口经南通、江阴上溯至鄱阳湖和洞庭湖水系，性腺在洄游中逐渐成熟。主要产卵场在赣江吉安县以下、新干县以上 9km 的江段，而以峡江县以下 30km 江段为主。一般 6 月下旬至 7 月下旬产卵繁殖。产后亲鱼返回海中。受精卵随水漂流孵化，稚鱼在鄱阳湖育肥生长至 9 月中旬，一般全长 19~32mm。其后随长江水流降海，冬季前入海，入海最大个体不超过 90mm。长江鲥是长江三鲜之一，1958 年产量达 1669t，往后资源量急剧减少，1986 年产量仅 12t，近年已近消失，濒危态势十分严峻。

鲱形目鳀科（Engraulidae）的刀鲚（*Coilia nasus*）多数分散生活于较混浊的近海底层。每年 2~3 月繁殖季节，在河口区集结成群，分批上溯进入江河及通江湖泊，可到达洞庭湖，溯河生殖洄游历程达 1400km。进入长江的亲鱼多生活于水域中下层，停止摄食，产卵后分批降海。从海域进入江河的亲鱼性腺一般处于Ⅱ期，在上溯过程中性腺逐渐发育至Ⅴ期，3~8月分批进入产卵场产卵。产卵亲鱼多数由1~5龄组成，最大6龄，2~4龄占优势。受精卵在水温25~27℃时32h孵化。初孵化仔鱼全长2.5mm。幼鱼生长快，每天平均生长1mm。1龄雌鱼全长133mm、体重8g，6龄长374mm、体重197g。刀鲚是长江重要经济鱼类，1970~1991年捕捞产量1059~2699t，目前资源不断衰退。

凤鲚（*Coilia mystus*）为暖温种，生活于黄渤海和东海沿海透明度较小的水域，平时分散生活，繁殖期集群至长江口咸淡水区产卵，上溯远至长江江阴河段。产卵亲鱼为1龄，体长100~200mm、体重8~30g。4月下旬至5月上旬性腺发育至Ⅳ期，洄游至长江口产卵，产卵期5~10月，盛期5月下旬至6月底，形成产卵场一年一度的渔汛。受精卵浮性，随流水孵化，水温20℃时约48h孵出仔鱼，稚幼鱼在长江口及其南、北海域育肥、生长。11月中、下旬，水温下降至6℃以下，凤鲚开始游向深水区越冬，翌年再游至浅海或溯江洄游。凤尾鱼罐头制品畅销国内外。江苏省1974年凤鲚捕捞产量最高，达3934t（金显仕等，2006）。

第四节　游泳生物在海域间的洄游

中国海洋鱼类、虾、软体动物头足类、爬行类和海兽的许多种在海域间有明显的季节性洄游，包括生殖洄游、索饵洄游和越冬洄游。

一、主要捕捞鱼类的洄游

游泳鱼类大多数有距离长短不一的洄游现象，少数种仅进行短距离的移动。渤海、黄海、东海等暖温带和亚热带海域温度季节变化大，鱼类季节性洄游现象很明显。南海水温季节变化小于北部海区，鱼类洄游现象也相对不明显。洄游最主要是为了生殖，也与索饵、越冬有关。本节数据主要来源于《中国海洋渔业资源》（《中国海洋渔业资源》编写组，1990）。鱼类洄游的资料主要是捕捞实践的总结和标志放流的成果。表3-7根据捕捞作业实际，分中上层鱼类（23种）和底层或中下层鱼类（21种）列举了44种洄游性鱼类，后文逐种进行阐述。

表3-7　中国海洋主要洄游性鱼类

中上层鱼类	底层或中下层鱼类
（1）大青鲨 *Prionace glauca*	（1）短尾大眼鲷 *Priacanthus macracanthus*
（2）长鳍真鲨 *Carcharhinus longimanus*	（2）海鳗 *Muraenesox cinereus*
（3）镰状真鲨 *C. falciformis*	（3）多鳞鱚 *Sillago sihama*
（4）鳓 *Ilisha elongata*	（4）大黄鱼 *Larimichthys crocea*
（5）太平洋鲱 *Clupea pallasii*	（5）小黄鱼 *L. polyactis*
（6）黄泽小沙丁鱼 *Sardinella lemuru*	（6）叫姑鱼 *Johnius grypotus*

中上层鱼类	底层或中下层鱼类
（7）青鳞小沙丁鱼 *S. zunasi*	（7）黄姑鱼 *Nibea albiflora*
（8）拟沙丁鱼 *Sardinops sagax*	（8）日本白姑鱼 *Argyrosomus japonica*
（9）斑鰶 *Konosirus punctatus*	（9）䱂 *Miichthys miiuy*
（10）鳀 *Engraulis japonicus*	（10）真鲷 *Pagrus major*
（11）黄鲫 *Setipinna tenuifilis*	（11）二长棘犁齿鲷[二长棘鲷] *Evynnis cardinalis*
（12）日本下鱵 *Hyporhamphus sajori*	（12）黄犁齿鲷 *E. tumifrons*
（13）红背圆鲹[蓝圆鲹] *Decapterus maruadsi*	（13）日本带鱼 *Trichiurus japonicus*
（14）红鳍圆鲹 *D. russelli*	（14）棘绿鳍鱼 *Chelidonichthys spinosus*
（15）大甲鲹 *Megalaspis cordyla*	（15）小鳍红娘鱼 *Lepidotrigla microptera*
（16）日本竹荚鱼 *Trachurus japonicus*	（16）鲬 *Platycephalus indicus*
（17）乌鲹[乌鲳] *Parastromateus niger*	（17）刺鲳 *Psenopsis anomala*
（18）鲯鳅 *Coryphaena hippurus*	（18）绒纹副单角鲀 *Paramonacanthus sulcatus*
（19）日本鲭[鲐] *Scomber japonicus*	（19）绿鳍马面鲀 *Thamnaconus septentrionalis*
（20）蓝点马鲛 *Scomberomorus niphonius*	（20）黄鳍马面鲀 *T. hypargyreus*
（21）扁舵鲣 *Auxis thazard*	（21）多纪鲀 *Takifugu* spp.
（22）镰鲳 *Pampus echinogaster*	
（23）北鲳 *P. punctatissimus*	

（一）中上层鱼类的洄游

1. 鲨

大青鲨（*Prionace glauca*）、长鳍真鲨（*Carcharhinus longimanus*）和镰状真鲨（*C. falciformis*）是三种数量较多的大洋性鲨，与金枪鱼、鲣、鲔及剑鱼等构成大洋钩钓渔业，是游泳速度快、距离长的远洋鱼类，中国近海也有分布（戴小杰等，2006）。中国四海的144种鲨中，除上述多种远洋种外，大部分都分布在近海浅水。按群体可分为4个地域性群，即黄渤海群、东海近海群、闽南—台湾海峡群及东海南部和南海北部深海群。鲨鱼洄游时常以个体大小分群，成鱼则以相同性别组成鱼群。每年2~3月，鲨鱼陆续由南向北、从东向西游向浙江、福建近海，4~5月抵达江苏、山东近海进行索饵和生殖。黄海海区以8~10月数量最多，部分鱼群进入渤海，10~11月水温下降，鲨鱼也随之南游，这时春、夏季出生的幼鱼同成鱼一起南下越冬。

2. 鳓

鳓（*Ilisha elongata*）在中国四海都有分布，以东海最多，黄渤海次之，南海最少。越冬场

（1~3月）主要分布在东海海区，自中国闽东渔场北至韩国济州岛西北水深40~100m海域。其中以28°30′N~29°30′N海域为北部的分布中心，以25°00′N~26°00′N海域为南部的分布中心，前者的数量多。南海的越冬场不明显。分布于东海北部越冬场的鱼群，分别在海州湾、山东半岛南岸、黄海北部、渤海及朝鲜半岛西岸海域产卵。分布于东海南部浙江、福建近海的越冬鱼群，在浙江沿岸海域产卵，其产卵场分布一般不超过长江口。分布在南海的群体，主要在珠江口、湛江和北海的近岸海域产卵。产卵期为4~6月，5月为盛期。4月中旬前后，在福建近海越冬的群体，有部分从东引岛东偏南游向近岸产卵场，于5月中旬产卵；自6月上旬，另有一支鱼群来自东引岛南偏东外海，在嵛山岛水深20~25m一带海域产卵。产卵后北上进入浙南近海索饵。秋后（9~10月），主群陆续南下，11月中、下旬至12月中旬，鱼群返回东引岛东南外海（60~90m）水域越冬，南下洄游路线比北上略偏外。分散于产卵场附近的幼鱼，也逐渐向深水区移动至越冬场。

洄游于浙江近海各产卵场的鱼群，一般5月上旬在洞头洋，5月中下旬在大陈岛、猫头洋、大目洋，5月下旬至6月中旬在舟山群岛的黄大洋、岱衢洋、大戢洋产卵。产卵后的群体移向北部及附近海域索饵。入冬后南下返回越冬场。

来自东海北部越冬场的鱼类群体在江苏南、北有2个产卵场。南部吕泗洋的产卵群体，于4月自越冬场经花鸟岛、佘山东北进入产卵场，产卵期5月至7月上旬，7~11月为索饵期。

北部海州湾渔场4~5月即出现产卵鱼群，5月中、下旬至6月底在江苏灌河口海区产卵。7~12月以海州湾为主要索饵场。12月越冬洄游。

另有鳓的产卵群经灵山岛、朝连岛、千里岩岛和苏山岛海域，绕过成山头，分别进入渤海及海洋岛附近水域的河口等产卵场产卵，产卵期为5~7月。产卵后的鱼群分散索饵。渤海索饵鱼群于11月越冬洄游，海洋岛的索饵鱼群9月就出现南游现象。

3. 太平洋鲱

太平洋鲱（*Clupea pallasii*）属冷温性中上层鱼类，分布在黄海的一支也称黄海鲱，是一个独立的生态群，终生生活在黄海的中部和北部。

12月至翌年2月主要栖息在35°10′N~37°10′N、123°30′E~125°00′E，水深70~90m，底层水温7~10℃，盐度32~33的水域。2月底至3月初，亲鱼向山东半岛近岸进行短距离产卵洄游，主群于3月上、中旬陆续进入山东半岛东部，3月下旬至4月初，部分鱼群陆续游向山东半岛北部浅水区产卵。另一支鱼群于3~4月游向辽东半岛近岸产卵，产卵后的亲鱼迅速外游在产卵场外围较深水区索饵，5~11月游向34°35′N~38°00′N、122°30′E~125°015′E的海域分散索饵，7月上旬幼鱼开始游向深水区索饵，索饵幼鱼分布区较成鱼偏北偏东。鲱鱼还有昼夜垂直移动的习性，白天栖息于较深水层，晚上浮到表层。

4. 黄泽小沙丁鱼

黄泽小沙丁鱼（*Sardinella lemuru*）属暖水性中上层中小型鱼类，分布于东海和南海，以台湾海峡南部的数量较多。分北部湾、台湾海峡南部和东海3个地方群体。该种长期以来被错鉴为金色小沙丁鱼（*Sardinella aurita*）（伍汉霖等，2012）。

北部湾群体：每年秋季，鱼群主要分布在北部湾中部索饵，秋末冬初开始向北部湾西部移动，逐渐进入 15~30m 浅水区。1~4 月在 20° 00′ N~21° 30′ N、106° 30′ E~108° 45′ E 和海南岛西北部的浅水集群产卵。产卵后亲鱼游向较深海域，幼鱼逗留在产卵场附近索饵，夏季海水升温后逐渐游向深水区。

台湾海峡南部群体：每年秋末和冬季，鱼群主要分布在 22° 30′ N 以南、116° 00′ E~118° 30′ E 近海和较深海域。少数性腺成熟亲鱼 1 月便开始产卵，2 月、3 月逐渐由南向北、由深而浅进行生殖洄游，4 月、5 月主群经台湾浅滩南缘游向澎湖列岛沿途产卵。部分鱼群则沿台湾浅滩西部向粤东和闽南渔场移动。产卵后，亲鱼分散在较深海域索饵；仔鱼和幼鱼则广泛分布在闽南、粤东近岸海域，乃至岛屿周围和海湾索饵成长，夏季在西南季风和黑潮支梢影响下，部分幼鱼群随波逐流进入闽中、闽东近岸海域。8 月开始折向南游，逐渐游往台湾浅滩南部的较深海区。产卵时间很长，1~9 月，其中 4~5 月为盛期。

东海群体：主要分布在 25° 30′ N~32° 00′ N、125° 00′ E 以西的东海西部，越冬场可能在台湾以北海域。3 月开始生殖洄游，鱼群向浙江南部和东部近海移动，产卵后亲鱼继续北上到舟山群岛近岸海域索饵；仔、幼鱼则分布在沿海外侧岛屿附近，并随台湾暖流向北推移。10 月后水温下降，鱼群折向南游，向越冬场移动。

5. 青鳞小沙丁鱼

青鳞小沙丁鱼（*Sardinella zunasi*）俗称青鳞鱼，分布于中国四海。越冬场在韩国济州岛和日本五岛列岛之间水深近 100m 处，越冬期 1~3 月（底温 10~13℃）。3 月上旬，鱼群开始分批由南向西北进行生殖洄游，3 月中、下旬至 5 月中旬，分别先后抵达吕泗外海、海州湾、青岛—石岛外海、大连外海和渤海各海湾产卵。产卵期 5~7 月，南早北迟。产卵后，鱼群就近分散在近岸海域索饵，6~10 月分别在莱州湾、辽东湾和射阳河口形成 3 个密集区。9~10 月开始进行越冬洄游，11 月中、下旬，各鱼群分批在黄海中、南部汇合继续南下，1 月上旬鱼群返回原越冬场。

东海福建沿岸常年分布有该鱼，分为闽东、闽中和闽南 3 个地方群，只进行短距离的适温移动，春夏季向近岸或河口进行生殖、索饵移动，秋冬季就游向较深海区。

在南海，该鱼无长距离洄游，仅从较深海区向近岸海域往返移动。每年 1 月由外海向广西、广东近岸移动，大致分三路：一路向北部湾，3~4 月到达广西企沙渔港及三娘湾沿海产卵，4~5 月东移至北海对达及雷州半岛西岸继续产卵，5~6 月产卵结束，向深水分散索饵。另一路向珠江口以西移动，3~4 月在硇洲岛沿岸近河口产卵，产卵后向外海分散索饵。第三路向珠江口以东移动，3~4 月在惠阳各海湾产卵，5 月产卵完即游向外海。另外，在闽南和粤东也有小群体。

6. 拟沙丁鱼

拟沙丁鱼（*Sardinops sagax*）属暖温性中上层鱼类，分布于中国黄海和东海。在日本附近海域有 4 个群系：太平洋群系、足折群系、九州西部群系和日本海群系。东海的拟沙丁鱼属九州西部群系，黄海的拟沙丁鱼是由九州西部群系所衍生出来的群体。

该种在 20 世纪 70 年代初期前在黄海近海是罕见鱼种。自 1976 年起，每年 4 月由黄海外海向西、西北方向游来，4 月下旬至 5 月中旬先后到达黄海南部及中部，然后分别游向海州湾、青岛、石岛、烟威近岸和海洋岛附近海域产卵，少数鱼群游入渤海。5~6 月产卵后的鱼群进行索饵，在索饵期间常聚群于表层；7~8 月鱼群逐渐向深水移动；9~11 月游向黄海中南部深水处；11 月后又向黄海东南外海游去。

7. 斑鰶

斑鰶（*Konosirus punctatus*）属暖水性、广盐、中上层小型鱼类，广泛分布于中国近海和河口附近，形成许多地方群体。

黄渤海的斑鰶 1~3 月分布在黄海中部 34°N~36°N、123°E~125°E 越冬，越冬场底温 8~11℃、底盐 32~33.5。3 月中下旬开始北上产卵洄游，4 月中旬主群分别抵达山东南部近海和成山头至烟威近海。4 月下旬进入渤海三大海湾。4 月底，在黄海北部辽东半岛近海就有斑鰶，5 月初至 6 月底分散产卵，产卵后亲鱼即向稍深水域索饵。10~11 月成鱼及当年幼鱼向越冬场洄游。

东海的斑鰶大多分散在沿海港湾和河口，以长江口及九龙江口较多，只进行季节性深浅水移动。

南海的斑鰶也分散在沿海的港湾，仅进行湾内外移动。例如，大亚湾内浅水的斑鰶群，每年 4 月向湾口外水深 45m 左右处移动，7 月又回到湾内浅水区索饵、产卵，至翌年 4 月又向湾外移动。北部湾及雷州半岛西岸的斑鰶，每年 8 月陆续从较深水域集群于企沙、三娘湾、北海、对达、江洪及乌石沿海一带，在水深 8~9m 处索饵、产卵，其繁殖、生长、发育都在北部湾内（《中国海洋渔业资源》编写组，1990）。

8. 鳀

鳀（*Engraulis japonicus*）也称日本鳀，属集群性小型中上层鱼类，分布于渤海、黄海和东海，可大致分为黄渤海群体、东海中北部群体、东海南部群体。

黄渤海群体：越冬场位于 35°30′N 以南水深 60~80m 一带，越冬期 12 月至翌年 2 月。3 月分批离开越冬场，由南向北进行生殖洄游。4 月上旬至 5 月上旬，鱼群先后到达吕泗洋、海州湾、青岛－石岛近岸、烟威近岸和大连近岸、鸭绿江口及渤海各海湾产卵场。产卵期 5~6 月。7~8 月产卵后的成鱼向较深水域索饵，幼鱼逗留在近岸索饵。9~10 月各索饵鱼群陆续游离渤海和黄海北部，于 11 月前后和黄海中部的群体汇合游向越冬场。

东海中北部群体：1 月开始向外海越冬场游向浙江近海，2 月到达浙江中南部，以后向北移动，3~4 月在浙江中北部近岸产卵，产卵后的亲体向深水移动并强烈索饵，至 11 月大部分又向越冬场洄游。当年的幼鱼一般不与亲体混群，6~7 月在浅水区索饵，10 月开始游向越冬场。

东海南部群体：没有明显的越冬洄游，只进行深浅水季节性移动。1~8 月在福建沿岸较多，2~3 月到浅海或湾口一带产卵，产卵后的鱼群游向较深海区。

9. 黄鲫

黄鲫（*Setipinna tenuifilis*）属暖水性小型中上层鱼类，中国四海都有分布。主要鱼群有两个越冬分布区：北部分布区位于黄海南部和长江口外海，水温 10~14℃、盐度 33~34；南部分布区位于浙江、福建近海，水温 14~18℃、盐度 33~34.5、水深 60~100m 处，越冬期 12 月至翌年 3 月。

产卵鱼群分布很广，遍及东海、黄海西部及渤海，尤其是在河口附近 20m 水深区内都有黄鲫产卵场。产卵期各海区有差别。

索饵鱼群相对集中在黄海中南部，索饵期延至 11 月，然后鱼群游向越冬场。

南海的黄鲫分布区集中在河口，如珠江口和韩江口都比较密集，洄游移动的季节变化也较小（《中国海洋渔业资源》编写组，1990）。

10. 日本下鱵

日本下鱵（*Hyporhamphus sajori*）属暖温性中上层小型鱼类，分布于长江口以北黄海和渤海近海。越冬场在黄海南部外海济州岛一带，水深 60~90m，越冬期 12 月至翌年 3 月，表层水温 9~13℃，底层盐度 33.0~33.5。每年 3 月，鱼群开始由越冬场向产卵场进行生殖洄游。分为两个主群：其中一支主群向海州湾和江苏近岸海域洄游，4 月中旬前后抵达近岸海域；另一支主群则由越冬场游向山东半岛东南部，4 月中旬抵达苏山岛附近，部分群体向西移动，在山东半岛南部近岸活动，之后主群仍继续北上，绕过山东半岛游向渤海，其中部分群体移向海洋岛及其以北沿岸水域。先头群体 4 月下旬进入渤海，主群于 5 月上旬进入渤海后，大部分在莱州湾东部栖息，部分游至金州湾，少量群体游向滦河口近岸。

产卵场主要有海州湾、莱州湾、金州湾等。产卵期 5~7 月，产卵期集群性极强。产卵后亲鱼在产卵场附近分散索饵。当年生幼鱼在港湾或近海浅水处育肥长大，索饵期为 7~9 月。10 月上旬结群游出渤海，沿山东半岛游至黄海中部，基本上按原路线返回越冬场，一般 12 月中、下旬抵达越冬场。

11. 红背圆鲹

红背圆鲹（*Decapterus maruadsi*）属近海暖水性中上层鱼类，分布于东海南部、黄海至南海，以东海南部至南海北部的数量较多。分为东海西部种群、闽南－粤东种群、九州西部种群及南海北部种群（郑元甲等，2014）。

九州西部种群洄游于中国东海东北部外海至日本九州西海岸。闽南－粤东种群和南海北部种群基本上没有固定的洄游路线，移动距离也不长，只进行深浅水之间移动，表现出地域性分布特点。东海西部种群分布于中国台湾海峡中南部到韩国济州岛附近，有台湾海峡中南部和台湾以北水深 100~150m 海区 2 个越冬场。台湾以北越冬的鱼群有部分个体于 3~4 月分批向闽东和浙江近海进行生殖洄游，产卵期为 4~9 月，由南向北逐渐推迟，盛期为 5~6 月，产卵后的亲鱼和幼鱼自南向北索饵直到长江口区，10~11 月陆续返回越冬场。在台湾海峡中南部越冬的鱼群于 3 月初向闽中和闽东渔场沿岸海区进行生殖洄游，产卵期为 4~7 月，盛期也是 5~6 月。产卵后的亲鱼和当年幼鱼向北洄游索饵，10~11月陆续返回越冬场，其洄游路线较长。南海北部红背圆鲹的主要产卵场分布于海南岛东部近海、粤西海域和北部湾湾口海区，产卵期主要集中在春季，夏季结束（郑元甲等，2014；陈国宝等，2003；张秋华等，2007）。

12. 红鳍圆鲹

红鳍圆鲹（*Decapterus russelli*）属暖水性中上层鱼类，分布于南海和东海。在南海北部分布区较窄，数量波动的幅度较大，几个数量较大的海域及其出现时间分别是：粤西外海 110° 30′ E~113° 00′ E，水深 120~200m，10月至翌年1月；珠江口外海 114° 00′ E~115° 00′ E，水深 120~200m，12月形成密集区；粤东至台湾浅滩近海，12月至翌年2月。分布在粤东至台湾浅滩的群体，在 3~5月进行由深而浅、自南而北的产卵洄游。产卵时间为12月至翌年8月，盛期 4~5月。6~9月幼鱼广泛分布在粤东、闽南一带海域。

13. 大甲鲹

大甲鲹（*Megalaspis cordyla*）属暖水性中上层鱼类，分布于东海和南海。台湾海峡的大甲鲹，每年3月开始自海峡南部北上，4~6月在闽南渔场北部和闽中渔场南部较多，6~7月产卵后继续向北洄游进入闽东渔场和浙江近海，北部可分布到 30° 30′ N 附近。仔、幼鱼则广泛分布在沿海岛屿和港湾附近索饵。冬季鱼群转向南游，进入粤东渔场深水区越冬。

海南岛以东海域的群体，春季自陵水外海游来，经清澜一带，稍作短期停留然后向北游，4~5月到达七洲列岛附近，6~7月产卵。10月若海况适宜，会结群上浮。

14. 日本竹荚鱼

日本竹荚鱼（*Trachurus japonicus*）属暖水性中上层鱼类，中国四海都有分布。闽粤的产卵群体在粤西外海、珠江口外海和粤东近海。前两者都分布在水深 180~200m 的陆架边缘，后者在台湾浅滩西南水深 50~60m 一带海域。产卵期10月至翌年4月。索饵群包括1龄鱼和当年幼鱼，前者分布于东沙群岛西北水深 80~150m 海域，后者广泛分布于粤东和闽南近岸浅水区。12月至翌年2月在台湾浅滩西南水深 50~60m 海域产卵。产卵后于 3~5月自西南向东北洄游进入粤东浅水区。

黄海区的越冬场在对马海峡附近及其东北部。12月至翌年1月为越冬期。分两支鱼群，其中一支鱼群2月开始北上，分布于 30° 00′ N~34° 00′ N、123° 00′ E~124° 00′ E 一带。之后继续北游，分布在连云港至石岛一带外海，并在此索饵直至 11~12月。另一支鱼群从东海北部沿 124° 00′ E 以东海域和朝鲜半岛西岸北上，6月初到达海洋岛渔场，在此索饵直至 7~8月，而后南移。在黄海的产卵期为5月下旬至6月上旬。该群体1962年起已不成渔汛。

15. 乌鲳

乌鲳（*Parastromateus niger*）属暖水性中上层鱼类，分布于黄海、东海和南海。海南岛近海种群冬季分布在海南岛南部的较深水域，春季鱼群向浅水区移动，分东北与西北两路沿海南岛东、西两侧北上。3~4月东北路鱼群抵达雷州半岛东侧沿海,顺海岸线东折进入粤西浅海后,主群继续东游,6~7月进入产卵盛期,此时在粤西、珠江口直至粤东浅水区均有产卵鱼群分布,其中以珠江口较为密集,产卵期延续到8月。西北路鱼群沿海南岛西南岸北上,4~5月到达感恩—昌化—海头一带,并同来自越南南部的群体汇合,产卵期至6月底结束。秋季,东北与西北两种鱼群都分别游向海南岛深水区越冬。

16. 鲯鳅

鲯鳅(*Coryphaena hippurus*)属暖水性中上层洄游的大洋性鱼类,广泛分布于世界各大洋热带与温带水域,中国黄海、东海和南海都有独立存在的地方性种群。

黄海的鲯鳅主要分布在青岛至石岛近海和海洋岛附近。从南部游来的群体7月可到达黄海南部和中部,部分停留在34°N~37°N、123°E~125°E海域;另一部分继续北游,7月中、下旬到达海洋岛附近38°N~39°N、122°E~123°E一带生殖和索饵。8~9月鱼群密集,9月底至10月初水温下降到18℃以下时,鱼群开始南移至深水区。

东海的鲯鳅鱼群洄游偏外,夏秋季的数量较多。

南海的鲯鳅4~6月主要鱼群随暖流进入海南岛和广东近海索饵和产卵,8月以后鱼群离开近海,游向外海热带海区。

17. 日本鲭

日本鲭(*Scomber japonicus*)属暖水性中上层鱼类,分布于整个中国沿海,朝鲜半岛、日本也有分布。有两个主要种群,即东海种群和闽南—粤东种群。东海种群的洄游距离长,生长快,个体显著偏大,而成熟较晚,产卵期迟而短。闽南—粤东种群不进行长距离洄游,也无明显的越冬洄游迹象。

日本鲭的越冬场有两处:一处在中国东海中南部和钓鱼岛以北海域,水深100~150m,水温12~23℃,盐度34~35。另一处是济州岛到五岛外海,水深80~100m,水温14~20℃,盐度34~34.5。越冬期一般为12月至翌年3月。

东海越冬鱼群于3~4月北上,靠近大陆后,大致沿123°30′E、水深40~60m范围进入黄海,5~6月分别到达黄海中部和北部,部分穿过渤海海峡进入渤海,沿途主要产卵场有乳山、连青石、海洋岛、烟威等渔场。另一越冬鱼群于4~5月经韩国济州岛以南海域向西北进入中国黄海,并与第一产卵场鱼群汇合,5~7月在黄海中部和北部产卵,产卵场的水温12~25℃,盐度31~33。东海产卵场水温、盐度高。日本鲭产卵后分散在黄海索饵,索饵期7~10月。此时出现两个幼鱼分布区,一个在舟山长江口渔场,另一个在黄海中部和北部。鱼群10月开始向深水移动,11月到翌年2月游向暖流分布海区。日本鲭成鱼与幼鱼的越冬洄游路线明显不同,成鱼一般沿124°E~125°E南下,在五岛以西和东海中南部连成狭长的弧状深水越冬区,幼鱼则相对集中在济州岛及其附近海区越冬。

闽南—粤东种群冬季的分布区在22°N~22°30′N、116°E~116°40′E,水深60~100m的海域。3~5月向22°N~23°N、116°E~119°E的浅海区移动并沿途产卵,产卵水温19~29℃,盐度

31~34.8。孵出的仔、幼鱼在产卵场附近分散索饵，部分幼鱼可分布到闽中、闽东沿海，秋后再向深水移动。此外，在珠江口、粤西、北部湾和海南岛以东也有该种的零星分布。

18. 蓝点马鲛

蓝点马鲛（*Scomberomorus niphonius*）具结群性，会进行长距离洄游，中国沿海都有分布。越冬场主要有南、北两处：南部越冬场在浙中—闽南近海、水深80m左右的水域；北部越冬场在东海中北部、水深80~100m的水域。前者以成鱼为主，后者主要为幼鱼。每年3月，南、北两个越冬场鱼群陆续游向近岸进行生殖洄游。浙中和闽南越冬鱼群主要在浙、闽两省近岸海域产卵，3月中、下旬可到达闽中、闽东近岸海域，其中有一部分鱼群可越过长江口进入黄海和渤海产卵场。主群于4月上中旬沿123°30′E附近海域继续北上，游抵舟山渔场产卵。在东海北部越冬的鱼群，主要游向长江口以北各产卵场，其中一支游向朝鲜半岛近岸产卵场。

蓝点马鲛在东海、黄渤海的主要产卵场有9个。闽南产卵场：福建兄弟屿—厦门沿岸岛屿和海湾一带海域，水深20~30m。产卵期2~5月，3月中旬至4月中旬为盛期。闽中产卵场：福建牛山岛附近海湾海域，产卵期3~5月，以3月下旬至5月上旬为盛期。闽东产卵场：主要在官井洋附近岛屿、内湾和河口水域，产卵期3月下旬至6月下旬，5月下旬至6月中旬为盛期。浙江近海产卵场：与大黄鱼、鳓、鲳大致相同，产卵期4~6月，5月为盛期。吕泗洋产卵场：黄海南部沿岸水域，产卵期4月中旬至6月上旬，5月中旬前后为盛期，表层水温11~13℃。海州湾产卵场：海州湾和辐射沙洲东沙的北首浅水区，水深10~20m，产卵期4月中旬至6月上旬，5月中旬前后为盛期。石岛—乳山产卵场：水深10~35m，产卵期4月下旬至6月底，5月上中旬为盛期。山东半岛北部产卵场：产卵期5月中旬到6月上旬，表层水温14~17℃。渤海产卵场：在烟威渔场和渤海中南部一带，水深10~50m，产卵期4月下旬至6月，5月中旬至6月上旬为盛期。表层水温13~16℃。产卵后的鱼群在产卵场海域附近索饵。每年9月上旬，鱼群陆续游离渤海，10月上中旬主群南移，主要集中在黄海中部近海及长江口外海索饵。12月下旬鱼群基本返回原越冬场越冬。

19. 扁舵鲣

扁舵鲣（*Auxis thazard*）属暖水性中上层洄游的大洋性鱼类，也是世界金枪鱼渔业的捕捞对象之一，具较强的集群行为和快速的游泳能力。中国南海、东海和黄海都有分布。

海南岛附近海域的鱼群由西沙群岛游来，11月至翌年1月在海南岛东南沿岸、2~7月在海南岛东岸和清澜渔场较集中，8月产卵后南返。

广东沿海（包括珠江口）6~7月都有性成熟鱼群出现。

闽南、台湾浅滩鱼群从外海进入台湾浅滩渔场的时间为3~4月，6~9月分布在渔场的北部和中部。

闽东鱼群和浙江鱼群基本相连，渔汛期分为春、秋两季。春季群出现在4~6月，先在29°30′N以南的浙江中南部和闽东沿海集群，然后向北扩展到29°30′N~31°00′N的舟山渔场，由舟山渔场的东北部离去；秋季群的分布范围甚广，其中中国长江口以北、韩国济州岛以西鱼群出现的时间为 9~10 月，浙江中北部为 9~11 月中旬，浙江中南部到闽东为 9 月中旬到 11 月。确切的洄游规律有待进一步研究。

20. 镰鲳

镰鲳（*Pampus echinogaster*）属近海冷温性中上层鱼类，中国四海都有分布，以黄海和东海数量较多。黄渤海和东海的镰鲳分为两个具明显独立性的群系，并具季节性洄游习性。

黄渤海群系：冬季(1~3 月)越冬场位于 32° 00′ N~34° 00′ N、124° E 以东水深 80~100m 的海域，表层水温 10.0~17.0℃，盐度 33.00~34.60。每年春季，随着水温回升，越冬群体向近海进行产卵洄游。位于韩国济州岛邻近水域的越冬群体，一部分游向朝鲜半岛西南沿海产卵，另一部分从 4 月开始游向大沙渔场，其中有的继续北上至黄海北部和渤海产卵，有的则向西北移动，5 月中旬主群分批进入海州湾南部近岸产卵，产卵场主要在海州湾渔场和吕泗渔场。

东海群系：东海北部外海越冬场位于 20° 00′ N~32° 00′ N、125° 30′ E~127° 30′ E，表层水温 11.0~18.0℃，盐度 34~34.8。越冬群体一般自 4 月开始随暖流势力增强向西及西北方向（舟山渔场、长江口渔场）洄游，5~6 月在长江口渔场和舟山渔场产卵。产卵后群体分散索饵，秋季随着水温逐渐降低，向深水区进行越冬洄游。温台外海越冬场位于 26° 30′ N~28° 30′ N、122° 30′ E~125° 30′ E 水深 80~100m 的海域，水温 12~19℃，盐度 30~34.8。越冬群体 5~6 月洄游至浙闽近海产卵，产卵场在温台近海及闽东近海等。该群体向北不超过长江口。7 月产卵结束后，在沿岸和近海分散索饵育肥。秋季伴随温度的逐渐下降，逐步洄游至深水区产卵。

一般来说，东海群系虽然有两个越冬场，但两者之间并无严格界线，所以整个东海 60~100m 水深连成一个越冬场（张秋华等，2007）。

21. 北鲳

北鲳（*Pampus punctatissimus*）属暖温性中上层近岸洄游鱼类，黄海、东海和南海都有分布。

北鲳的主要产卵场在海州湾、吕泗、长江口、舟山群岛、温州近海和闽东渔场。有两个越冬场：一个在中国东海北部外海和韩国济州岛邻近水域（水深 60~100m），产卵鱼群从越冬场游向中国黄海各产卵场，部分游向韩国西南海域产卵。另一个是主要越冬场，在温台和闽南外海水深 60~100m 范围内。越冬后的鱼群于 4 月开始，沿着 15~19℃ 等温线向浙、闽近海产卵场产卵洄游，一部分鱼群 7 月可达闽东的四礵列岛、嵛山岛南北和七星岛附近产卵，一部分鱼群游至浙江的韭山列岛和杭州湾口附近产卵，其中有些体型较大的个体继续北上抵达吕泗洋和海州湾产卵场。产卵期 6~8 月。

产卵后的鱼群一般向北进行索饵洄游，秋季水温下降，鱼群往东、南进行越冬洄游。

（二）底层或中下层鱼类

1. 短尾大眼鲷

短尾大眼鲷（*Priacanthus macracanthus*）属暖水性中下层鱼类，分布于南海和东海。鱼群不作长距离洄游，但季节性南北移动明显。冬春季分布偏南部、外海，而夏秋季则可分布到近岸和东海北部接近黄海南部（郑元甲等，2003）。

2. 海鳗

海鳗（*Muraenesox cinereus*）俗称灰海鳗，属暖水性底层鱼类，分布于南海、东海和黄渤海。在中国近海有东海南部、东海中部和黄渤海 3 个群体。

东海南部群体沿浙江近海进行南北移动，推测其越冬场在鱼山至东引岛一带外海，越冬期为 1~3 月。3 月以后鱼群游向近海并沿海岸线北上，5~6 月抵达海礁岛附近，然后越过长江口，8~9 月分布于黄海中部和江苏近海，10 月开始返回越冬场。

东海中部群体的越冬场在韩国济州岛西南，3~4 月鱼群向西移动，5~6 月在海礁岛一带与东海南部群体汇合，一起向北洄游。10 月折向东南，进行越冬洄游。

黄渤海群体的越冬场位于 32° N~35° N、124° E~126° E。4 月已游向 124° E 以西的连云港到石岛一带的东部渔场，6 月在海州湾一带的鱼群密度增加，并有部分鱼群进入渤海中部，7~9 月在海州湾、青岛、石岛、烟台、威海等渔场及渤海和黄海北部均有分布，10~11 月鱼群已向东海移动，12 月进入越冬场。

3. 多鳞鱚

多鳞鱚（*Sillago sihama*）属暖水性底层小型鱼类，中国四海都有分布。

黄渤海的多鳞鱚越冬场在黄海中部水深 50~70m 一带，底温 7~13℃，盐度 32~33.5，越冬期 12 月至翌年初。每年 3 月离开越冬场，分 2 支进行生殖洄游：一支于 3 月中、下旬进入海州湾和吕泗渔场北部产卵场，产卵期 4~6 月；另一支数量较大的鱼群于 3 月上、中旬由越冬场向北移动，于 3 月下旬或 4 月初移至山东半岛南部，除部分鱼群继续北上于 5 月上旬到达海洋岛附近海域外，主群于 4 月下旬进入烟威沿岸水域，进入渤海三大海湾产卵场，其中莱州湾的鱼群最大。

南海的群体一般只进行深浅水之间的短距离移动，春季由深水区向沿岸浅水区进行生殖洄游。产卵期 3~4 月，产卵场在广西北海、钦州和广东遂溪沿岸 10m 水深以内。

东海虽有该种，但鱼群小而分散。

4. 大黄鱼

大黄鱼（*Larimichthys crocea*）分布于黄海山东半岛以南至南海雷州半岛以东。分 3 个种群：①浙江和江苏南部的岱衢族种群，含 7 个产卵群体，即吕泗洋产卵群体、岱衢洋产卵群体、大目洋产卵群体、猫头洋产卵群体、洞头洋产卵群体、官井洋产卵群体、东引岛产卵群体；②雷州半岛以东的硇洲族种群，含 4 个产卵群体，即牛山岛产卵群体、九龙江口外诸岛产卵群体、南澳岛产卵群体、汕尾外海产卵群体；③闽、粤沿海的闽—粤东族种群，含 2 个产卵群体，即硇洲岛附近海区产卵群体、徐闻海区产卵群体（张其永等，2011）。大黄鱼群体洄游一年中分 3 个阶段。

生殖洄游：每年生殖期间，性腺发育成熟的群体分批从外海越冬场集群游向浅海和近海产卵场产卵。其路线大致是：春季，黄海南部越冬场的鱼群大部分经长江口北部游向吕泗洋产卵场，另有部分游向海州湾产卵场。长江口外越冬场的大部分鱼群游向长江口北部和吕泗洋产卵场，另有部分游向岱衢洋和大戢洋产卵场。浙江近海越冬场鱼群大部分自 4 月开始由浙江中、南部水深 50~80m 弧形地带的越冬场进入洞头洋、猫头洋、大目洋、岱衢洋及大戢洋等产卵场。福建近海越冬鱼群，一路于 4 月下旬至 5 月中旬经东海东引岛分批进入东引渔场产卵；另一路于 4 月下旬至 6 月中旬经白犬列岛、马祖岛以东，分 3~4 批进入三都澳水域，于 5 月中旬至 6 月中旬每逢大潮在官井洋产卵。广东近海越冬鱼群，在南海北部沿岸外侧短期越冬后，自 2 月开始游向南澳岛、汕尾、硇洲岛附近浅海产卵（林丹军，2004）。

索饵洄游：大黄鱼的索饵洄游距离不远，接近性成熟的鱼群或产卵后的鱼群一般分散在产卵场周围的海区索饵，幼鱼也随着饵料生物分布而移动。在索饵场鱼群会依个体大小不同而集群分布于不同深度水域。

越冬洄游：大黄鱼的越冬期一般为 1~3 月，北部较南部的越冬期稍长。越冬场一般位于冷水和暖水交汇的较深海区，温度、盐度梯度较大。越冬的水温为 9~11℃，盐度为 33 左右。大黄鱼冬季分布遍及黄海南部、东海及南海北部大陆沿岸 30m 以上较深水域。在水深 50~70m 的江苏近海和水深 50~100m 的长江外侧海域为黄海南部鱼群和东海北部鱼群较为集中的越冬场。分散在浙江南部、福建台山岛海域的鱼群，南下越冬洄游至南麂岛、四礵列岛后，一部分鱼群游向 50~80m 等深线暖水处越冬，一部分鱼群向四礵列岛以南，经横山岛与东引岛以东海域继续南游。福建近海越冬鱼群分布在闽东的台山岛、东引岛和牛山岛直至厦门沿岸外侧水深 30~80m 的弧形地带越冬场。广东近海越冬鱼群分布在南海北部沿岸外侧较深水域的弧形地带进行短期越冬（林丹军，2004）。

5. 小黄鱼

以往认为小黄鱼（*Larimichthys polyactis*）分为黄渤海种群、黄海南部种群和东海种群，含莱州湾-渤海湾、辽东湾、鸭绿江口和吕泗洋等 4 个产卵群体（金显仕等，2006）。而后，徐兆礼和陈佳杰（2009）认为中国近海的小黄鱼只有 2 个洄游性地理种群，并有各自的产卵场和越冬场。其中黄渤海种群的越冬场在黄海中部，该种群每年 6 月进入渤海各海湾、黄海北部沿岸和海州湾产卵，每个产卵场有其产卵群体。栖息在渤海的小黄鱼 9~11 月在渤海中部索饵，11 月后绕过成山头向越冬场洄游。东黄海地理种群每年 12 月至翌年 2 月在韩国济州岛西南和东海中南部海域越冬，3 月向近海产卵洄游，3 月下旬进入舟山渔场，与东海中南部北上的产卵群体汇合。汇合后部分就地产卵，部分北上进入吕泗渔场，5~6 月产卵后小黄鱼成鱼和稚幼鱼群体集中在舟山渔场、长江口渔场和吕泗渔场，7~9 月进入大沙渔场索饵，10 月后大部分游向外海越冬，小部分南下回到东海中南部近海越冬场（徐兆礼和陈佳杰，2009；郑元甲等，2013）。

6. 叫姑鱼

叫姑鱼（*Johnius grypotus*）属暖温性中下层或底层小型鱼类，分布于黄渤海、东海和南海。黄渤海的越冬场有两个，一个在石岛东南外海，另一个在黄海东南部。

石岛东南外海越冬场的适温范围6~8℃，越冬期12月至翌年2月。3~4月在石岛以东集群，并越过成山头，分为两路，一路北游到庄河外海和鸭绿江口，另一路先逗留在烟威外海索饵，然后沿38°N纬度线西进渤海，分别游到渤海三大海湾的河口产卵。8~9月鱼群逐渐向深水移动，密集于渤海中部，10~11月渤海外泛鱼群与黄海北部的外泛鱼群汇合于烟威外海，自西向东集结在38°N纬度线周围海域，12月重返越冬场。

黄海东南部越冬鱼群一般进行东、西向的往返移动，春夏季西游至江苏沿海和长江口附近浅水区产卵，秋冬季重返越冬场。

东海叫姑鱼的产卵场和索饵场都在港湾和浅海，秋冬季向深水移动。

7. 黄姑鱼

黄姑鱼（*Nibea albiflora*）属暖温性底层鱼类，中国四海都有分布，黄渤海最多。

黄渤海的黄姑鱼季节性洄游比较明显。越冬场位于32°30′N~34°30′N、123°E以东，中国山东大小黑山岛西部、韩国济州岛西南至中国苏岩礁一带水深60~80m的海域，越冬水温8.5~12℃。3月鱼群向西北洄游，4月到达连云港及石岛外，分别游向海州湾和乳山近海产卵；主群继续北上，经山东高角游向鸭绿江口和黄河口产卵，部分鱼群游向大凌河口和滦河口产卵场。产卵后鱼群分布于产卵场附近索饵。10月开始，黄姑鱼逐渐游出渤海，11月与各路鱼群集结于山东高角外海，12月进入越冬场。

8. 日本白姑鱼

日本白姑鱼（*Argyrosomus japonica*）属暖温性近底层鱼类，分布于黄渤海和东海，形成黄海和东海两个群体。

黄海群体往返洄游于韩国济州岛和中国黄渤海之间，越冬场在33°30′N~34°30′N、123°30′E~125°30′E海域。4月分两路向黄渤海移动：北路鱼群游向各大河口和鸭绿江口外产卵，产卵期5~6月；西路鱼群游向山东半岛南岸和海州湾，产卵期略早。产卵后北路鱼群逐渐向山东高角集结，西路鱼群则就近分布在海州湾等产卵场外围索饵，10~11月各自游向越冬场。

东海群体有南、北两个越冬场：北部越冬场位于长江口和舟山群岛外海，偏北分布的鱼群常与黄海越冬群相混，生殖期间（5~8月）游向近海产卵；南部越冬场位于浙南到闽中外海，生殖期间鱼群向岸洄游后，沿与岸线平行的方向向北移动，产卵后的鱼群在浙江中南部和闽东近海索饵，冬季重返越冬场。

9. 鮸

鮸（*Miichthys miiuy*）属暖温性底层中、大型鱼类，中国四海都有分布。

黄海鱼群越冬场分布在中国黄海海槽边缘，并延伸到韩国济州岛西南部。4月鱼群向西进入渤海。5~9 月在浅海栖息，10 月在乳山、射阳河口、渤海南部都有分布，11~12 月游向越冬场。

东海的温台渔场近海越冬场鱼群 4 月向西北洄游，5~11 月分布在佘山到浙江沿海的岛礁附近，12 月游向越冬场。

南海的鲷分布在粤东、珠江口、粤西和海南岛周围水深 5~35m 沿海岛礁，仅进行短距离游动。

10. 真鲷

真鲷（*Pagrus major*）属近海暖温性大中型鱼类，中国四海都有分布。分黄渤海和东海两大群体。

黄渤海群体可进行较长距离洄游。越冬场位于 33°00′ N~34°00′ N、123°00′ E~125°00′ E 水深 50~100m 的海域（底温 9~16℃、盐度 32~33.5），越冬期 12 月至翌年 3 月。4 月开始产卵洄游，5 月上旬和 5 月中旬分别到海州湾和莱州湾产卵。在海州湾产卵后的鱼群，7~8 月在产卵场附近索饵，11 月开始向东南移动，12 月到达越冬场。在莱州湾产卵后的鱼群，大部分就地索饵，小部分向东北深水移动索饵。8 月鱼群离开渤海游向山东半岛北部，9~10 月分布在石岛近岸一带，并逐渐向西南方向移动，11 月向东南游去，12 月到达越冬场。

东海群体分为台湾北部群和台湾海峡南部群。台湾北部群的产卵场可能在台湾东北部外海，7~8 月鱼群北游至浙南近海，10 月前后在沿岸浅水区产卵，产卵后的鱼群返回深水，群体不大。台湾海峡南部群 3 月后由越冬场向闽南、闽东沿海移动，分散索饵，10 月以后个体小的鱼在沿岸继续索饵，个体大的鱼于 11~12 月在港湾产卵。12 月以后鱼群向东南返回较深海域越冬。

11. 二长棘犁齿鲷

二长棘犁齿鲷（*Evynnis cardinalis*）属暖水性底层鱼类。分布于南海和东海，北部湾和海南岛以东到粤东、闽南浅海和近海，一般水深不超过 120m，成鱼大多出现在 60~90m 水层，幼鱼出现在近岸浅水区。

北部湾湾口和湾中西部的鱼群，10~12 月分两支先后朝偏北方向进行产卵洄游。一支于 10~11 月抵达涠洲岛附近，并于 12 月至翌年 2 月大部分集中在涠洲岛以东到雷州半岛以西一带产卵；另一支于 11~12 月游至越南沿岸产卵，大约 9 月返回湾口一带海域。

在海南岛以东海域，每年 1~3 月产卵群体自南部深水区向偏北方向集中游至 40~50m 的近岸产卵。4~8 月，当年生幼鱼分布在小于 30m 浅水区索饵，在粤东、闽南浅水区形成较大的密集中心。9~11 月鱼群又回到南部深水区。

12. 黄犁齿鲷

黄犁齿鲷（*Evynnis tumifrons*）曾称黄鲷（*Taius tumifrons*）、黄牙鲷（*Dentex tumifrons*）、日本犁齿鲷（*Evynnis japonica*），属暖温性底层鱼类，南海、东海和黄海都有分布。成鱼栖息于远岸深水区，产卵时向浅海游动。例如，东海以南外海，鱼群以 150m 的深水区密度最大，而小于 60m 浅水区没有出现，水深 60~100m 的海域只有少量分布，且以当年生幼鱼为主，水深 100~150m 海域的群体也以当年生幼鱼为主，而大于 150m 水深海域的群体则以大个体的成鱼为主（郑元甲等，2003）。

13. 日本带鱼

日本带鱼（*Trichiurus japonicus*）属暖水性中下层鱼类，中国四海都有分布。

日本带鱼分黄渤海种群、东海－粤东种群、粤西北部湾种群、北部湾外海种群，黄渤海是一个独立种群（罗秉征等，1993；金显仕等，2006）。浙江、福建日本带鱼的产卵群体应属于同一地理种群（张其永等，1966）。

日本带鱼洄游现象以东海－粤东种群最为明显。该群体每年3月从福建北部近海向北进行生殖洄游，至台湾海峡以北海区后，在东海外海越冬的鱼群会陆续向西偏北的方向补充到向北洄游的群体中，在日本带鱼资源旺盛时期，产卵群体可跨越长江口直到黄海南部。但随着其资源的衰退，20世纪80年代末期以来到黄海南部产卵的鱼群已经很少。日本带鱼的产卵期福建北部近海为3~5月、浙江中南部近海为4~6月、浙江中北部为5~8月，少数个体在10月以后还能产卵。主要产卵场在28°00′N~31°30′N、122°00′E~124°30′E的海区。近年来的调查发现，在东海外海也有产卵个体分布。产卵后的亲体分布在产卵场附近至黄海南部区索饵，主要索饵期为8~10月。秋末索饵群体主群向南偏西的方向进行越冬洄游，部分鱼群向东南方向洄游至东海外海，即26°30′N~32°00′N、水深60~100m的外侧海区越冬，越冬期为1~3月（郑元甲等，2013）。

14. 棘绿鳍鱼

棘绿鳍鱼（*Chelidonichthys spinosus*）属近海暖温性底层鱼类，中国四海都有分布，主要在黄渤海。

这种鱼的越冬场在外海，4~5月生殖洄游的鱼群可到达黄海北部并进入渤海。产卵期5~6月，产卵场主要在海州湾北部、乳山口、鸭绿江口和滦河口。7~2月在产卵场附近索饵，10月移向深水，并逐步洄游至越冬场。

15. 小鳍红娘鱼

小鳍红娘鱼（*Lepidotrigla microptera*）曾称短鳍红娘鱼，属暖温性底层鱼类，黄渤海和东海有分布。分为黄渤海群体和东海群体。

黄渤海群体每年4月、5月自韩国济州岛西部越冬场北上中国黄海北部鸭绿江口海域，向西进入渤海三大海湾产卵；黄海中部的乳山湾、海州湾和南部的吕泗渔场也是产卵场。产卵期5月上旬至6月中旬。10月部分鱼群游出渤海海峡，11~12月游向黄海海槽边缘越冬。

东海群体4月、5月自温台外海游向舟山外海，6月在80m以外深水区产卵，并在深水区索饵至9月，12月洄游至温台外海越冬场。

16. 鲬

鲬（*Platycephalus indicus*）属暖水性底层鱼类，中国四海都有分布。

黄渤海区的越冬场大致在 36° 00′ N、122° 30′ E 以南和以东水深 60~80m 的范围内。鱼群 3 月从越冬场逐渐游向近岸水域：一支向西到达吕泗渔场和海州湾渔场；另一支向东游向朝鲜半岛西海岸，主群向北洄游，4 月上、中旬到达黄海北部沿岸海区，并于 4 月下旬进入渤海，分布于沿岸浅水区。较集中的产卵场有海州湾、烟威近岸、莱州湾、辽东湾及辽东半岛沿岸等地，产卵期 5~6 月。索饵期 7~10 月，10 月中、下旬游出渤海，向越冬场洄游。12 月中旬各支鱼群基本按原路线返回越冬场。

17. 刺鲳

刺鲳（*Psenopsis anomala*）属暖水性中下层鱼类，黄海南部、东海和南海都有分布。

在东海，每年 2 月位于北部的刺鲳开始逐步南下，3 月有部分鱼群到达福建台山岛附近海域，4~6 月在浙江温州湾至福建沙埕港一带产卵，7 月起又北上至鱼山列岛附近海域，然后再沿近岸逐步向北至济州岛方向移动。刺鲳有昼夜垂直移动的习性。群体数量在东海夏、秋两季多于冬、春两季。成鱼主要分布在水深 100~150m 的海域，而幼鱼则主要分布在水深小于 100m 的海域。刺鲳在生殖季节有自深海向浅海进行生殖洄游的现象。

18. 绒纹副单角鲀

绒纹副单角鲀（*Paramonacanthus sulcatus*）属暖水性中下层鱼类，分布于南海和东海。分两个群体，即粤东－闽南－闽中群体和琼州海峡西口浅水区群体。

粤东－闽南－闽中群体每年 3~4 月性腺成熟的个体结群于粤东海域，在濠江、海门和资深沿海水深 35~42m 一带产卵，5 月幼鱼大量出现，分布于粤东、闽南至闽东一带索饵。6~7 月是闽中渔场鱼群的盛期，7~8 月是粤东和闽南渔场的盛期。9 月鱼群移向深水区。到 10 月在甲子、神泉、海门和濠江南部水深 35~45m 一带再一次形成密集区。

19. 绿鳍马面鲀

绿鳍马面鲀（*Thamnaconus septentrionalis*）属外海底层暖水性鱼类，分布于中国渤海、黄海和东海及朝鲜半岛和日本沿海。隐岐海峡群体为日本地理种群，东海、黄海和对马海峡群体为东海－黄海－韩国沿岸地理种群。后者又分为 4 个群体，即东海南部群体、黄海北部群体、东海外海群体、韩国沿岸群体（郑元甲等，2013）。

绿鳍马面鲀的洄游范围较广，10 月前后主要在韩国济州岛西南活动，随着季节的推移，部分鱼群逐渐向日本五岛列岛渔场、对马岛渔场移动，部分鱼群向 32° N 以南至 27° N，沿 80~100m 等深线一带洄游，12 月至翌年 3 月上旬鱼群在这两个海区越冬（五岛列岛渔场、对马岛渔场鱼群越冬期至 2 月底），3 月主群到达中国东海中南部海区，4 月前后在这一带产卵，中心产卵场在中国钓鱼岛附近海区及闽东外海。5 月上旬产卵后的鱼群洄游到东海北部及黄海索饵。估计部分黄海鱼群 5~6 月在中国黄海中北部近海和朝鲜半岛西部近海产卵，产卵后至黄海北部海洋岛附近索饵。舟山渔场及海洋岛渔场是两个鱼群较集中的索饵场。5 月下旬至 7 月在舟山渔场索饵的鱼群向我国舟山、吕泗外海及韩国济州岛南部移动。6 月下旬至 8 月在海洋岛附近索饵的鱼群，8 月后向黄海南部至东海北部洄游。在五岛列岛渔场、对马岛渔场越冬的鱼群，有一部分游向日本海和日本本州岛东部近海（林新濯等，1984）。

20. 黄鳍马面鲀

黄鳍马面鲀（*Thamnaconus hypargyreus*）属暖水性底层鱼类，分布于南海和东海。具明显的季节集群，分产卵群体和索饵群体。

产卵群体主要分布于珠江口西南海区，12 月初由水深 90m 附近逐渐向近海集群，2~4 月在 21° 00′ N~22° 00′ N、113° 30′ E~115° 00′ E，水深 50~90m 一带形成密集中心。此外，在粤西近海和粤东外海也有产卵群体分布，但群体小。产卵后亲体分散。

索饵群体主要由当年生幼鱼组成，主要分布于粤西至海南岛东部海域。每年 12 月到翌年 1 月，在海南岛南部的榆林和陵水沿海先后出现体长 4~5mm 的稚鱼和幼鱼，2~3 月幼鱼分布于清澜湾口和铜鼓仔渔场，4~5 月主群沿海南岛东岸北上，抵达七洲渔场一带。5 月后遍布于粤西海区，在水深 50~90m 外索饵。8~10 月鱼群东移进入珠江口海区，11 月部分性腺发育成熟，进入产卵前期。

21. 多纪鲀

多纪鲀（*Takifugu* spp.）属洄游性近底层鱼类，中国海域已记录 20 种多纪鲀。在东海北部和黄海常见种有黄鳍多纪鲀（*T. xanthopterus*）、星点多纪鲀（*T. niphobles*）、菊黄多纪鲀（*T. flavidus*）、暗纹多纪鲀（*T. fasciatus*）。越冬场在中国黄海中部深水区、韩国济州岛邻近海域及中国东海深水区，越冬场水温约 10℃、盐度 33~35。3 月亲鱼开始离开越冬场，分别向东海北部、黄海、渤海的产卵场移动。一般在 4~5 月到达产卵场，产卵期 5~6 月。7~12 月幼鱼和产完卵的亲鱼在产卵场附近的深水区索饵。秋季各索饵群逐渐南移汇合，并在 12 月末或 1 月初到达黄海中央海域越冬场，越冬期 1~3 月（叶懋中和章隼，1965）。

二、主要捕捞虾类的洄游

中国海域已记录的对虾总科中大、中型虾类有 137 种。多数种白天伏于海底，夜间进行游泳活动，是半游泳性生物类群，既营底栖生活也营游泳生活。在大型的 4 种明对虾（*Fenneropenaeus* spp.）、日本囊对虾（*Marsupenaeus japonicus*）、3 种大突虾（*Megokris* spp.）、4 种沟对虾（*Melicertus* spp.）和 2 种对虾（*Penaeus* spp.）中，仅中国明对虾进行 1000 多千米长距离洄游。中型种在中国海域的有 16 种管鞭虾（*Solenocera* spp.）、22 种赤虾（*Metapenaeopsis* spp.）、6 种新对虾（*Metapenaeus* spp.）、6 种仿对虾（*Parapenaeopsis* spp.）和 8 种鹰爪虾（*Trachypenaeus* spp.），仅进行越冬、产卵和索饵，深浅季节性短距离水平移动和昼夜垂直移动，没有长距离洄游现象。真虾类的葛氏长臂虾（*Palaemon gravieri*）也仅有深浅水间的短距离移动。

（一）中国明对虾

中国明对虾（*Fenneropenaeus chinensis*）曾称中国对虾（*Penaeus orientalis*），主要分布在

渤海和黄海，东海和南海仅有少量分布。黄渤海的中国明对虾，在其一年的生命周期中要经过一次往返长达 1000 多千米的生殖洄游和越冬洄游。它在渤海近岸海域出生，在近海海域经过近 6 个月的索饵育肥，11 月中、下旬开始离开渤海，在黄海中南部深水区越冬，翌年 3 月中、下旬又开始游向沿岸诸河口海域产卵。

中国明对虾在不同生活阶段有不同的分布区。仔虾主要分布在河道内或河口附近，幼虾主要分布在河口附近的浅水区索饵。7 月下旬开始向较深海区移动。8 月上旬集中分布于水深 15m 以内的水域。9 月上、中旬渤海各湾的虾群移至水深 20~28m 处索饵。11 月上旬当渤海中部底温降至 15℃ 左右时，虾群开始集结，底温降至 12~13℃ 时进行越冬洄游。越冬场在 33°N~36°N，122°E~125°E。

3 月上、中旬，随着水温回升，分散在越冬场的亲虾开始集结进行生殖洄游。洄游途中，在山东半岛东南分出一支游向海州湾、胶州湾和山东半岛南岸海域的产卵场。主群经烟威渔场，于 4 月下旬到达渤海诸河口附近产卵场（邓景耀等，1990；《中国海洋渔业资源》编写组，1990）。

（二）管鞭虾属

中国海域的 16 种管鞭虾（*Solenocera* spp.）都是暖水种，分布于东海和南海。以中华管鞭虾（*S. crassicornis*）、凹管鞭虾（*S. koelbeli*）、大管鞭虾（*S. melantho*）和高脊管鞭虾（*S. alticarinata*）的数量较多，它们也是捕虾渔业的主要渔获物。例如，中华管鞭虾分布在沿岸低盐水和外海高盐水交汇的混合水区，在 30°00′N 以北的东海北部海域和南海沿海水深 20~60m 的海域都有分布。夏季性成熟的亲虾，从外侧深水海域进入沿岸浅水海域产卵洄游，幼虾在沿岸浅水区索饵成长。秋季逐渐向外侧深水区移动。其繁殖期在东海是 8~10 月，产卵后的亲体大量减少，由新生代取代。

（三）赤虾属

中国海域 22 种赤虾（*Metapenaeopsis* spp.）主要分布在东海和南海，仅戴氏赤虾（*M. dalei*）往北分布到黄海。

赤虾中以须赤虾（*M. barbata*）、宽突赤虾（*M. palmensis*）等的数量较多。例如，须赤虾在长江口以南至南海沿海水深 5~219m、盐度 31.0~34.7 的海域都有广泛分布，数量大。它不进行长距离洄游，但随水温变化和产卵有明显的季节性移动（宋海棠等，2009）。

（四）新对虾属

新对虾（*Metapenaeus* spp.）属近海中型虾，6 种新对虾除周氏新对虾（*M. joyneri*）从黄海分布到南海外，其他种仅分布在东海和南海。新对虾都不进行长距离洄游，但生殖、索饵有明显的短距离深浅水的移动或集群，其移动又与海况变化紧密相关。近缘新对虾（*M. affinis*）、刀额新对虾（*M. ensis*）、中型新对虾（*M. intermedius*）和周氏新对虾是主要捕捞对象。

（五）仿对虾属

中国海域记录的 6 种仿对虾（*Parapenaeopsis* spp.）中，哈氏仿对虾（*P. haradwickii*）和亨氏仿对虾（*P. hungerfordi*）是主要捕捞对象。仿对虾分布在沿岸海域，东海的哈氏仿对虾，春季由近海向沿岸和河口附近海域进行产卵洄游，夏、秋季在产卵场附近索饵育肥，10 月、11 月虾群开始向外移动。江苏沿海的哈氏仿对虾每年 4 月自外侧海区向吕泗渔场进行生殖游动，6 月为产卵盛期，7 月后幼虾在附近水域索饵，9 月、10 月虾群逐渐向东南深水区洄游。浙江沿海的虾群，春季 3 月、4 月逐渐由近海向沿岸移动，主要产卵期在 6 月，夏、秋季幼虾集中于水深 20m 以内沿岸水域，9 月、10 月在浙江北部和中部的岛屿附近海域继续育肥，11 月后近岸水域的虾群向外移动至 30m 等深线附近，并有逐渐向东及东偏南移动的趋势。南部的虾群在 12 月后开始游到外侧较深的海域越冬（《中国海洋渔业资源》编写组，1990）。

（六）鹰爪虾属

中国海域鹰爪虾（*Trachypenaeus* spp.）已记录的有 8 种，其中鹰爪虾（*T. curvirostris*）在整个中国沿海都有分布，数量也最大，在四大海域都是主要捕捞对象之一。

鹰爪虾是暖温性中、小型底栖虾类，主要分布在沿海近岸海域。低纬度海域的虾群不进行长距离洄游，但有集群和深浅水间的明显季节性移动。高纬度海域的虾群则有洄游现象，如分布在渤海和黄海北部山东半岛沿岸海域的虾群，每年 3 月开始离开石岛东南外海水深 60~80m 的越冬场，进行生殖和索饵洄游，主群沿 5~7℃等温线向北移动至 36°N、123°E 附近，而后主群中分出一支向沿岸方向洄游，4 月、5 月间抵达山东半岛南部，于 6 月前后进入胶州湾、乳山湾和石岛湾各产卵场；主群在水深 40~60m 外沿 7℃等温线向正北移动，4 月下旬前后到达成山头后，分出 3 个小支：一支向北经海洋岛以东海区游向鸭绿江口海域，一支向东偏北到朝鲜半岛西岸海域，一支穿过烟威东部外海，直插辽东半岛东南沿海；主群则绕过成山头进入烟威近海，沿 6~10.5℃等温线、20~40m 等深线西进，通过渤海海峡进入渤海。进入渤海后的虾群分头游向渤海三大海湾，6 月底抵达各河口产卵场。

索饵、越冬洄游的虾群中，渤海虾群 10 月中、下旬开始向底温 16℃以上的海区移动，11 月中、下旬虾群沿 12~14℃等温线陆续游出渤海，至 12 月中旬前后虾群基本全部游离渤海。烟威外海的虾群于 10 月下旬前后逐渐游向水温相对高的区域，与来自渤海和辽东半岛东南外海的虾群汇合，在水深 40~50m 的海域内索饵并逐渐向东移动，开始了越冬洄游；11 月底或 12 月初越过成山头进入石岛外海。从鸭绿江口南返的虾群到达海洋岛以南海区并向南进行越冬洄游。当石岛外海底温降至 10℃以下时，部分虾群进入越冬场。鹰爪虾的繁殖或越冬洄游都与水温密切相关，也呈现了这种暖温种较适高温而不适低温、低盐的习性（《中国海洋渔业资源》编写组，1990）。

东海的鹰爪虾主要分布在水深 40~65m 的海域，春季从越冬区向近岸聚集、产卵，繁殖期 5~9 月（宋海棠等，2006）。南海的鹰爪虾分布于水深 12~125m 的海域，主要在水深 30~60m 的海域，分布区底温 17~29℃，底盐 31.3~34.8。冬季向外海移动，5~8 月向近岸聚集，不进行长距离洄游。

（七）葛氏长臂虾

葛氏长臂虾（*Palaemon gravieri*）是中国地方种，主要分布于长江口以北黄海沿岸，闽北也有出现，是黄渤海和东海捕捞虾种。虾群的生殖和越冬季节性强，并进行深浅水之间短距离移动，春季由较深海区游向沿岸浅水区产卵，秋后由浅水区游向深水区越冬。例如，吕泗渔场春汛期间由来自东南方向的虾群到各沙槽产卵。浙江北部渔场虾群3月即开始进入岛屿附近产卵，中心位置在海礁岛、浪岗山、嵊山之间及浪岗山东北一带海域（《中国海洋渔业资源》编写组，1990；宋海棠等，2006）。

上文论述了7种最主要捕捞虾种的洄游或深浅水之间的游动。毛虾（*Acetes* spp.）在《中国海洋浮游生物》一书中论述。

三、主要捕捞头足类的洄游

软体动物门（Mollusca）头足纲（Cephalopoda）在中国海域已记录135种，分鹦鹉螺亚纲（Nautiloidea）和蛸亚纲（Coleoidea），前者仅1种，后者134种。后者又分6目，仅八腕目（Octopoda）（36种）和幽灵蛸目（Vampyromorpha）（1种）营底栖生活，其他4目97种都营游泳生活。这些种产卵后即死去，寿命只有一年。多数种都是捕捞对象。枪形目（Teuthoida）和乌贼目（Sepiida）中的主要捕捞种的洄游分述如下。

（一）剑尖枪乌贼

剑尖枪乌贼（*Uroteuthis edulis*）属暖水种，黄海南部以南至南海都有分布，尤以东海的数量最大。本种在东海周年都会繁殖，有春生群、夏生群和秋生群之分。

春生群：春季近海水温回升，剑尖枪乌贼从东海南部大陆架外侧海区的越冬场，向北和西北方向移动，4~5月密集于东海南部渔场，6月成熟的亲体就在这些海域产卵，产卵后的亲体相继死亡，幼体就近索饵。在日本九州西部海域越冬的亲体向西移动，主要分布在五岛渔场，4~7月产卵，群体数量较少。

夏生群：随着暖流势力的增强，群体继续朝西、西北和北三个方向移动，并密集于东海南部、中部和北部海域，成熟的亲体6~7月在这些海域产卵，未成熟的个体和幼体在这些海域索饵。夏生群是该种的主群。

秋生群：随水温下降，本种开始逐步南移，而在韩国济州岛南部索饵的群体逐渐向东移，密集于五岛渔场；在中国东海北部索饵的群体于9月开始南移，成熟的亲体于10月左右在东海中部海域产卵。秋末，分布在东海西部和五岛渔场的新生群体分批分别朝东南、南、东向东海外海越冬。

本种在春、夏季北上进行生殖洄游，秋冬季新生代南下越冬洄游，洄游距离不远，规模也不大（郑元甲等，2003）。

（二）中国枪乌贼

中国枪乌贼（*Uroteuthis chinensis*）是暖水种，有 3 个渔场：①北部湾渔场；②南澳外海的南澎列岛和台湾浅滩附近渔场；③厦门外海渔场。洄游趋势是做深浅定向游动或兼做南北洄游。春季由南向北、由深至浅进行生殖洄游，秋季由北向南、由浅水向深水进行适温（越冬）洄游。例如，台湾海峡有明显的春、秋两个生殖群体：春生群个体较大且大小整齐，但群体小，是产卵群体；秋生群个体小且大小参差不齐，群体大，是产卵和索饵两个混合群。其洄游路线大致为：每年 3~4 月，当西南风劲吹，南海暖水强盛时，本种便陆续从东沙群岛附近海域向闽南－台湾浅滩渔场移动，4 月下旬在台湾浅滩渔场及南澎列岛附近产卵，6 月上、中旬产卵结束。另外，5 月下旬，随着水温不断上升，秋生群由深海向浅海、从南向北进行索饵洄游，到 7~8 月已广泛分布于台湾海峡南部及中部水域，8 月秋生群集群产卵，形成旺汛，也是一年中鱿鱼生产量最高的月份。9 月后台湾海峡的群体开始返回南部海域进行适温和索饵洄游。这时，一部分洄游群体停留在东沙群岛附近海域和南海北部深水区；另一部分则继续南游，形成海南岛近海和北部湾的冬季旺汛（《中国海洋渔业资源》编写组，1990）。

（三）日本枪乌贼

日本枪乌贼（*Loliolus japonica*）是暖温种，分布于黄海、渤海和东海舟山渔场以北。

该种在黄渤海的越冬场位于黄海中部水深大于 50m 的深水区（34°00′N~37°00′N、122°00′E~124°00′E），越冬场水温 7~10℃、盐度 32~33。越冬期 12 月至翌年 2 月，每年 3 月越冬群体开始向黄海各产卵场进行生殖洄游。一部分群体游向山东半岛南岸和海州湾一带 20m 以内的浅水区产卵，主群向北洄游，越过成山头后再分南北两支。北支到黄海北部的河口浅水区产卵，南支的一部分抵达烟威近海海区产卵，另一部分进入渤海，在莱州湾、秦皇岛附近产卵场产卵。产卵期 4~6 月。亲体产卵后逐渐死亡，幼体在产卵场附近索饵。9~10 月当年生群体分散索饵并逐渐向深水移动，广泛分布于黄海。11 月各产卵场外围的当年生群体在石岛外海密集，缓慢南移。12 月大部分群体进入黄海中部深水区越冬（《中国海洋渔业资源》编写组，1990）。

（四）太平洋褶柔鱼

太平洋褶柔鱼（*Todarodes pacificus*）曾称太平洋丛柔鱼，分布于黄海、东海和南海，是大洋性、一年生、长距离洄游种。这里仅对黄海群体和东海群体进行介绍。

黄海群体：黄海区至少有冬宗和秋宗两个生殖群体，分布范围广，几乎遍及整个黄海区，而且冬宗、秋宗交叉混群栖息，但以冬宗群为主。①冬宗群：1~3 月为主要产卵期，发生在中国东海北部海礁岛至日本九州西部海域，仔、幼鱿鱼在产卵场度过冬季和初春，4 月、5 月随黑潮分两支北上索饵洄游。东支沿日本五岛西部游向对马岛周围至日本海的中、北部索饵育肥；西支经中国黄海东南部游向大黑山西北部后再分两支，一支向北游向朝鲜半岛西海岸的格列飞列岛西部水域，另一支继续向北偏西方向洄游。6 月中旬前后，主群进入黄海北部水域索饵育肥，并在冷水区边缘度过夏季和秋季。10月中、下旬，黄海群体分批陆续游出索饵场，经烟威渔场东部和黄海中央深水区，沿124°E线向南偏东进行生殖洄游。12月至翌年1月，主群陆续游入黄海南部和东海北部海礁岛附近水域，1月中、下旬进入产卵场（底温15℃）。②秋宗群：产卵场和冬宗群基本一致，产卵时间11月至翌年1月。仔幼鱿鱼3月、4月北上索饵，游来黄海的两支鱿，5月、6月除在长江口附近低盐水区外，还广泛分布于黄海区，但数量远远少于冬宗群。9月、10月分批南游，11月中、下旬游入海礁岛至九州岛及东海中东部产卵。产卵场较冬宗群偏向东海中、东部（底温15℃以上）（《中国海洋渔业资源》编写组，1990）。

东海群体：分布于暖流水系与寒流水系、大洋水系与沿岸水系水域交叉地带。在长距离水平洄游中，北上交配时适温10~17℃，南下产卵时适温15~20℃。

东海外海是本种的越冬场和产卵场，春季随水温上升，黑潮势力增强，孵化后成长的主群进入对马海峡，并随对马暖流继续朝日本海方向索饵洄游。另一支朝西北方向随台湾暖流和黄海暖流北上；5~6月在29°00′N~30°30′N、125°00′E~126°00′E形成密集分布区；6~7月到达长江口－舟山渔场索饵；7~8月继续北上进入黄海，8~10月在黄海中部渔场（35°30′N~37°00′N、123°00′E~125°00′E）密集分布，进行索饵和交尾。10月后群体逐渐南移，到达日本海南部和对马海域，10~12月在韩国济州岛东部和东南部的对马海域形成密集区，并继续南下进入东海外海越冬场越冬、产卵（宋海棠等，2009）。

（五）日本无针乌贼

日本无针乌贼（*Sepiella japonica*）曾称曼氏无针乌贼（*S. maindroni*）。20世纪50~70年代是舟山四大渔产之一，东海区的年产量6×10^4~7×10^4t，而滥捕致使80年代末形不成渔汛。中国四海都有分布，分布中心在浙江近海和闽东海域，分四大群。

浙北群：7~9月在浙江中、北部各产卵场孵化，新生代10月后向外海洄游，11月出现在海礁岛、浪岗山、洋鞍、大陈一带。12月至翌年初，游向浙江中、北部水深60~80m的海域越冬。

浙南、闽东群：6~8月孵化出幼体，在20~30m等深线海域索饵，11~12月向浙南、闽东越冬场洄游，11月至翌年2月在浙南与福建东引岛以东60~80m等深线一带海域越冬。

闽中群：闽中渔场深沪、崇武、东山孵化的幼体，6~8月在产卵场索饵，9~10月分布在20~30m浅水，11~12月到达东山东、梧屿东南、乌丘屿西南深水区，1~2月到达60~80m附近混合水区越冬。

闽南群：在闽南渔场兄弟屿、漳浦近海和东碇岛等产卵场孵化的幼体，6~8月在产卵场附近索饵，11月上旬至12月下旬自北向东南外海越冬洄游。

黄渤海群和南海群的群体都不大，也是从深水向浅水及从浅水向深水产卵洄游和越冬洄游（《中国海洋渔业资源》编写组，1990；宋海棠等，2009）。

（六）乌贼

乌贼（*Sepia* spp.）有金乌贼（*S. esculenta*）、虎斑乌贼（*S. pharaonis*）、白斑乌贼（*S. latimanus*）、目乌贼（*S. aculeata*）、神户乌贼（*S. kobiensis*）、拟目乌贼（*S. lycidas*）等多种，是海洋捕捞对

象。这些种都有从深海向浅海进行生殖洄游和从浅水向深海进行越冬洄游的习性（宋海棠等，2009）。

四、海洋爬行类的洄游

海洋爬行纲（Reptilia）分龟鳖目和蛇目两个目，分述如下。

（一）龟鳖目

龟鳖目（Testudiformes）分海龟科（Cheloniidae）和棱皮龟科（Dermochelyidae）。在中国海域，海龟科有 4 种，即绿海龟（*Chelonia mydas*）、蠵龟（*Caretta caretta*）、玳瑁（*Eretmochelys imbricata*）和太平洋丽龟（*Lepidochelys olivacea*），多数分布于热带和亚热带近海，以海草和海藻为食。有由坚硬盾板组成的龟壳。棱皮龟科仅棱皮龟（*Dermochelys coriacea*）1 种，是分布于各大洋的远洋种，它是海龟中最大者（体长 2m，体重 800kg），没有盾板，背甲是由几百片多边形的小骨板镶嵌而成，外覆革质皮肤，背甲有 7 条纵棱。龟是冷血变温动物，用肺呼吸大气中的氧气，棱皮龟可以深潜至 640m。

所有海龟在近海或大洋营游泳生活，但都要经长距离生殖洄游，到遥远的沙滩产卵。国外标志放流研究发现，绿海龟规律性地 2~4 年返回一次出生地产卵，要穿 2200km 的大洋到巴西沿岸，耗时两个多月。对世界各地绿海龟进行分子生物学标记（DNA 标记）的结果表明，海龟一定返回其出生地产卵。不同海域交配的海龟，其 DNA 序列是不同的（Castro and Huber，2010）。中国西沙群岛夏、秋两季常有许多绿海龟到沙滩产卵。广东大亚湾口东侧的港口沙滩，每年都有绿海龟到此产卵，这里已建"惠东港口海龟国家级自然保护区"，保护绿海龟在沙滩产卵和孵化（罗秉征等，1993）。

中国的绿海龟在黄海、东海和南海都有分布。4~10 月常在礁盘附近水面交尾，需 3~4h。雌性在夜间爬到沙滩上，先用前肢挖一深度与体高相当的大坑，伏于坑内，再以后肢交替挖一口径 20cm、深 50cm 的卵坑，在坑内产卵。产毕以沙覆盖，然后回到海中。每年产卵多次，每次产卵 91~157 枚，孵化期 41~43 天（马积藩，1991）。

棱皮龟全年产卵，盛期 5~6 月，产卵时在沙滩挖穴，深约 1m，每次产卵 90~150 枚，埋于沙下，65~70 天孵化（宗愉，1991）。

在中国香港，绿海龟每年 6~10 月在南丫岛深湾产卵，2003 年、2008 年和 2012 年都有记录，其中 2012 年 1 只海龟产下 5 窝卵超过 500 枚，产卵的亲体游至越南觅食。香港特别行政区政府渔农自然护理署在绿海龟和玳瑁上安装卫星追踪器进行放流，显示这两种龟到我国万山群岛、东沙群岛、福建、西沙群岛和菲律宾觅食地（香港特别行政区政府渔农自然护理署，2013）。

（二）蛇目

蛇目（Serpentiformes）的眼镜蛇科（Elapidae）[海蛇科 Hydrophiidae]海洋种身体（后部）侧扁，尾部呈桨状（扁平），都是对游泳生活的适应。海蛇一生都生活在海中，在海中交配，卵胎生，主要分布在近海和珊瑚礁区。海蛇虽是毒蛇，但很少具攻击性，其嘴太小而不能很好地噬咬。

西太平洋有 50 多种海蛇，中国已记录 16 种，如半环扁尾海蛇（*Laticauda semifasciata*）、青灰海蛇（*Hydrohis caerulescens*）、平颏海蛇（*Lapemis curtus*）和海蝰（*Praescutata viperina*），是在中国沿海分布较广的常见种（赵尔宓，2006）。

五、海洋哺乳类的洄游

哺乳纲（Mammalia）也称兽纲。海洋哺乳类仍然保持胎生、哺乳、用肺呼吸和恒温等哺乳纲固有的生理特点。但其在体型、四肢和骨骼及其他一些生理方面也产生了与水生游泳生活相适应的变化。中国海洋哺乳类分鲸目（Cetacea）、鳍脚目（Pinnipedia）和海牛目（Sirenia）3 目。下文仅介绍前两个目的洄游。

（一）鲸目

鲸目全世界大约有 90 种，中国海域记录 37 种，隶属 9 科。鲸目分须鲸亚目（Mysticeti）和齿鲸亚目（Odontoceti），前者口腔内有鲸须，没有牙齿，滤食，都是大型种；后者有牙齿，没有鲸须，捕食，小型种多数，大型种少数（如抹香鲸）。中国海域记录须鲸 9 种，齿鲸 28 种。通常也把大型的鲸称为鲸，小型的鲸称为豚（Jefferson et al.，1993）。

1. 须鲸

（1）灰鲸

灰鲸（*Eschrichtius robustus*）是大型须鲸，体长 11~16m，体重约 35t，目前仅分布于太平洋。该种现在在北冰洋和大西洋已绝迹，其洄游路线是所有巨鲸中最为人们所熟知的。灰鲸从 5 月末到 9 月下旬，在白令海北部、波弗特海和东西伯利亚海的浅水海域觅食，在 9 月下旬冰开始形成时南迁；到 11 月，它们穿越阿留申群岛东部。在洄游时，灰鲸吃得很少，体重消耗接近 1/4，平均每天游 185km。之后沿北美洲西海岸下行，途经下加利福尼亚半岛，11 月末或 12 月初抵达俄勒冈和加利福尼亚海峡南部主要岛屿沿岸的浅水区和潟湖中，进行生育或交配。

在生下 700~1400kg 的幼仔后，3 月开始向北洄游。雌性每两年交配一次，最初向北洄游的是没有生育刚怀孕的雌性，它们将在 12 个月后返回产仔。有了幼仔的亲体最晚离开。北行路线中，倾向于远离海岸。由于洋流和新生仔的影响，它们比向南洄游的速度慢，平均每天游 80km。这些鲸最晚 5 月初离开华盛顿海岸，5 月末抵达索饵区。历时 8 个月、洄游 18 000km，这在动物的洄游（或迁徙）中是绝无仅有的（Castro and Huber，2010；Jefferson et al.，1993）。

灰鲸分北大西洋灰鲸和西太平洋灰鲸 2 个种群。北大西洋种群 20 世纪已灭绝。西太平洋种群 1918 年以前被日本捕鲸船在日本海朝鲜半岛沿岸捕获百头以上。灰鲸在中国黄海北部 1949 年搁浅 1 头，1958 年和 1960 年均曾被发现过；在广东大亚湾和雷州半岛外罗港分别于 1953 年和 1954 年被发现过。韩国 1967~1975 年曾捕获到灰鲸（王丕烈，1993）。2011 年 11 月 5 日在福建平潭青峰村一头灰鲸尸体缠绕在定置网上，雌性，体长 13.09m，体重约 21t（王先艳等，2013）。

（2）大翅鲸［座头鲸］

大翅鲸（*Megaptera novaeangliae*）是大型须鲸，成体体长 11~16m，幼体体长 4.5~5.0m，广泛分布于全世界各海域。在热带海域繁殖，在暖温带和亚热带海域索饵，索饵场还可达两极地冰区外缘。通常单头或 2~3 头集群洄游到索饵区或繁殖区。南北半球的季节是颠倒的，所以当一些大翅鲸在夏威夷或西印度群岛过冬时，另一些大翅鲸在南半球极地附近索饵，这时正是南半球的夏季。

1929 年日本捕鲸船在中国台湾南部海域捕获 60 头大翅鲸，1962 年在中国黄海捕获 1 头，同年在中国东海捕获 1~2 头。日本的捕捞直接影响该种在中国的数量。1953 年开始，人们在广东惠阳大亚湾内捕大翅鲸，1957~1958 年度捕获最多，为 13 头，1959 年仅捕获 1 头，1961 年停捕（王丕烈，1993）。

（3）长须鲸

长须鲸（*Balaenoptera physalus*）广泛分布于世界各大洋，包括热带、亚热带和极地所有海域。其游泳速度快达 37km/h，是大型鲸游泳速度最快的种之一。初生仔 6.0~6.5m，最大成体体长可达 27m，体重约 75t。在热带和亚热带海域产仔（Jefferson et al.，1993）。

1917 年，日本捕鲸船在中国黄海和东海捕获长须鲸 264 头，之后逐年下降，1945 年仅捕获 14 头。1955 年日本捕鲸船又开始在中国东海捕鲸，1956 年捕获 277 头。有学者 1957 年在中国海洋岛渔场见到过 100 多头；中国捕鲸船元龙号自 1962 年开始试捕，最高年捕获量仅 7 头；1973 年日本又在中国东海捕获 14 头（王丕烈，1993）。

（4）布氏鲸［鳀鲸］

布氏鲸（*Balaenoptera edeni*）成体体长约 15.6m，幼仔约 4m，仅分布在热带和亚热带海域，分布一般不超过南半球和北半球 40° N，也有报道可达 70° N，全年产仔。有季节性洄游习性，一般冬季游向低纬度温暖海域产仔，夏季游向高纬度海域索饵。主要在日本太平洋一侧洄游，在中国黄海、东海和南海都有发现。

1979 年 3 月在江苏东台弶港搁浅 1 头，雄性，体长 11.2m。1917~1945 年日本捕鲸船在中国黄海相继捕获 3 头。1924 年中国厦门记录 1 头。1933~1963 年在中国台湾相继捕获 14 头（王丕烈和徐志楠，1994），福建小岞、广东大亚湾和广西北部湾也都有相关报道（王丕烈和唐瑞荣，1981；王丕烈，1982）。1991 年 12 月 12 日在福建古雷半岛发现 1 头搁浅尸体，体长 6.85m，体重约 2.5t，为雄性幼体（黄宗国，2000）。

（5）小须鲸［小鳀鲸］

小须鲸（*Balaenoptera acutorostrata*）成体体长 9~11m，体重约 14t，幼仔体长 2.4~2.8m，广泛分布于全球海洋，从热带至两极冰缘。中国四海都有分布，以黄海北部最多，南海很少。冬季在低纬度海域产仔（Jefferson et al.，1993）。

1955 年中国捕鲸船开始试捕，1967 年最多捕获 188 头，1980 年停止捕鲸（王丕烈，1993）。

2. 齿鲸类

（1）抹香鲸

抹香鲸（*Physeter catodon*）成体体长 13~18m，幼仔体长 3.5~4.5m，成体体重约 57t，是齿鲸中体长最大的。全球从热带海域至两极冰堆边缘都有分布，能深潜至 3200 多米深，时间可长达两个多小时，以大王鱿（*Architeuthis dux*）等乌贼和鱿鱼为食物。多数在夏季和秋季产仔。

抹香鲸在黄海、东海和南海都有搁滩记载。包括山东青岛和广东海丰等。1985 年福建福鼎秦屿附近海域有一群抹香鲸共 12 头在岸边洄游。2000 年 3 月 10 日在福建晋江围头外海域发现 1 头抹香鲸尸体，黄宗国（2000）主持对标本进行解剖研究，骨骼和外形两具标本置于厦门海底世界展出，体长 17m，体重 45t，年老。

（2）虎鲸

虎鲸（*Orcinus orca*）是大型齿鲸，雌性成体约 8.5m、750kg，雄性成体约 9.8m、1000kg，新生仔 2.1~2.4m、180kg。它是鲸类分布最广、最普通的种，世界各大洋、两极冰缘都有分布。在西北太平洋产仔季节从 10 月至翌年 3 月，东北大西洋产仔季节为秋季至仲冬。

中国四海都有出现。20 世纪 50~70 年代黄海北部常见数十头至上百头的群体。辽宁渤海沿岸有小群搁滩记录。1959~1987 年福建北部就记载 4 起共 130 多头虎鲸搁滩事件，其中 1959 年一起在平潭内湾 100 头集群搁滩。1997 年 4 月 18 日，由福建诏安湾误入东山岛北部的狭窄内湾，20 日游到东山八尺门海堤西边，在养殖网箱间游弋，退潮时搁滩，其中 1 头体长 5.4m，体重 1.8t，雄性，年老（黄宗国，2000）。

（3）瓶鼻海豚［宽吻海豚］

瓶鼻海豚（*Tursiops truncatus*）是水族馆海豚表演的常见种。成体体长 1.9~3.8m，最大体重 650kg，新生仔体长 1~1.3m。主要分布在热带和温带沿岸和岛屿周围水域。种群的密度比较大。

20 世纪 60 年代前后，在黄海及东海中上层鱼类渔场，常能见到数百头成群的瓶鼻海豚在追逐鱼群。在烟威渔场往往成千头游入渤海，非常壮观，渔民称这种景象为"龙兵过"。同年代在台湾海峡澎湖列岛成千头大群海豚也屡见不鲜，到 20 世纪 80 年代仅能见到成百头的群体（王丕烈，1993）。黄宗国（2000）于 1994~1997 年，在台湾海峡南部 9 次采集到 15 头标本，其中 13 头成年，体长 2.12~2.59m，体重 95~150kg；还有 2 头幼仔，体长 1.53~1.79m，体重 39~54kg。其中，雄性 7 头，雌性 8 头。

（4）江豚

江豚（*Neophocaena phocaenoides*）分布于中国四海沿岸和南亚沿岸。中国的江豚分 3 个亚种：①指名亚种即南方亚种（*N. p. phocaenoides*），分布于南海和台湾沿海；②长江亚种（*N. p. asiaeorientalis*），分布于长江中、下游和钱塘江口及河口沿岸海域；③北方亚种（*N. p. sunameri*），分布于黄海和渤海。东海是指名亚种和北方亚种的混栖海域。

笔者于 1994~1999 年从福建厦门至漳浦沿海的流刺网中采集 22 头江豚标本，体长 82~153cm，体重 6.8~48.0kg，其中 1 头为牙齿未露出牙龈的哺乳期幼仔，体长 82cm，体重 6.8kg。经牙齿切片年轮鉴定，这 21 头中年龄最大的 18 岁，雌雄性比为 11 ∶ 10。21 头江豚标本中 17 头是指名亚种，4 头是北方亚种，没有扬子亚种。

研究者在福建九龙江口和广东珠江口的多次调查表明,指名亚种和扬子亚种仅分布在河口外侧,不游进河口内侧。这种分布格局与中华白海豚正好相反,后者仅分布在河口内侧(黄宗国,2000)。

(5)中华白海豚

中华白海豚(*Sousa chinensis*)雄性成体最大体长约3.2m,体重约284kg,雌性最大体长约2.5m。厦门湾两头20岁和21岁中、老年成体,体长分别为2.37m和2.32m,体重约145kg。中华白海豚栖息于河口和有淡水注入的内湾,目前从中国福建以南至北部湾、南亚沿岸和非洲东岸至南非,以及澳大利亚北部都有分布。中国北部湾北岸河口和珠江口的数量最多,福建厦门湾、泉州湾和台湾西岸苗栗也有分布。

中华白海豚以珠江口内伶仃一带水域和香港大屿山北岸水域分布最密集,但通常不游出珠江口万山群岛外。上溯可以抵达上百千米的珠江口河网水系。雨季和旱季在河口区的分布范围差别很大。在厦门湾,涨、退潮潮流引起鱼群的变化,海豚追逐鱼群,一般涨潮时进入内港,退潮时向外游动(黄宗国,2000)。

(二)鳍脚目

鳍脚目全球有34种,分海豹科(Phocidae)、海狮科(Otariidae)和海象科(Odobenidae),仅前两科在中国海域有分布。鳍脚目前、后脚都呈鳍状,与游泳生活相适应。

海豹科的斑海豹(*Phoca largha*)分布于北太平洋北部和西部,包括楚科奇海、白令海、鄂霍次克海、日本海、朝鲜半岛海域和中国的黄海及渤海。其幼仔在洄游过程中偶尔随沿岸海流漂至中国东海和南海。渤海辽东湾北部双台子河口冰区是斑海豹全球8个繁殖区最南的一个。

每年冬季,斑海豹经日本海游入黄海北部,12月穿越渤海海峡游到辽东湾繁殖,在冰上产仔。3月冰融化后,亲体在双台子河口等处觅食、换毛。5月以后,斑海豹经渤海海峡,亲体和幼仔都返回黄海北部,再游向日本海和俄罗斯远东海域。这期间,在东海和南海偶尔可发现洄游散失的白色毛皮幼仔或有斑点的年轻海豹。在双台子河岸滩地,1983年记录了100~200头,2003年记录了105头(韩家波等,2005)。

参 考 文 献

陈国宝, 李永振, 陈丕茂. 2003. 南海北部陆架区海域蓝圆鲹产卵场的研究. 热带海洋学报, 22(6): 22-28.

陈义雄. 2009. 台湾河川溪流的指标鱼类. 第二册, 两侧洄游淡水鱼类. 基隆: 台湾海洋大学出版社.

戴小杰, 许柳雄, 宋利明, 等. 2006. 东太平洋金枪鱼延绳钓兼捕鲨鱼种类及其渔获量分析. 上海水产大学学
报, 15(4): 509-512.

邓景耀, 叶昌臣, 刘永昌. 1990. 渤黄海的对虾及其资源管理. 北京: 海洋出版社.

方少华, 吕小梅, 张跃平. 1998. 九龙江口鳗苗溯河生态与资源研究. 台湾海峡, 17(2): 143-148.

郭弘艺, 魏凯, 唐文乔, 等. 2012. 中国东南沿海日本鳗鲡幼体的发育时相及其迁徙路径分析. 水产学报,
36(12): 1793-1801.

韩家波, 王炜, 马志强. 2005. 辽东湾北部双台子河口的斑海豹. 海洋环境科学, 24(1): 51-53.

环境保护部自然生态保护司. 2012. 2011 全国自然保护区名录. 北京: 中国环境科学出版社.

黄宗国. 2000. 厦门海域发现抹香鲸初步报告. 厦门科技, 2: 7-8

黄宗国, 刘文华. 2000a. 台湾海峡南部及闽南沿岸的鲸豚记录. 海洋通报, 19(3): 52-56.

黄宗国, 刘文华. 2000b. 中华白海豚及其他鲸豚. 厦门: 厦门大学出版社.

金显仕, 程济生, 邱盛尧, 等. 2006. 黄渤海渔业资源综合研究与评价. 北京: 海洋出版社.

金鑫波. 2006. 中国动物志: 鲉形目. 北京: 科学出版社.

李城华. 1998. 日本鳗鲡补充群体的日龄、全长、出生时间及耳石生长的变化. 海洋学报 (中文版), 20(4):
107-113.

李渊, 宋娜, Khan F S, 等. 2013. 银鲳形态特征与 DNA 条形码研究. 水产学报, 37(11): 1601-1608.

连珍水. 1995. 浅议鳗鲡资源及其合理开发利用. 福建水产, (4): 59-62.

连珍水, 叶孙忠, 张壮丽, 等. 1997. 九龙江口鳗苗资源及其利用的研究. 福建水产, 1: 38-45

林丹军. 2004. 大黄鱼的渔业生物学 // 福建省科学技术厅. 大黄鱼养殖. 北京: 海洋出版社.

林金忠, 王军, 苏永全. 1999. 中华鲟于闽江的人工放流试验. 台湾海峡, 18(4): 378-381.

林茂, 李春光. 第一届海峡两岸海洋生物多样性研讨会文集. 北京: 海洋出版社.

林新濯, 甘全宝, 郑元甲, 等. 1984. 绿鳍马面鲀洄游分布的研究. 海洋渔业, (3): 99-108.

罗秉征, 卢继武, 兰永伦, 等. 1993. 中国近海主要鱼类种群变动与生活史型的演变. 海洋科学集刊, 34:
123-127.

吕小梅, 方少华, 张跃平. 1999. 九龙江口溯河鳗苗的种类及其形态特征. 台湾海峡, (2): 191-194.

马积藩. 1991. 海龟 // 中国大百科全书总编辑委员会《生物学》编辑委员会, 中国大百科全书出版社编辑
部. 中国大百科全书: 生物学. 上海: 中国大百科全书出版社.

施米德特 П. Ю. 1958. 鱼类的洄游. 李思忠, 译. 北京: 科学出版社.

宋海棠, 丁天明, 徐开达. 2009. 东海经济头足类资源. 北京: 海洋出版社.

宋海棠, 俞存根, 薛利建, 等. 2006. 东海经济虾、蟹类. 北京: 海洋出版社.

王涵生. 1995. 鳗鲡养殖及人工繁殖研究的现状. 福建水产, (3): 67-71.

王丕烈. 1982. 北部湾的海兽类. 水产科学, (2): 34-38.

王丕烈. 1993. 中国海兽类现状和保护 // 夏武平, 张洁. 人类活动影响下兽类的演变. 北京: 中国科学技术出版社.

王丕烈, 韩家波. 1995. 辽宁湾发现的北海狮子及海狮科动物在中国沿岸的分布. 水产科学, 14(2): 20-22.

王丕烈, 唐瑞荣. 1981. 中国东南沿海发现的鳀鲸. 动物学杂志, (3): 43-46.

王丕烈, 徐志楠. 1994. 江苏发现的鲳鲸及其在中国近海的分布. 水产科学, 13(4): 10-14.

王先艳, 吴福星, 妙星, 等. 2013. 福建平潭一头误捕灰鲸的部分形态学记录. 兽类学报, 33(1): 18-27.

吴宝铃, 陈士群, 孟凡. 1996. 我国在北赤道流邻近海域首次发现日本鳗产卵场. 海洋学报 (中文版), 18(5): 89-92.

伍汉霖, 邵广昭, 赖春福, 等. 2012. 拉汉世界鱼类系统名典. 基隆: 水产出版社.

伍汉霖, 钟俊生. 2008. 中国动物志: 虾虎鱼亚目. 北京: 科学出版社.

香港特别行政区政府渔农自然护理署. 2013. 渔农自然护理署年报 2012—2013. https://sc.afcd.gov.hk/gb/www.afcd.gov.hk/misc/download/annualreport2013/b5/natural.html.

徐恭照. 1987. 海洋游泳生物 // 中国大百科全书总编辑委员会本卷编辑委员会, 中国大百科全书出版社编辑部. 中国大百科全书: 大气科学 海洋科学 水文科学. 上海: 中国大百科全书出版社.

徐兆礼, 陈佳杰. 2009. 小黄鱼洄游路线分析. 中国水产科学, 16(6): 931-940.

叶懋中, 章隼. 1965. 黄渤海区鳀鱼的分布、洄游和探察方法. 水产学报, 2(2): 27-34.

曾万年. 1982. 记台湾新记录之西里伯斯鳗鳗线. 生物科学, 19: 57-66.

曾万年. 1983. 台湾产鳗线之种类识别及其生产量. 中国水产月刊, 366: 16-23.

曾万年. 2010. 鳗鱼生活史及保育论文集. 台北: 台湾大学.

曾万年, 韩玉山, Tsukamoto K. 2012. 鳗鱼传奇. 宜兰: 兰阳博物馆.

张其永, 洪万树, 杨圣云. 2011. 大黄鱼地理种群划分的探讨. 现代渔业信息, 26(2): 3-8.

张其永, 林双淡, 杨高润. 1966. 我国东海沿海带鱼种群问题的初步研究. 水产学报, 3(2): 106-118.

张秋华, 程家骅, 徐汉祥, 等. 2007. 东海渔业资源及其可持续利用. 上海: 复旦大学出版社.

张世义. 2001. 中国动物志: 硬骨鱼纲 鲟形目 海鲢目 鲱形目 鼠鱚目. 北京: 科学出版社.

赵尔宓. 2006. 中国蛇类 (上、下册). 合肥: 安徽科学技术出版社.

郑元甲, 陈雪忠, 程家骅, 等. 2003. 东海大陆架生物资源与环境. 上海: 上海科学技术出版社.

郑元甲, 洪万树, 张其永. 2013. 中国主要海洋底层鱼类生物学研究的回顾与展望. 水产学报, 27(1): 151-160.

郑元甲, 李建生, 张其永, 等. 2014. 中国重要海洋中上层经济鱼类生物学研究进展. 水产学报, 38(1): 149-160.

《中国海洋渔业资源》编写组. 1990. 中国海洋渔业资源. 杭州: 浙江科学技术出版社.

中华人民共和国农业部渔业局. 2012. 中国渔业年鉴 2012. 北京: 中国农业出版社.

中华人民共和国农业部渔业局. 2013. 中国渔业年鉴 2013. 北京: 中国农业出版社.

朱元鼎, 孟庆闻. 2001. 中国动物志: 圆口纲 软骨鱼纲. 北京: 科学出版社.

宗愉. 1991. 棱皮龟 // 中国大百科全书总编辑委员会《生物学》编辑委员会, 中国大百科全书出版社编辑部. 中国大百科全书: 生物学. 上海: 中国大百科全书出版社.

Aoyama J, Nishida M, Tsukamoto K. 2001. Molecular phylogeny and evolution of the freshwater eel, Genus *Anguilla*. Molecular Phylogenetics and Evolution, 20: 450-459.

Arai T, Otake T, Tsukamoto K. 1997. Drastic change in otolith microstructure and microchemistry accompanying the onset of metamorphosis in the Japanese eel *Anguilla japonica*. Marine Ecology Progress Series, 161: 17-22.

Castle P H J, Williams G R. 1974. On the validity of the fresh-water eel species *Anguilla ancestralis* Ege, from Celebes. Copeia, 2: 569-570.

Castro P, Huber M E. 2010. Marine Biology. 8th ed. New York: McGraw Hill.

Chen, J Z, Huang S L, Han Y S. 2014. Impact of long-term habitat loss on the Japanese eel *Anguilla japonica*. Estuarine, Coastal and Shelf Science, 151: 361-369.

Cheng P W, Tzeng W N. 1996. Timing of metamorphosis and estuarine arrival across the dispersal range of the Japanese eel *Anguilla japonica*. Marine Ecology Progress Series, 131: 87-96.

Chow S, Kurogi H, Mochioka N, et al. 2009. Discovery of mature freshwater eel in the open ocean. Fisheries Science, 75: 257-259.

Dekker W. 2003. Eels in crisis. ICES Newsletter, 40: 10-11.

Ege V. 1939. A revision of the genus *Anguilla* Shaw, a systematic, phylogenetic and geographical study. Dana-Report, 16: 1-256.

Han Y S, Chang C W, He J T, et al. 2001. Validation of the occurrence of short-finned eel *Anguilla bicolor pacifica* in natural waters of Taiwan. Acta Zoologica Taiwanica, 12(1): 9-19.

Han Y S, Yambot A V, Zhang H, et al. 2012. Sympatric spawning but allopatric distribution of *Anguilla japonica* and *Anguilla marmorata*: temperature and oceanic current-dependent sieving. PLoS One, 7: e37484.

Jefferson T A, Leatherwood A, Webber M A. 1993. Marine Mammals of the World. Rome: FAO.

Kuroki M, Tsukamoto K. 2012. Eels on the Move: Mysterious Creatures Over Millions of Years. Tokyo: Tokai University Press.

Leander N J, Shen K N, Chen R T, et al. 2012. Species composition and seasonal occurrence of recruiting glass eels (*Anguilla* spp.) in the Hsiukuluan River, eastern Taiwan. Zoological Studies, 51(1): 1-13.

Leander N J, Tzeng W N, Yeh N T, et al. 2013. Effects of metamorphosis timing and the larval growth rate on the latitudinal distribution of sympatric fresh water eels, *Anguilla japonica* and *Anguilla marmorata*, in the western North Pacific. Zoological Studies, 52(1): 30-45.

Lin S H Y, Iizuka Y, Tzeng W N. 2012. Migration behavior and habitat use by juvenile Japanese eels *Anguilla japonica* in continental waters as indicated by mark-recapture experiments and otolith microchemistry. Zoological Studies, 51(4): 442-452.

Lin Y S, Poh Y P, Tzeng C S. 2001. A phylogeny of freshwater eels inferred from mitochondrial genes. Molecular Phylogenetics and Evolution, 20: 252-261.

Qu X C, Massaki N, Sinji A, et al. 2003. Changes in serum thyroid hormone levels gland activity of artificially maturing female Japanese eel (*Anguilla japonica*). Acta Oceanologica Sinica, 22(1): 111-122

Schmidt J. 1922. The breeding places of the eel. Philosophical Transactions of the Royal Society B: Biological Sciences, 211: 179-208.

Shiao J C, Tzeng W N, Collins A, et al. 2001. Dispersal pattern of glass eel *Anguilla australis* as revealed by otolith growth increments. Marine Ecology Progress Series, 219: 241-250.

Tabeta O, Tanaka K, Yamada J, et al. 1987. Aspects of the early life history of the Japanese eel *Anguilla japonica* determined from otolith microstructure. Nippon Suisan Gakkaishi, 53(10): 1727-1734.

Teng H Y, Lin Y S, Tzeng C S. 2009. A new *Anguilla* species and a reanalysis of the phylogeny of freshwater eels. Zoological Studies, 48: 808-822.

Tesch F W. 2007. The Eel. 3rd ed. Oxford: Blackwell Publishing.

Tseng M C, Tzeng W N, Lee S C. 2006. Population genetic structure of the Japanese eel *Anguilla japonica* in the northwest Pacific Ocean: evidence of non-panmictic populations. Marine Ecology Progress Series, 308: 221-230.

Tsukamoto K. 1992. Discovery of the spawning area for the Japanese eel. Nature, 356: 789-791.

Tsukamoto K. 2006. Spawning of eels at sea-mount. Nature, 439: 929.

Tsukamoto K, Chow S, Otake T, et al. 2011. Oceanic spawning ecology of freshwater eels in the western North Pacific. Nat Comm, 2: 1-9.

Tsukamoto K, Otake T, Mochioka N, et al. 2003. Seamounts, new moon and eel spawning: the search for the spawning site of the Japanese eel. Environmental Biology of Fishes, 66: 221-229.

Tzeng W N. 1985. Immigration timing and activity rhythms of the eel, *Anguilla japonica*, elvers in the estuary of northern Taiwan, with emphasis on environmental influences. Bulletin of the Japanese Society of Fisheries, Oceanography, 47: 11-28.

Tzeng W N. 1990. Relationship between growth rate and age at recruitment of *Anguilla japonica* elvers in a Taiwan estuary as inferred from otolith growth increments. Marine Biology, 107(1): 75-81.

Tzeng W N. 1996. Effects of salinity and ontogenetic movements on strontium: calcium ratios in the otoliths of Japanese eel, *Anguilla japonica* Temminck and Schlegel. Journal of Experimental Marine Biology and Ecology, 199: 111-222.

Tzeng W N, Tabeta O. 1982. First record of the short-finned eel *Anguilla bicolor pacifica* elvers form Taiwan. Bulletin of the Japanese Society of Scientific Fisheries, 49(1): 27-32.

Tzeng W N, Tsai Y C. 1994. Changes in otolith microchemistry of the Japanese eel, *Anguilla japonica*, during its migration from the ocean to the rivers of Taiwan. Journal of Fish Biology, 45: 671-684.

Tzeng W N, Tseng Y H, Han Y S, et al. 2012. Evaluation of multi-scale climate effects on annual recruitment levels of the Japanese eel, *Anguilla japonica*, to Taiwan. PLoS One, 7(2): e30805.

Wang C H, Tzeng W N. 1998. Interpretation of geographic variation in size of American eel *Anguilla rostrata* elvers on the Atlantic coast of North America using their life history and otolith ageing. Marine Ecology Progress Series, 168: 35-43.

Wang C H, Tzeng W N. 2000. The timing of metamorphosis and growth rates of American and European eel leptocephali: a mechanism of larval segregative migration. Fisheries Research, 46: 191-205.

Watanabe S, Aoyama J, Tsukamoto K. 2009. A new species of freshwater eel *Anguilla luzonensis* (Teleostei: Anguillidae) from Luzon Island of the Philippines. Fisheries Science, 75: 387-392.

第四章

海洋捕捞渔业

海洋渔业包括海洋捕捞和海水养殖。海洋捕捞最主要捕捞对象有鱼类、甲壳类、软体动物。此外，海藻、钵水母、海参和海胆、多毛类和星虫也是采捕对象。本章仅论述前三大类的游泳生物。

一个区域海洋水产资源的生产量，取决于该区域资源的总量和当年的开发强度，同时与水文气象有很大关系。

第一节　世界海洋捕捞渔业

一、世界海洋捕捞年产量 15 万吨以上的物种

世界海洋捕捞渔业的渔获物，2001 年记录 1194 种，2010 年记录 1356 种，10 年间物种数变化不大，仅增加 162 种。这些种包括鱼类（纯海洋鱼类和海淡水洄游鱼类）、节肢动物门甲壳纲（类）、软体动物门双壳纲（类）和头足纲（类）。

2010 年，世界海洋捕捞单一物种年产量在 15 万吨以上的有 71 种，这 71 种的总产量（40 140 万吨）占全年总产量（88 604 万吨）的 45.3%。其他 1000 多种总产量 48 466 万吨，仅占全年总产量的 54.7%。按产量高低排序，前 10 名的单种年产量 951 万~4206 万吨，包括鳀、鳕、鲣、鲱、鲭和带鱼等所属物种。

这 71 种中，鱼类占 83.1%（59 种），虾蟹占 9.9%（7 种）、软体动物双壳类和头足类占 7.0%（5 种）（表 4-1、表 4-2）。

（一）鱼类

单种世界捕捞产量 15 万吨以上的 59 种鱼分别隶属 17 个科（目），其中 6 个科（目）含 2 种及以上（表 4-2）。

鳀科（Engraulidae）：包括分布于南美洲、亚洲、欧洲和南非的 4 种鳀，即秘鲁鳀、鳀、欧洲鳀和南非鳀。秘鲁鳀是世界产量最大的鱼种，2010 年其产量就占世界总捕捞产量的 4.75%；鳀也占 1.4%，该种是中国海洋捕捞的主要对象之一。鳀科鱼类世界记录 143 种（伍汉霖等，2012）。

鲱科（Clupeidae）：包括 8 种鲱、1 种沙丁鱼、2 种拟沙丁鱼、4 种小沙丁鱼和云鰶，共 9 属 16 种。大西洋鲱是北美洲国家的主要捕捞对象，2010 年产量占世界总捕捞产量的 2.48%；小沙丁鱼是

中国、日本等亚洲国家的主要捕捞对象，2010 年产量占世界总捕捞产量的 1.27%。鲱科鱼类世界记录 211 种（伍汉霖等，2012）。

鲹科（Carangidae）：包括智利竹荚鱼等 4 种竹荚鱼和脂眼凹肩鲹、金带细鲹，共 3 属 6 种，是南美洲（智利等）、亚洲（中国、日本等）和南非的捕捞对象。鲹科鱼类世界记录 148 种（伍汉霖等，2012）。

以上 3 科的种都是中型种。多数分布在近海，是滤食性和集群鱼类。

鲭科（Scombridae）：游泳能力很强，是掠食（肉食）性的大型大洋性鱼类。包括 4 种金枪鱼、1 种鲣、2 种鲭、2 种鲔和鲔、马鲛各 1 种，共 6 属 11 种。这些种分别是太平洋、大西洋和印度洋的远洋捕捞对象之一。2010 年鲣单一种在就占世界总捕捞产量的 2.85%，鲭单一种占 1.00%。鲭科鱼类世界记录 54 种（伍汉霖等，2012）。

鳕形目（Gadiformes）：该目世界有 9 科 120 种，其中有 6 属 9 种年产量都在 15 万吨以上。包括黄线狭鳕、大西洋鳕、大头鳕、蓝鳕、绿青鳕、黑线鳕和 3 种无须鳕。多数是北大西洋和太平洋的冷水种或亚热带种，底层鱼类。2010 年黄线狭鳕单一种产量占世界总捕捞产量的 3.19%，大西洋鳕单一种占 1.07%。

鲑科（Salmonidae）：鲑、鳟是降海与溯河洄游的鱼类。世界湖泊、河川和近海有 216 种。中国有 19 种。年产量 15 万吨以上的有红大麻哈鱼和细鳞大麻哈鱼两种。中国北方河流图们江、黑龙江也有大麻哈鱼。

鲭是大洋肉食性中、上层鱼类。鳕是肉食性底层鱼类。鲑是河、海间的洄游鱼类，分布于高纬度通海河川及北太平洋和大西洋。以上 3 类都是大型鱼类。

其他科和种：除上述 6 个科（目）外，尚有 11 个科，每个科仅有 1 种 2010 年产量超 15 万吨。其中高鳍带鱼 2010 年产量占当年世界总捕捞产量的 1.52%（表 4-2）（FAO，2010）。

表 4-1 2010 年世界海洋捕捞产量在 15 万吨以上的物种（FAO，2010）

序号*	种名	捕捞产量（万吨）	
		2005 年	2010 年
1	秘鲁鳀 *Engraulis ringens*	10 244	4 206
2	黄线狭鳕 *Theragra chalcogramma*	2 409	2 830
3	鲣 *Katsuwonus pelamis*	2 315	2 523
4	大西洋鲱 *Clupea harengus*	2 791	2 201
5	日本鲭［鲐］ *Scomber japonicus*	1 991	1 602
6	高鳍带鱼 *Trichiurus lepturus*	1 254	1 344
7	沙丁鱼 *Sardina pilchardus*	1 070	1 220
8	鳀 *Engraulis japonicus*	1 481	1 202
9	黄鳍金枪鱼 *Thunnus albacares*	1 300	1 165
10	大西洋鳕 *Gadus morhua*	850	951

续表

序号 *	种名	捕捞产量（万吨）	
		2005 年	2010 年
11	鲭 *Scomber scombrus*	560	887
12	茎柔鱼 *Dosidicus gigas*	764	816
13	贝氏鲱 *Clupea bentincki*	290	751
14	智利竹荚鱼 *Trachurus murphyi*	1 748	728
15	加州拟沙丁鱼 *Sardinops caeruleus*	339	697
16	黍鲱 *Sprattus sprattus*	792	630
17	日本毛虾 *Acetes japonicus*	565	574
18	蓝鳕 *Micromesistius poutassou*	2 070	552
19	欧洲鳀 *Engraulis encrasicolus*	388	530
20	毛鳞鱼 *Mallotus villosus*	752	505
21	秋刀鱼 *Cololabis saira*	478	458
22	小黄鱼 *Larimichthys polyactis*	294	439
23	大鳞油鲱 *Brevoortia patronus*	370	439
24	黄泽小沙丁鱼 *Sardinella lemuru*	361	420
25	云鲥 *Tenualosa ilisha*	281	403
26	绿青鳕 *Pollachius virens*	459	401
27	黑线鳕 *Melanogrammus aeglefinus*	312	396
28	大头鳕 *Gadus macrocephalus*	362	395
29	三疣梭子蟹 *Portunus trituberculatus*	324	385
30	细鳞大麻哈鱼 *Oncorhynchus gorbuscha*	456	370
31	北方长额虾 *Pandalus borealis*	418	361
32	大眼金枪鱼 *Thunnus obesus*	416	359
33	太平洋褶柔鱼 *Todarodes pacificus*	412	358
34	海鳗 *Muraenesox cinereus*	265	350
35	金色小沙丁鱼 *Sardinella aurita*	435	349
36	赫氏无须鳕 *Merluccius hubbsi*	423	346
37	短体羽鳃鲐 *Rastrelliger brachysoma*	258	332
38	白海鲱 *Clupea pallasii marisalbi*	324	331

续表

序号 *	种名	捕捞产量（万吨）	
		2005 年	2010 年
39	虾夷盘扇贝 *Patinopecten yessoensis*	290	331
40	鹰爪虾 *Trachypenaeus curvirostris*	365	294
41	尼罗尖吻鲈 *Lates niloticus*	378	291
42	尼罗口孵非鲫 *Oreochromis niloticus*	241	287
43	海扇贝 *Placopecten magellanicus*	268	275
44	鲔 *Euthynnus affinis*	270	270
45	羽鳃鲐 *Rastrelliger kanagurta*	269	265
46	长鳍金枪鱼 *Thunnus alalunga*	224	255
47	康氏马鲛 *Scomberomorus commersoni*	216	250
48	青干金枪鱼 *Thunnus tonggol*	244	235
49	太平洋玉筋鱼 *Ammodytes personatus*	266	235
50	南非竹荚鱼 *Trachurus capensis*	360	231
51	暴油鲱 *Brevoortia tyrannus*	194	229
52	筛鲱 *Ethmalosa fimbriata*	173	229
53	龙头鱼 *Harpadon nehereus*	193	225
54	南非鳀 *Engraulis capensis*	283	217
55	南极磷虾 *Euphausia superba*		215
56	北太平洋无须鳕 *Merluccius productus*	364	210
57	斑节对虾 *Penaeus monodon*	225	209
58	拟沙丁鱼 *Sardinops sagax*	185	208
59	竹荚鱼 *Trachurus trachurus*	219	207
60	日本竹荚鱼 *Trachurus japonicus*	403	206
61	脂眼凹肩鲹 *Selar crumenophthalmus*	141	205
62	隆背小沙丁鱼 *Sardinella gibbosa*	177	196
63	金带细鲹 *Selaroides leptolepis*	166	195
64	阿根廷滑柔鱼 *Illex argentinus*	288	190
65	远洋梭子蟹 *Portunus pelagicus*	150	185
66	南美尖尾无须鳕 *Macruronus magellanicus*	216	177

序号 *	种名	捕捞产量（万吨）	
		2005 年	2010 年
67	红大麻哈鱼 *Oncorhynchus nerka*	147	171
68	短体小沙丁鱼 *Sardinella maderensis*		163
69	太平洋后丝鲱 *Opisthonema libertate*	210	163
70	远东多线鱼 *Pleurogrammus azonus*	189	158
71	龟鲅［棱鱼］*Chelon haematocheilus*		157

＊按 2010 年捕捞产量从大到小排序

表 4-2　2010 年世界海洋捕捞物种的类别

序号	类别与种名	序号	类别与种名
鱼类		68	短体小沙丁鱼 *S. maderensis*
鳀科 Engraulidae		25	云鲥 *Tenualosa ilisha*
1	秘鲁鳀 *Engraulis ringens*	**鳕形目 Gadiformes**	
8	鳀 *E. japonicus*	2	黄线狭鳕 *Theragra chalcogramma*
19	欧洲鳀 *E. encrasicolus*	10	大西洋鳕 *Gadus morhua*
54	南非鳀 *E. capensis*	28	大头鳕 *G. macrocephalus*
鲱科 Clupeidae		18	蓝鳕 *Micromesistius poutassou*
4	大西洋鲱 *Clupea harengus*	26	绿青鳕 *Pollachius virens*
38	白海鲱 *C. pallasii marisalbi*	27	黑线鳕 *Melanogrammus aeglefinus*
13	贝氏鲱 *C. bentincki*	36	赫氏无须鳕 *Merluccius hubbsi*
16	黍鲱 *Sprattus sprattus*	56	北太平洋无须鳕 *M. productus*
23	大鳞油鲱 *Brevoortia patronus*	66	南美尖尾无须鳕 *M. magellanicus*
51	暴油鲱 *B. tyrannus*	**鲭科 Scombridae**	
52	筛鲱 *Ethmalosa fimbriata*	3	鲣 *Katsuwonus pelamis*
69	太平洋后丝鲱 *Opisthonema libertate*	5	日本鲭 *Scomber japonicus*
7	沙丁鱼 *Sardina pilchardus*	11	鲭 *S. scombrus*
58	拟沙丁鱼 *Sardinops sagax*	9	黄鳍金枪鱼 *Thunnus albacares*
15	加州拟沙丁鱼 *S. caeruleus*	32	大眼金枪鱼 *T. obesus*
24	黄泽小沙丁鱼 *Sardinella lemuru*	46	长鳍金枪鱼 *T. alalunga*
35	金色小沙丁鱼 *S. aurita*	48	青干金枪鱼 *T. tonggol*
62	隆背小沙丁鱼 *S. gibbosa*	44	鲔 *Euthynnus affinis*

续表

序号	类别与种名	序号	类别与种名
47	康氏马鲛 *Scomberomorus commersoni*	49	太平洋玉筋鱼 *Ammodytes personatus* 玉筋鱼科
37	短体羽鳃鲐 *Rastrelliger brachysoma*	53	龙头鱼 *Harpadon nehereus* 狗母鱼科
45	羽鳃鲐 *R. kangagurta*	70	远东多线鱼 *Pleurogrammus azonus* 六线鱼科
鲹科 Carangidae		71	龟鲹 *Chelon haematocheilus* 鲻科
14	智利竹荚鱼 *Trachurus murphyi*	节肢动物门甲壳纲虾类	
50	南非竹荚鱼 *T. capensis*	55	南极磷虾 *Euphausia superba*
59	竹荚鱼 *T. trachurus*	17	日本毛虾 *Acetes japonicus*
60	日本竹荚鱼 *T. japonicus*	31	北方长额虾 *Pandalus borealis*
61	脂眼凹肩鲹 *Selar crumenophthalmus*	40	鹰爪虾 *Trachypenaeus curvirostris*
63	金带细鲹 *Selaroides leptolepis*	57	斑节对虾 *Penaeus monodon*
鲑科 Salmonidae		节肢动物门甲壳纲蟹类	
67	红大麻哈鱼 *Oncorhynchus nerka*	29	三疣梭子蟹 *Portunus trituberculatus*
30	细鳞大麻哈鱼 *O. gorbuscha*	65	远洋梭子蟹 *P. pelagicus*
其他科		软体动物门双壳纲 Bivalvia	
20	毛鳞鱼 *Mallptus villosus* 胡瓜鱼科	39	虾夷盘扇贝 *Patinopecten yessoensis*
6	高鳍带鱼 *Trichiurus lepturus* 带鱼科	43	海扇贝 *P. magellanicus*
21	秋刀鱼 *Cololabis saira* 竹刀鱼科	软体动物门头足纲 Cephalopoda	
22	小黄鱼 *Larimichthys polyactis* 石首鱼科	12	茎柔鱼 *Dosidicus gigas*
34	海鳗 *Muraenesox cinereus* 海鳗科	33	太平洋褶柔鱼 *Todarodes pacificus*
41	尼罗尖吻鲈 *Lates niloticus* 尖吻鲈科	64	阿根廷滑柔鱼 *Illex argentinus*
42	尼罗口孵非鲫 *Oreochromis niloticus* 丽鱼科		

（二）节肢动物门甲壳纲（Crustacea）

1. 虾类

甲壳纲虾类有 5 种单一种在 2010 年产量超过 15 万吨。其中南极磷虾和中国毛虾传统上属大型浮游动物，本书将其归并在游泳生物加以论述。鹰爪虾、斑节对虾和北方长额虾平时卧在海底沙中，但有较强的游泳或洄游习性，是底栖游泳生物。分述如下。

南极磷虾（*Euphausia superba*）：中国有 48 种磷虾。世界有 86 种，其中南极磷虾等 7 种具有商业捕捞价值（表 4-3）。

表 4-3 世界有商业捕捞价值的磷虾

种名	最大体长（mm）	分布水深（m）	捕捞海域
南极磷虾 *Euphausia superba*	65	0~500	南极
太平洋磷虾 *E. pacifica*	20	0~300	日本、加拿大
小型磷虾 *E. nana*	10	0~300	日本
无刺大磷虾 *Thysanoessa iwermis*	32	0~300	日本、加拿大
挪威大磷虾 *T. raschii*	30	0~300	加拿大
北方磷虾 *Meganyctiphanes norvegica*	40	0~300	加拿大、地中海、英国苏格兰
澳洲磷虾 *Nyctiphanes australis*	17	0~150	澳大利亚

本种是环南极冷水种，生活于南极冰下，并向北分布到南极辐合带 –2~5℃的海域。常大量密集成群（生物量高达 20kg/m³），呈斑块状分布。22（雄性）~25（雌性）个月达性成熟，繁殖期 5 个半月，产卵于 225m 深处。多年生。有昼夜垂直移动，夜间分布在 100 多米深水层，白天浮到 20~50m 深水层。最大体长可达 65mm，是磷虾中体型最大者（郑重等，2011）。

日本毛虾（*Acetes japonicus*）：毛虾属甲壳纲十足目樱虾科（Sergestidae）。在中国海域毛虾属有中国毛虾（*A. chinensis*）、日本毛虾、红毛虾（*A. erythraeus*）、中型毛虾（*A. intermidius*）、锯齿毛虾（*A. serrulatus*）和普通毛虾（*A. vulgaris*）等 6 种。20 世纪 50 年代才有研究者对中国沿海最主要的两种毛虾（中国毛虾和日本毛虾）进行了报道（刘瑞玉，1956）。有学者报道中西太平洋有 7 种毛虾，包括 5 种中国海域的种及印度毛虾（*A. indicus*）和锡博加毛虾（*A. sibogae*），他们遗漏了中国毛虾这种在中国捕捞渔业中最主要的种。本节的日本毛虾的产量应为中国毛虾和日本毛虾产量的总和，其中比例较大的是中国毛虾。

中国毛虾分布在渤海、黄海、东海西部和南海北部沿岸水域，以渤海和东海浙江沿岸数量最大，是中国虾类产量最高者。日本毛虾没有分布到黄海北部和渤海，仅分布在黄海南部、东海和南海。

中国毛虾属广温低盐沿岸种或近海种，栖息于中、下层，有明显的季节性定向浅深水之间移动和昼夜垂直移动的习性。例如，渤海的毛虾，其分布区和生殖群都分为两个独立的群体，即辽东湾群体和渤海西部群体，两个群体都有各自的季节移动习性。

北方长额虾（*Pandalus borealis*）：仅分布于大西洋、中西太平洋。中国海域无此种虾。

鹰爪虾（*Trachypenaeus curvirostris*）：鹰爪虾属对虾科（Penaeidae）的中型种，广泛分布于印度－西太平洋，印度、红海和非洲东岸及地中海。中国南北沿海都普遍分布，且都是主要捕捞对象，如黄渤海产量 1996 年达 22 743t。鹰爪虾属在中西太平洋有 8 种，中国海域有 5 种。

斑节对虾（*Penaeus monodon*）：为对虾科的大型种。对虾属中西太平洋有 13 种，中国海域有 11 种或亚种，目前该属已把原有的亚种提升为 4 个独立的属。斑节对虾在中国浙江以南至广西、海南都有分布，国外日本、泰国、马来西亚、澳大利亚北部、非洲东部和南部、印度、巴基斯坦和斯里兰卡也有。斑节对虾除为捕捞对象外，也是东南亚的养殖对象。

2. 蟹类

三疣梭子蟹（*Portunus trituberculatus*）：三疣梭子蟹属节肢动物门甲壳纲十足目短尾次目（Brachyura）梭子蟹科（Portunidae）梭子蟹亚科（Portuninae）。中国四海和朝鲜半岛、日本、菲律宾的近海都有分布。蟹类多数营底栖生活，其中梭子蟹和短桨蟹有较强的游泳能力，也有洄游习性，是游泳性底栖生物，也是中国海域蟹类的主要捕捞对象和名贵水产品。世界三疣梭子蟹 2010 年产量 385 万吨，排名 29（FAO，2010），中国的梭子蟹就有 35.0 万吨（农业部渔业局，2010）。

远洋梭子蟹（*Portunus pelagicus*）：该种与三疣梭子蟹、红星梭子蟹（*P. sanguinolentus*）都是大型蟹类，是西太平洋陆架区的捕捞对象。三种在生态学、生物学方面类同。

甲壳纲口足目中的虾蛄科（Squillidae），特别是虾蛄（*Oratosquilla oratoria*），中国海域 2010 年的捕捞产量就达 31.5 万吨，捕捞产量超过万吨的有辽宁、浙江、山东、福建、广东、河北（农业部渔业局，2010），但未列入 FAO（2010）的 71 种名单中。

（三）软体动物门

1. 双壳纲（Bivalvia）

FAO（2010）71 种名单中列出了虾夷盘扇贝（*Patinopecten yessoensis*）和海扇贝（*P. magellanicus*），营附着生活的双壳类的捕捞产量都超过 15 万吨。在中国野生的扇贝数量都不大，而虾夷盘扇贝曾被引进中国南方试养。目前中国海洋养殖的扇贝最主要的种是从美国引进的海湾扇贝。

2. 头足纲（Cephalopoda）

年产量超过 15 万吨的头足类有茎柔鱼（*Dosidicus gigas*）、太平洋褶柔鱼（*Todarodes pacificus*）和阿根廷滑柔鱼（*Illex argentinus*）。这三个种分别分布于大西洋、太平洋即南半球南美洲大西洋和太平洋海域，是大洋性游泳能力很强的物种。

二、世界海洋捕捞物种（种群）的开发强度

1974 年开始至 2009 年，FAO 评估了海洋捕捞物种（种群）开发强度的变动趋势，并将其分为未完全开发、完全开发和过度开发三种状况（FAO，2010）。

未完全开发种类的百分比自 1974 年起逐渐下降。过度开发种类的百分比逐渐增加，特别是 20 世纪 70 年代后期和 80 年代，从 10% 增加到 26%。1990 年后速度放缓。完全开发的种类 1974~1985 年百分比稳定在 50% 左右，到 2009 年达 57.4%。21 世纪初世界捕捞物种被过度开发的已超过半数（图 4-1）。

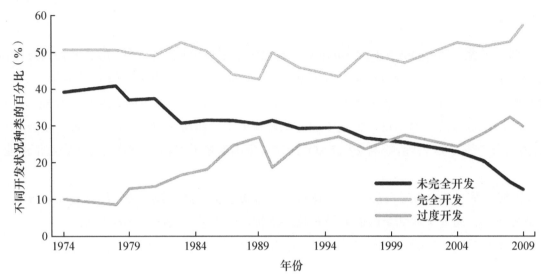

图 4-1 1974~2009 年世界海洋鱼种开发状况的全球趋势（FAO，2010）

占世界海洋捕捞产量约 22% 的前十位物种（表 4-1）被完全开发，因此没有增产潜力，但如果管理得当，仍有望提高（增加）产量。东南太平洋的两个主要鳀鱼种群，西北太平洋的黄线狭鳕和大西洋的蓝鳕被完全开发。大西洋鲱种群在东北大西洋和西北大西洋被完全开发。西北太平洋的鳀和东南太平洋的智利竹荚鱼被认为遭过度开发。东太平洋和西北太平洋的日本鲭种群被完全开发。

三、世界海洋捕捞产量

（一）总产量

2006~2011 年 6 年中，世界水产品年总量 1.373 亿 ~1.540 亿吨，逐年增加，但增加量不大。6 年间，世界海洋水产品年总量 0.962 亿 ~0.982 亿吨，占总量的 63.8%~70.1%，海洋水产品年际间变化不大，但与淡水水产品相比，比例逐年降低，表明淡水渔业规模逐年增加（表 4-4）。

表 4-4 世界水产品产量及组成（亿吨）

产量	年份					
	2006	2007	2008	2009	2010	2011
世界水产品总量	1.373	1.402	1.426	1.458	1.485	1.540
海洋水产品	0.962（70.1）	0.970（69.2）	0.974（68.3）	0.971（66.6）	0.955（64.3）	0.982（63.8）
淡水水产品	0.411（29.9）	0.432（30.8）	0.452（31.7）	0.487（33.4）	0.530（35.7）	0.558（36.2）
海洋水产品总量	0.922	0.970	0.974	0.968	0.955	0.982
海洋捕捞	0.820（88.9）	0.804（82.9）	0.795（81.6）	0.792（81.8）	0.774（81.1）	0.789（80.3）
海水养殖	0.102（11.1）	0.166（17.1）	0.179（18.4）	0.176（18.2）	0.181（18.9）	0.193（19.7）

注：括号中数据表示占总量的百分比

2006~2011 年 6 年中，世界海洋总捕捞产量为 0.774 亿 ~0.820 亿吨，年产量有逐年减少的趋势，但并不显著。海水养殖总产量 0.102 亿 ~0.193 亿吨，呈现逐年上升的趋势。海洋捕捞产量占海洋水产品总量（捕捞与养殖产量）的 80.3%~88.9%，也有逐年降低的趋势（表 4-4）。

世界海洋捕捞产量经历了不同阶段，从 1950 年的 1680 万吨到 1996 年的 8640 万吨，达到了世界海洋捕捞产量的历史最高峰，然后稳定在 8000 万吨左右。20 世纪 60 年代前，世界海洋捕捞产量都在 3000 万吨以下。20 世纪 80 年代达到 6000 万吨。20 世纪 90 年代达到 8000 万吨。20 世纪 90 年代至 21 世纪初，世界海洋捕捞产量没有上升，且有下降的趋势。海洋捕捞产量大小与海洋生物资源的蕴藏量、捕捞强度及捕捞船只和设备密切相关。

（二）分区产量

FAO 把全球海洋分为 16 个区域，各区都有编号和边界，以此统计各区的捕捞状况（表 4-5）。

表 4-5　世界 16 大海区的捕捞产量和主要种（类）（亿吨）

区域	捕捞产量		主要种（类）
	2003 年	2006 年	
太平洋西北部	0.219	0.216	鳀、带鱼、黄线狭鳕、日本鲭、鲱、头足类、虾
太平洋东北部	0.029	0.031	3 种鳕、大比目鱼、鲑、大麻哈鱼
太平洋中西部	0.107	0.113	鲣、4 种蛇鲻、2 种大眼鲷、5 种金线鱼、3 种圆鲹、3 种绯鲤
太平洋中东部	0.019	0.016	美洲拟沙丁鱼、太平洋鲱
太平洋西南部	0.007	0.006	鳕、头足类
太平洋东南部	0.105	0.120	鳀、智利竹荚鱼、南美拟沙丁鱼、鲭
地中海和黑海	0.015	0.016	无须鳕、羊鱼、鲷、沙丁鱼、鳀、鲆
南大洋	0.001	0.001	磷虾
大西洋西北部	0.023	0.022	鳕、黑线鳕、3 种鲽、格氏鼠鳕、平鲉、无脊椎动物
大西洋东北部	0.103	0.091	几种鳕、毛鳞鱼、鲽、鲱、对虾、螯虾
大西洋中西部	0.018	0.015	虾、鲱
大西洋中东部	0.033	0.033	沙丁鱼、黑线鳕、鳀
大西洋西南部	0.021	0.024	巴西小沙丁鱼、阿根廷无须鳕、阿根廷滑柔鱼
大西洋东南部	0.017	0.014	南非无须鳕、南非拟沙丁鱼、南非鳀、瓦氏脂眼鲱、南非竹荚鱼
印度洋西部	0.043	0.045	金枪鱼、康氏马鲛
印度洋东部	0.053	0.058	金枪鱼

2010 年，太平洋西北部产量全球最高，达 2090 万吨，占全球捕捞产量的 27%。太平洋中西部次之，产量为 1170 万吨，占全球捕捞产量的 15%。大西洋东北部为 870 万吨，占全球捕捞产量的 11%。太平洋东南部为 780 万吨，占全球捕捞产量的 10%。

FAO 划分的 16 个区域，水产资源的开发水平可分为三类：①产量呈现波动的特征。②从历史高峰总体下降的趋势。③产量增加的趋势。分述如下。

产量波动区：大西洋中东部、太平洋东北部、太平洋中东部、大西洋西南部、太平洋东南部及太平洋西北部。这 6 个区 2008~2012 年平均提供了世界海洋捕捞产量的大约 52%。其中几个区包括上升流区域，具有高度自然波动的特征。

产量下降区：包括过去一段时间产量达到高峰后出现下降趋势的 6 个区，即大西洋东北部、大西洋西北部、大西洋中西部、地中海和黑海、太平洋西南部及大西洋东南部。这 6 个区 2008~2012 年平均对全球捕捞产量做出了 20% 的贡献。

产量上升区：包括自 1950 年以来产量持续上升的 3 个区，即太平洋中西部、印度洋东部和印度洋西部。这 3 个区 2008~2012 年平均对全球捕捞产量贡献 28%。

下文对其中 13 个区域进行介绍。

太平洋西北部：是 FAO 统计区中最高产量区。在 20 世纪 80 年代和 90 年代之间总产量波动在 1700 万 ~2400 万吨，2010 年产量为 2100 万吨。小型中上层物种是这一区域最丰富的类别。鳀 2003 年产量 190 万吨，此后下降到 2009 年和 2010 年的 110 万吨。对总产量贡献大的其他重要种为带鱼（被认为遭过度开发）、黄线狭鳕和日本鲭（两者被认为完全开发）。头足类鱿、乌贼和章鱼也是重要的物种，2010 年产量为 130 万吨。

太平洋中东部：自 1980 年起产量年际波动大，2010 年产量为 200 万吨。主要种为美洲拟沙丁鱼和太平洋鲱。2009~2010 年的厄尔尼诺现象对渔业有影响。

太平洋东南部：产量具较大的年际波动，小型中上层物种所占比例大。最主要的物种是鳀、智利竹荚鱼、南美拟沙丁鱼，这些种占历史上该区总产量的 80% 以上。

大西洋中东部：自 20 世纪起年产量不断波动。2010 年产量 400 万吨，与 2001 年高峰基本持平。小型中上层物种的产量占总产量的 50%，其次是沿岸性鱼种。本区的沙丁鱼过去 10 年的产量变化为 60 万 ~90 万吨。多数中上层鱼类已被完全开发或过度开发。底层鱼类也被完全开发或过度开发。塞内加尔和毛里塔尼亚的白纹石斑鱼的开发处于严峻状态。深水虾和其他虾处于完全开发和过度开发之间。乌贼及其亲鱼被过度开发。总之，本区 43% 的物种被完全开发，53% 的物种被过度开发，仅 4% 的物种未完全开发。

大西洋西南部：本区位于南美洲东部海域。20 世纪 80 年代中期产量停止增长后，总产量在 200 万吨左右波动。阿根廷无须鳕和巴西小沙丁鱼等主要捕捞对象已被过度开发。阿根廷滑柔鱼 2012 年的产量也仅有 2009 年高峰期的 1/4。本区 50% 的捕捞物种已被过度开发，41% 被完全开发，仅 9% 未完全开发。

太平洋东北部：在阿拉斯加和加拿大西南海域，是主要捕捞区。2010 年产量 240 万吨，20 世纪 80 年代后期产量超过 300 万吨。最主要的种是 3 种鳕（鳕、无须鳕和黑线鳕）。本区有 10% 的物种遭过度开发，80% 被完全开发，10% 未完全开发。

大西洋东北部：在冰岛和阿拉斯加及加拿大南部海域，是主要捕捞区。2010 年产量 870 万吨。历史上 1975 年后期产量明显下降，20 世纪 90 年代有所恢复。蓝鳕产量从 2004 年高峰期的 240 万吨下降到 2009 年仅 60 万吨。北极绿青鳕和黑线鳕也被过度开发。格氏鼠鳕和毛鳞鱼也被过度捕捞。北方对虾和挪威螯虾还未被完全开发。本区62%的捞捕物种被完全开发，31%被过度开发，7%未完全开发。

大西洋西北部：在加拿大东部海域，是主要捕捞区。2006年产量220万吨。历史上主要捕捞各种类的鳕和平鲉等，造成过度开发，鳕、黑线鳕、3种鲽（黄尾黄盖鲽、舌鲽和庸鲽）目前捕捞产量有所恢复。无脊椎动物的产量也较大。77%的捕捞物种被完全开发，17%被过度开发，6%未完全开发。

大西洋东南部：在非洲西南部纳米比亚西部和南非大西洋海域，是主要捕捞区。本区自20世纪70年代早期起产量就有下降的趋势，20世纪70年代后期产量330万吨，但2009年只有120万吨。南非无须鳕被过度开发。南非拟沙丁鱼数量多，但变化大，未完全开发。瓦氏脂眼鲱未完全开发。

地中海和黑海：2006年捕捞产量162万吨。近年产量相对稳定，主要捕捞物种有无须鳕、羊鱼、鲷、沙丁鱼、鳀和鲆等。红海的外来种入侵已威胁到本地种。2009年，50%的捕捞物种被过度开发，33%被完全开发，17%未完全开发。

太平洋中西部：2010年产量1170万吨，占全球总捕捞产量的15.1%。近年来产量有不断增长的趋势，但多数种被完全开发或过度开发。主要种有蛇鲻、大眼鲷、金线鱼、圆鲹和几种鲣等（FAO，2010；邱永松等，2008）。

印度洋东部：包括印度洋东部至澳大利亚西部（57区）。2010年总产量700万吨，从2007年到2010年增长17%。特别是孟加拉湾和安达曼海区产量稳步增长，占印度洋东部区域总产量的42%。

印度洋西部：包括非洲东部和印度西部海域。2006年产量450万吨，达到高峰，此后稍有下降，2010年产量430万吨。65%的鱼种已被完全开发，29%被过度开发，6%未完全开发。

图4-2展示了世界渔业捕捞16大海区1970~2010年总捕捞产量的变化及其组成。

综上所述，世界海洋总渔获量自20世纪50年代至今持续增大。但从20世纪80年代以来，虽然加大了捕捞强度并应用先进的方法和船只，但渔获量基本持平，预示着世界渔业资源开始枯竭或过度捕捞已持续了一段时间。世界大多数最主要的渔业捕捞区都在大陆架海域和沿岸海域。主要捕捞对象是鱼类、甲壳类和头足类，但具有开发价值的种数仅占世界各海洋物种数的很少部分。世界最大的捕捞对象是鳀和鲱等中小型种，它们主要集中在沿岸和大陆架。另外还有鳕，它是冷水性底层鱼类。金枪鱼、鲭、鲣是大洋捕捞对象。甲壳类的对虾科和梭子蟹科物种，头足类的乌贼和鱿，也都是主要捕捞物种。

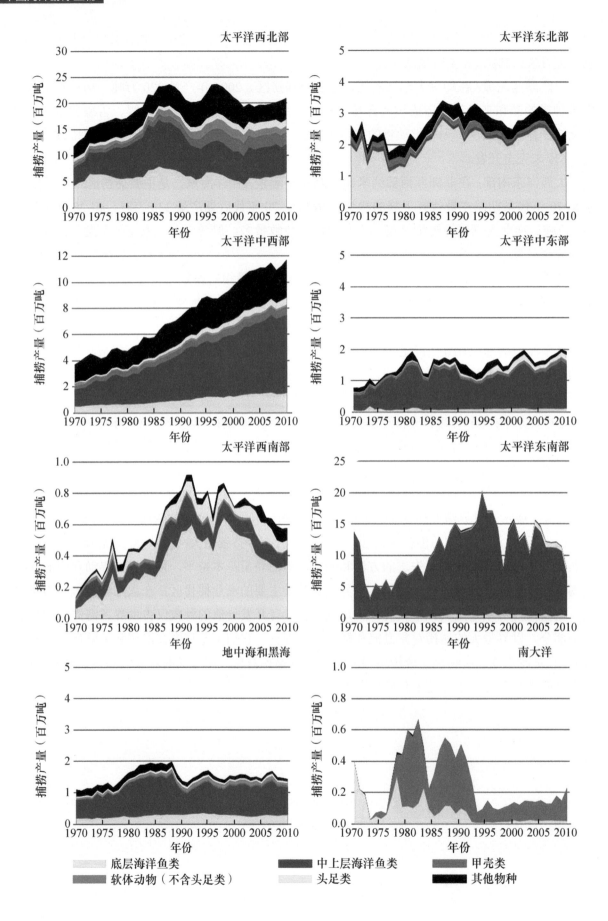

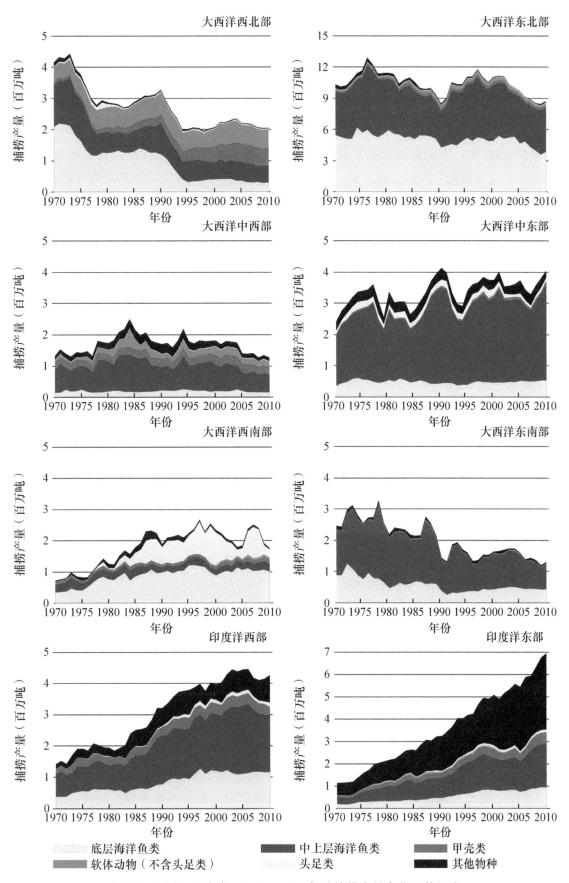

图 4-2　世界 16 大海区 1970~2010 年总捕捞产量变化及其组成

（三）6个捕捞大国的捕捞产量

1970年，全球海洋捕捞产量前六位的国家依次为秘鲁、智利、苏联、美国、中国、日本。而到了2006年，它们的排序变为中国、秘鲁、美国、日本和智利、俄罗斯（图4-3）。

1. 中国

1995~2006年，中国海洋捕捞产量居世界六大海洋捕捞大国的首位。几十年来捕捞产量大致经历了几个阶段：1950~1951年，产量在100万吨以下（55万~82万吨）。1952~1965年，产量为110万~190万吨，不到200万吨。1966~1973年，产量为210万~270万吨，不超过300万吨。1974~1986年，产量为300万~390万吨。1987~1997年是捕捞产量快速增长期，每1~2年就增长100万吨（440万~1385万吨）。1998~1999年达到1497万~1498万吨。2000年产量开始回落，但至今仍保持1150万吨以上的高产量。

捕捞海域从沿岸扩展到整个大陆架近海。船只吨位不断增加，设备不断完善，投入不断提升，管理不断加强，科技进步对生产做出重大贡献。20世纪90年代中国海洋资源开始全面开发、利用，并出现了过度捕捞。

2. 秘鲁

秘鲁曾是世界海洋捕捞产量第一大国，1970年产量高达1250万吨，1994年到达1200万吨，这两年的产量都居世界各国之首，这得益于"家门口"资源丰富的秘鲁渔场。1995~2006年也都是仅次于中国的第二捕捞大国。秘鲁南部深水的上升流把深海的丰富营养盐和冷水带到表层并随秘鲁沿岸向北移动，形成了丰富的秘鲁鳀渔场。一些海鸟大量摄食秘鲁鳀，曾在陆上形成厚达45m的鸟类沉积层。浮游生物丰富，为滤食性鳀提供了充足的饵料，体现了渔场生态系统的物质循环。1997~1998年的厄尔尼诺现象使捕捞产量下降下了78%，1998年仅400万吨，但2000年又增加到1000万吨，2003年又下降为600万吨，但仍然是世界第二捕捞大国。秘鲁鳀大部分都作为鱼粉或鸡饲料出口。

3. 美国

美国的海洋捕捞产量长期位居第三，产量不是很大，但发展平稳，1980年以前都在300万吨以下，1987年开始达到500万吨。

4. 日本

日本在1970~1988年产量都在900万~1080万吨，由于世界各国相继实施专属经济区及拟沙丁鱼等资源的急剧衰退，1989年开始产量大幅下降，至2006年产量降至400万吨左右，位居世界第四。捕鲸和南极磷虾也是日本捕捞业的组成部分。鲸类多数是保护物种，世界多数国家已停止捕鲸业。日本的"科研捕鲸"引起了世界公愤。

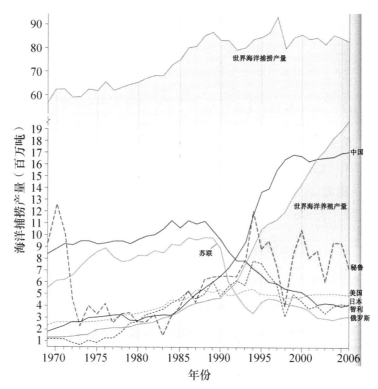

图 4-3　6 个海洋捕捞大国 1970~2006 年捕捞产量的变化及其与海水养殖的

比较（仿 Castro and Huber，2010）

5. 智利

智利 1970~1977 年捕捞产量都低于 100 万吨，1980 年达 200 万吨，类似于秘鲁，这也是得益于秘鲁鳀渔场。之后几年产量波动大，受厄尔尼诺现象影响，2006 年产量和日本接近，但少于秘鲁。

6. 俄罗斯

苏联 1970~1989 产量在 600 万~900 万吨，仅次于日本。1989 年苏联解体后，俄罗斯的海洋捕捞产量大幅下降，2006 年只有 300 万吨左右。

除上述 6 国外，自 1978 年以来，海洋水产品产量达到 100 万~200 万吨的国家尚有挪威、印度、韩国、丹麦、印度尼西亚、泰国、冰岛、菲律宾、加拿大和西班牙等。

第二节　中国海洋捕捞渔业

一、中国海洋捕捞的主要种

中国海域已记录物种 28 000 多种，其中海洋捕捞的最主要渔获物是鱼类、甲壳纲和头足纲三大类，还有钵水母等。

（一）鱼类

1. 软骨鱼纲（CHONDRICHTHYES）

在中国海域已记录 236 种，这些种在捕捞中都曾出现过，也都可以食用。表 4-6 列举了 28 种最主要的捕捞对象，包括鲨、鳐、魟和鲼等大类。其中渤海 6 种、黄海 16 种、东海 26 种、台湾周边海域 27 种、南海 24 种。几种真鲨、白斑星鲨、扁头哈那鲨等数量都比较多。鳐、魟等底栖种也有一定数量（表 4-6）。

2. 辐鳍鱼纲（ACTINOPTERYGII）

辐鳍鱼纲曾称硬骨鱼纲，在中国海域已记录 3500 多种，是脊索动物门物种数最多的纲，仅次于节肢动物门甲壳纲。本纲是最主要的捕捞对象。表 4-6 列举了 142 种常见的主要捕捞对象及其在各海区的丰度。这 142 种相当于本纲全部物种数的 4%，隶属 52 科，按表 4-6 逐科分述如下。

（1）大海鲢科与（2）北梭鱼科：大海鲢（*Megalops cyprinoides*）与北梭鱼（*Albula glossodonta*）分别隶属这两个科，分布于东南沿岸。

（3）锯腹鳓科：鳓（*Ilisha elongata*）是本科唯一的种，全国沿海都有分布，东海最多，黄渤海次之。流刺网和延绳钓的专捕对象，拖网和围网兼捕。1980 年前优势体长 280~300mm，年龄 1~9 龄，以 2~3 龄鱼为主。1980 年后优势体长 250~260mm，年龄 1~5 龄或更小。逐年来体长和年龄都趋于下降，表明资源已被过度利用。

（4）海鳗科：中国海域记录 7 种。海鳗属（*Muraenesox*）的褐海鳗（*M. bagio*）和海鳗（*M. cinereus*）是主要捕捞对象。褐海鳗肛长 160~860mm，最大年龄 16 龄，优势年龄 4~8 龄，3 龄性成熟。暖水性底层鱼类。分布于黄渤海、东海中部和南部及南海北部。有几个种群和几个渔场。以底拖网和延绳钓为主要捕捞工具。产量占黄海和东海拖网渔业的 1.2%~3.6%。

（5）鳀科：中国海域记录 29 种，是沿岸和近海的最主要小型鱼种，表 4-6 列举了其中 6 种。

鳀（*Engraulis japonicus*）：也称日本鳀，近岸集群性小型中上层鱼类，中国渤海、黄海和东海都有分布。生殖群体体长 90~135mm，优势叉长 100~130mm，年龄 1~4 龄，1 龄即性成熟。分黄渤海群体、东海中北部群体和东海南部群体。变水层拖网和流刺网的专捕对象，又是近岸张网和地拉网类的兼捕对象，也有用海蜓网捕捞其幼鱼，制成海蜓干。年产量已从最高的 137.3 万吨（1998 年），降至近年的 52 万~82 万吨，资源已呈现衰退趋势。

黄鲫（*Setipinna tenuifilis*）：暖水性小型中上层鱼类，中国四海沿岸和河口都有分布。产卵群体 1~6 龄，优势叉长 110~170mm，1 龄性成熟。有 3 个分布区：黄海南部和长江口外海分布区；浙闽近海分布区；南海分布区，在珠江口和韩江口等河口区。本种的资源补充良好，但数量也出现下降。

表 4-6　中国海洋捕捞脊索动物门软骨鱼纲和辐鳍鱼纲的主要种及其分布

种名	分布				
	渤海	黄海	东海	台湾周边海域	南海
脊索动物门 软骨鱼纲 CHONDRICHTHYES					
大青鲨 *Prionace glauca*			++	++	++
乌翅真鲨 *Carcharhinus melanopterus*			++	++	++
镰状真鲨 *C. falciformis*				++	+
沙拉真鲨 *C. sorrah*			++	++	++
鼬鲨 *Galeocerdo cuvieri*		+	++	++	++
灰星鲨 *Mustelus griseus*		+	+	+	+
白斑星鲨 *M. manazo*	+	++	++	++	++
长吻角鲨 *Squalus mitsukurii*		+	+	+	+
锤头双髻鲨 *Sphyrna zygaena*		+	+	+	+
路氏双髻鲨 *S. lewini*		+	+	+	+
扁头哈那鲨 *Notorynchus cepedianus*	+	++	++	++	++
白斑角鲨 *Squalus acanthias*	+	++	+	+	+
姥鲨 *Cetorhinus maximus*		+	+	+	+
钝锯鳐［尖齿锯鳐］*Anoxypristis cuspidata*			+	+	+
圆犁头鳐 *Rhina ancylostoma*			+	+	+
及达尖犁头鳐 *Rhynchobatus djiddensis*			+	+	+
广东长吻鳐 *Dipturus kwangtungensis*				+	+
美长吻鳐 *D. pulchra*		++	+		
斑瓮鳐 *Okamejei kenojei*		+	++	+	++
光魟 *Dasyatis laevigatus*	++	++	+		
奈氏魟 *D. navarrae*	+	++	+		
中国魟 *D. sinensis*	+	+	++	+	
黄魟 *D. bennettii*			+	+	+
汤氏团扇鳐 *Platyrhina tangi*			+	+	+
纳氏鹞鲼 *Aetobatus narinari*			+	+	+
双吻前口蝠鲼 *Manta birostris*		+	+	+	+
日本蝠鲼 *Mobula japonica*			+	+	+
鸢鲼 *Myliobatis tobijei*		+	+	+	+

续表

种名	分布				
	渤海	黄海	东海	台湾周边海域	南海
辐鳍鱼纲 ACTINOPTERYGII					
（1）大海鲢科 MEGALOPIDAE					
大海鲢 *Megalops cyprinoides*			+	+	+
（2）北梭鱼科 ALBULIDAE					
北梭鱼 *Albula glossodonta*			+	+	+
（3）锯腹鳓科 PRISTIGASTERIDAE					
鳓 *Ilisha elongata*	+	++	++	+	+
（4）海鳗科 MURAENESOCIDAE					
海鳗［灰海鳗］*Muraenesox cinereus*	+	+		+	++
褐海鳗 *M. bagio*	+	+	+	++	+
（5）鳀科 ENGRAULIDAE					
鳀［日本鳀］*Engraulis japonicus*	++	++	++		
黄鲫 *Setipinna tenuifilis*	++	+++	++	+	+
刀鲚 *Coilia nasus*	+	+	+		
凤鲚 *C. mystus*		+	+		
中华侧带小公鱼 *Stolephorus chinensis*			++	+	++
赤鼻棱鳀 *Thryssa kammalensis*	+	+	+	+	+
（6）鲱科 CLUPEIDAE					
太平洋鲱 *Clupea pallasii*	++	+++			
脂眼鲱 *Etrumeus teres*		+	+++	+++	+++
斑鰶 *Konosirus punctatus*	++	+++	+++	+	+++
黄带圆腹鲱 *Dussumieria acuta*			+	+	+
黄泽小沙丁鱼 *Sardinella lemuru*			+++	++	+++
青鳞小沙丁鱼 *S. zunasi*		++	++	+	++
拟沙丁鱼 *Sardinops sagax*		+++	++		
（7）海鲇科 ARIIDAE					
大头多齿海鲇 *Netuma thalassina*			+	+	+
丝鳍海鲇 *Arius arius*			+	+	+
（8）狗母鱼科 SYNODONTIDAE					

续表

种名	分布				
	渤海	黄海	东海	台湾周边海域	南海
多齿蛇鲻 *Saurida tumbil*			+	+	+
长蛇鲻 *S. elongata*	+	+	+	+	+
花斑蛇鲻 *S. undosquamis*			+	+	+
长条蛇鲻 *S. filamentosa*			+	+	+
短臂龙头鱼 *Harpadon microchir*		+	+	+	+
叉斑狗母鱼 *Synodus macrops*			+	+	+
大头狗母鱼 *Trachinocephalus myops*			+	+	+
（9）鳕科 GADIDAE、犀鳕科 BREGMACEROTIDAE					
大头鳕 *Gadus macrocephalus*	+	++			
麦氏犀鳕 *Bregmaceros macclellandi*			+	+	+
（10）鲻科 MUGILIDAE					
龟鲮［梭鱼］*Chelon haematocheilus*	+	+	+	+	+
大鳞龟鲮 *C. macrolopis*				+	+
前鳞龟鲮 *C. affinis*			+	+	+
鲻 *Mugil cephalus*	+	+	+	+	+
硬头骨鲻 *Osteomugil stronylocephalus*［英氏鲻 *Mugil eugeli*］				+	+
（11）飞鱼科 EXOCOETIDAE					
燕鳐须唇飞鱼［燕鳐鱼］*Cheilopogon agoo*	+	+++	++	+	+
弓头须唇飞鱼 *C. arcticeps*			+	++	+++
花鳍燕鳐 *Cypselurus poecilopterus*				+	+
大头飞鱼 *Exocoetus volitans*				+	+
尖鳍文鳐 *Hirundichthys speculiger*				+	+
（12）鱵科 HEMIRAMPHIDAE					
日本下鱵 *Hyporhamphus sajori*	++	++	+	+	
（13）鲉科 SCORPAENIDAE					
褐菖鲉 *Sebastiscus marmoratus*		+	++	+	+
（14）鲬科 PLATYCEPHALIDAE					
鲬 *Platycephalus indicus*	++	++	++	+	+
（15）鲂鮄科 TRIGLIDAE					

续表

种名	分布				
	渤海	黄海	东海	台湾周边海域	南海
棘绿鳍鱼 *Chelidonichthys spinosus*	+	++	+	+	+
小鳍红娘鱼［短鳍红娘鱼］*Lepidotrigla microptera*	++	++	+		
（16）六线鱼科 HEXAGRAMMIDAE					
大泷六线鱼 *Hexagrammos otakii*	+	++	+		
（17）狮子鱼科 LIPARIDAE					
网纹狮子鱼 *Liparis chefuensis*	+	+	++	+	
田中狮子鱼 *L. tanakae*	+	+	+	+	
（18）尖吻鲈科 LATIDAE					
尖吻鲈 *Lates calcarifer*				+	+
（19）花鲈科 LATEOLABRACIDAE					
中国花鲈 *Lateolabrax maculatus*	+	+	+	+	+
（20）发光鲷科 ACROPOMATIDAE					
日本发光鲷 *Acropoma japonicum*			+	+	+
赤鲑 *Doederleinia berycoides*		+	+	+	+
胁谷氏软鱼 *Malakichthys wakiyae*			++	+	++
（21）鮨科 SERRANIDAE					
青石斑鱼 *Epinephelus awoara*			++	++	++
赤点石斑鱼 *E. akaara*			+	+	+
密点石斑鱼 *E. chlorostigma*			+	+	+
（22）大眼鲷科 PRIACANTHIDAE					
短尾大眼鲷 *Priacanthus macracanthus*			++		++
长尾大眼鲷 *P. tayenus*			++	+	+++
（23）天竺鲷科 APOGONIDAE					
细线天竺鲷 *Apogon endekataenia*				+	+
半线天竺鲷 *A. semilineatus*			+	+	+
（24）鱚科 SILLAGINIDAE					
多鳞鱚 *Sillago sihama*	++	+++	+++	+	++
少鳞鱚 *S. japonica*			+	+	++
（25）鲯鳅科 CORYPHAENIDAE					

续表

种名	分布				
	渤海	黄海	东海	台湾周边海域	南海
鲯鳅 *Coryphaena hippurus*		+	+	+	+
（26）鲹科 CARANGIDAE					
红背圆鲹［蓝圆鲹］*Decapterus maruadsi*		+	+++	++	+++
无斑圆鲹 *D. kurroides*			+++	++	+++
红鳍圆鲹 *D. russelli*			+++	++	+++
大甲鲹 *Megalaspis cordyla*			+++	++	+++
日本竹荚鱼 *Trachurus japonicus*	+	++	++	++	++
乌鲹［乌鲳］*Parastromateus niger*		+	+++	+	++
马拉巴若鲹 *Carangoides malabaricus*		+	+	+	+
（27）眼镜鱼科 MENIDAE					
眼镜鱼 *Mene maculata*			++	+	+
（28）鲾科 LEIOGNATHIDAE					
长身马鲾 *Equulites elongatus*		+		+	+
黄斑光胸鲾 *Photopectoralis bindus*		+	+	+	+
静仰口鲾 *Secutor insidiator*		+	+	+	+
（29）乌鲂科 BRAMIDAE					
日本乌鲂 *Brama japonica*			+	+	+
（30）笛鲷科 LUTJANIDAE					
红鳍笛鲷 *Lutjanus erythropterus*			+	+	+
（31）金线鱼科 NEMIPTERIDAE					
金线鱼 *Nemipterus virgatus*			+	+	++
日本金线鱼 *N. japonicus*			+	+	++
深水金线鱼［黄肚金线鱼］*N. bathybius*			+	+	++
（32）鲷科 SPARIDAE					
黄犁齿鲷［黄鲷、黄牙鲷、日本犁齿鲷］*Evynnis tumifrons*		+	++	+	++
二长棘犁齿鲷［二长棘鲷］*E. cardinalis*			++	+	++
真鲷 *Pagrus major*	++	++	++	+	+
（33）马鲅科 POLYNEMIDAE					
四指马鲅 *Eleutheronema tetradactylum*		+	+	+	+

续表

种名	分布				
	渤海	黄海	东海	台湾周边海域	南海
（34）石首鱼科 SCIAENIDAE					
棘头梅童鱼 *Collichthys lucidus*		+++	+++	+	++
黑鳃梅童鱼 *C. niveatus*	++	+++	+	+	
大黄鱼 *Larimichthys crocea*		+	++	+	+
小黄鱼 *L. polyactis*	+	++	++	++	
叫姑鱼 *Johnius grypotus*		++	++	+	+
杜氏叫姑鱼 *J. dussumieri*				+	+
皮氏叫姑鱼 *J. belengerii*	+	+	+	+	+
黄姑鱼 *Nibea albiflora*	++	++	+	+	+
白姑鱼 *Argyrosomus argentatus*	+	++	+		+
鮸 *Miichthys miiuy*	+	+	+	+	++
（35）羊鱼科 MULLIDAE					
日本绯鲤 *Upeneus japonicus*	+	+	+	++	++
马六甲绯鲤 *U. moluccensis*				+	++
黄带绯鲤 *U. sulphureus*			+	+	+
多带绯鲤 *U. vittatus*				+	+
（36）鹦嘴鱼科 SCARIDAE					
杂色鹦嘴鱼 *Scarus festivus*				+	+
小鼻绿鹦嘴鱼 *Chlorurus microrhinos*					+
（37）绵鳚科 ZOARCIDAE					
吉氏绵鳚 *Zoarces gilli*	++	++	+		
（38）虾虎鱼科 GOBIIDAE					
孔虾虎鱼 *Trypauchen vagina*			++	+	++
（39）篮子鱼科 SIGANIDAE					
长鳍篮子鱼 *Siganus canaliculatus*			+	+	+
褐篮子鱼 *S. fuscescens*			+	+	++
（40）魣科 SPHYRAENIDAE					
大魣 *Sphyraena barracuda*				+	+
油魣 *S. pinguis*		+	+	+	+

续表

种名	分布				
	渤海	黄海	东海	台湾周边海域	南海
日本魣 *S. japonica*			+	+	+
（41）带鱼科 TRICHIURIDAE					
日本带鱼 *Trichiurus japonicus*	+	++	+++	++	++
珠带鱼 *T. margarites*				+	++
小带鱼 *Euplerogrammus muticus*	+	+	++	+	+
沙带鱼 *Lepturacanthus savala*			+		+
（42）鲭科 SCOMBRIDAE					
双鳍舵鲣［圆舵鲣］*Auxis rochei*		+	+	+	+
扁舵鲣 *A. thazard*		+	+++	++	+++
裸狐鲣 *Gymnosarda unicolor*				+	+
鲣 *Katsuwonus pelamis*			+	+	+
日本鲭［鲐］*Scomber japonicus*		+++	+++	+	
澳洲鲭 *S. australasicus*		+	+	+	+
鲔 *Euthynnus affinis*				+	+
蓝点马鲛 *Scomberomorus niphonius*	++	++	++	+	
黄鳍金枪鱼 *Thunnus albacares*			+	+	+
（43）长鲳科 CENTROLOPHIDAE					
刺鲳 *Psenopsis anomala*			++	+	++
（44）鲳科 STROMATEIDAE					
镰鲳 *Pampus echinogaster*	+	+++	+++	+	+
灰鲳 *P. cinereus*		+++	+++		+
（45）鲽科 PLEURONECTIDAE					
赫氏高眼鲽 *Cleisthenes herzensteini*	+++	+++	+		
木叶鲽 *Pleuronichthys cornutus*	+	+	+	+	+
钝吻鲽［钝吻黄盖鲽］*Pleuronectes yokonamae*	+	+	+		
（46）鲆科 BOTHIDAE					
青缨鲆 *Crossorhombus azureus*			+	+	+
（47）牙鲆科 PARALICHTHYIDAE					
牙鲆 *Paralichthys olivaceus*	+	+	+	+	+

续表

种名	分布				
	渤海	黄海	东海	台湾周边海域	南海
南海斑鲆 *Pseudorhombus neglectus*	+	+	+	+	+
（48）鳎科 SOLEIDAE					
条鳎 *Zebrias zebra*	+	+	+	+	+
东方宽箬鳎 *Brachirus orientalis*			+	+	+
（49）舌鳎科 CYNOGLOSSIDAE					
宽体舌鳎 *Cynoglossus robustus*	+	+	+	+	+
双线舌鳎 *C. bilineatus*			+	+	+
（50）三刺鲀科 TRIACANTHIDAE					
布氏三足刺鲀 *Tripodichthys blochii*				+	+
（51）单角鲀科 MONACANTHIDAE					
绿鳍马面鲀 *Thamnaconus septentrionalis*	++	+++	+++	++	++
黄鳍马面鲀 *T. hypargyreus*			++	+	++
绒纹副单角鲀 *Paramonacanthus sulcatus*			++	+	+++
（52）鲀科 TETRAODONTIDAE					
黑鳃兔头鲀 *Lagocephalus inermis*		+	++	+	+
黄鳍多纪鲀 *Takifugu xanthopterus*	+	++	++	+	+
暗纹多纪鲀 *T. fasciatus*	+	++	++		
铅点多纪鲀 *T. albophumbeus*	+	+	+	+	+
星点多纪鲀 *T. niphobles*	+	+	+	+	+
虫纹多纪鲀 *T. vermicularis*	+	+	+	+	+
紫色多纪鲀 *T. porphyreus*	+			+	+

另外本科的两种鲚（*Coilia* spp.）仅分布在黄渤海和东海河口水域；中华侧带小公鱼（*Stolephorus chinensis*）分布于东海和南海；赤鼻棱鳀（*Thryssa kammalensis*）中国四大海域都有分布。

（6）鲱科：中国海域记录33种。许多种是中国海洋渔业的重要捕捞对象。表4-6列举了7种，下文对其中5种进行介绍。

太平洋鲱（*Clupea pallasii*）：冷温性中上层鱼类，分布于黄海和渤海，也分布在西北太平洋温水区，曾是日本海洋捕捞的最主要种类，也曾居黄渤海区捕捞种的首位，目前资源已严重衰退。黄海的太平洋鲱终生生活在黄海的中部和北部。种群由0~9龄组成。1龄鱼体长165mm，体重45g，达性成熟，9龄鱼310mm，体重321g。用围网、拖网和定量网捕捞。

黄泽小沙丁鱼（*Sardinella lemuru*）：暖水性中上层鱼类，分布于东海、台湾周边海域和南海。体长 70~270mm，体重 4~270g。分 3 个地理群：北部湾群、台湾海峡南部群和东海群。灯光围网捕捞的主要对象，近年年产量 0.5 万 ~4.5 万吨。具有性成熟早、生命周期短、世代更新快、产卵季节长、营养级低等特点，利于持续利用。

青鳞小沙丁鱼（*Sardinella zunasi*）：暖水性小型中上层鱼类，主要分布于南海，台湾周边海域、东海和黄海也有分布。体长一般 100~130mm，5 个年龄组，1 龄即性成熟。南海的鱼群 1 月份由外海分 3 路向广西、广东沿岸游动；东海福建沿岸常年都有分布，分闽东、闽中和闽南 3 个地方群；黄海鱼群 3 月上旬由韩国济州岛附近的越冬场分批由南向西北进行生殖洄游。用流刺网、围网、拖网等多种方法捕捞，捕捞产量近年有回升趋势，历史最高捕捞产量 2.2 万吨 / 年。

拟沙丁鱼（*Sardinops sagax*）：暖温性中上层小型鱼类，中国四海都有分布。体长 140~245mm，由 1~6 龄组成，2 龄性成熟。黄海的鱼群与日本的鱼群消长关系密切。20 世纪 70 年代前是黄海罕见鱼种，1976 年以后才成为黄海和东海围网和流刺网的渔获物。

斑鰶（*Konosirus punctatus*）：暖水性、广盐、小型中上层鱼类，分布于中国沿岸和河口，有许多地方性群体。体长 115~240mm，1 龄鱼即开始性成熟，2 龄鱼全部性成熟，产卵期各地方群有差异。用近海拖网、围网、张网及近海大拉网捕捞，黄渤海 20 世纪 80 年代初捕捞产量达 5000t，南海和东海 70 年代已达 5000t。

（7）海鲇科：中国海域记录 4 属 8 种，多数是近岸底层鱼类，主要分布在南海和东海，个体较大，如丝鳍海鲇（*Arius arius*）、大头多齿海鲇（*Netuma thalassina*）等都是捕捞的对象。

（8）狗母鱼科：中国海域记录 30 种，多数分布于沿岸底层，如短臂龙头鱼（*Harpadon microchir*）、长蛇鲻（*Saurida elongata*）都是渔获物的常见种。

（9）鳕科、犀鳕科：鳕形目在中国海域记录 5 科 121 种，大多数是深海种。鳕是西北太平洋国家和北美洲国家的主要捕捞对象。中国海域仅鳕科和犀鳕科的少数种是捕捞对象。例如，大头鳕（*Gadus macrocephalus*），冷温性底层鱼类，分布于黄海和西北太平洋其他海域。在黄海中、北部的鱼群，其短距离的游动受黄海冷水团的消长制约。年龄 0~7 龄，最大体长 850mm，体重 8.5kg，产卵群以 2 龄鱼为主，1~3 月隆冬季节是其产卵期。中国北方海区冬、春季底拖网的重要捕捞对象。以往产量 3000~4000t，目前不足千吨。

（10）鲻科：中国海域记录 18 种，近岸和河口中型鱼类，沿岸小型网具捕捞对象。表 4-6 列举了 5 个常见种。例如，龟鲅（*Chelon haematocheilus*），在中国沿岸有许多地方群体，以黄渤海的密度大。年龄 1~8 龄，体长 150~643mm，最大体重 3.5kg，3~4 龄性成熟。

（11）飞鱼科：中国海域记录 34 种，暖水性外海或大洋性上层鱼类，表 4-6 列举了 5 种。其中，弓头须唇飞鱼和燕鳐须唇飞鱼是最主要的捕捞种类。

弓头须唇飞鱼（*Cheilopogon arcticeps*）：分布于南海和台湾周边海域及东海南部，以海南岛东部和西北部为主要分布区。群体 1 龄占 90% 左右，1 龄性成熟，优势体长 230~250mm。20 世纪 60 年代产量 1500~3000t，目前产量基本稳定。燕鳐须唇飞鱼（*C. agoo*）在黄海和东海常年年产量 300~500t。

（12）鱵科：中国海域记录 16 种，其中日本下鱵（*Hyporhamphus sajori*）分布于中国浅海。黄渤海的捕捞对象，1983 年产量 4100t。鱼群由 1~4 龄组成，体长 186~405mm，体重 14~180g。

（13）鲉科：中国海域记录 119 种，大部分是浅海礁区暖水性小型鱼类，小部分分布于深水，如褐菖鲉（*Sebastiscus marmoratus*）在东南沿海有钩钓渔业。

（14）鲬科：中国海域记录 23 种，沿岸暖水性中型底栖鱼类，如鲬（*Platycephalus indicus*）在中国沿海都有分布。鱼群由 1~9 龄组成，2 龄性成熟，体长 195~525mm。在黄渤海的捕捞产量约 2000 t，是底拖网、流刺网和定置网的捕捞对象。

（15）鲂鮄科：中国海域记录 21 种，多数是大陆架无岩礁海域的底层鱼类，如棘绿鳍鱼（*Chelidonichthys spinosus*）、小鳍红娘鱼（*Lepidotrigla microptera*）都是捕捞对象。

（16）六线鱼科：中国海域记录 4 种，是温水性底层鱼类，分布于黄渤海，东海也有记录。例如，大泷六线鱼（*Hexagrammos otakii*）是钩钓渔业对象，在辽宁年产约 1000t。

（17）狮子鱼科：中国海域记录 6 种，温水性近底层鱼类，多数分布在黄渤海，少数分布在东海深海，如网纹狮子鱼（*Liparis chefuensis*）是黄海的兼捕对象。

（18）尖吻鲈科：暖水性鱼类，中国海域记录有尖吻鲈（*Lates calcarifer*）和红眼沙鲈（*Psammoperca waigiensis*）两种，是兼捕对象。

（19）花鲈科：本科 3 种，其中中国花鲈（*Lateolabrax maculatus*）分布于中国沿岸和河口水域，是捕捞对象。

（20）发光鲷科：中国海域记录 13 种，暖水性底层鱼类。其中胁谷氏软鱼（*Malakichthys wakiyae*）分布于东海和南海大陆架外缘深水区，以东沙群岛北部和西北部一带为主要分布区。由 0~3 龄鱼组成，以 0 龄占 77.9%，体长 41~150mm。估计南海北部陆架边缘海域的资源量约 2023t，是 20 世纪 70~80 年代拖网调查发现的种类。

（21）鮨科：中国海域记录 29 属 130 种，多数是浅海岩礁和珊瑚礁鱼类，分布于南海和台湾周边海域，少量分布到东海。其中石斑鱼属（*Epinephelus*）有 43 种，是重要的捕捞和养殖对象，如青石斑鱼（*E. awoara*）、赤点石斑鱼（*E. akaara*）等。

（22）大眼鲷科：中国海域记录 10 种，以下两种是主要捕捞对象。

短尾大眼鲷（*Priacanthus macracanthus*）：南海和东海底拖网的主要捕捞对象之一，向北可分布到黄海。在南海，它的栖息水深为 17~147m，以 60~120m 深处最多，与长尾大眼鲷交错分布，但短尾大眼鲷偏较深海一侧。年龄组成 0~5 龄，在南海 0 龄和 1 龄分别占 42.8% 和 49.8%，体长 70~320mm，1 龄性成熟。与长尾大眼鲷的产量共约 0.5 万吨，占拖网渔获物的 10% 左右。

长尾大眼鲷（*Priacanthus tayenus*）：南海底拖网的主要捕捞对象之一。其他信息与短尾大眼鲷类同。

（23）天竺鲷科：中国海域记录 16 属 98 种，暖水性底层岩礁鱼类，未形成大宗捕捞渔业，如细线天竺鲷（*Apogon endekataenia*）、半线天竺鲷（*A. semilineatus*）在南海、台湾周边海域都是常见种。

（24）鱚科：中国海域记录 10 种，暖水性近底层偏小型鱼类，如多鳞鱚（*Sillago sihama*）中国沿海都有分布。鱼群结构 1 龄和 2 龄各占 73.8% 和 22.1%，3 龄、4 龄较少。1 龄性成熟。

体长 42~250mm，最大体重 60~70g。用刺网、定置网和底拖网等多种渔法渔具捕捞。性成熟早、生命周期短、世代更新快，因而资源相对稳定，黄海年产量在 200~1000t。估计全国资源量 7000~10 000t，尚待进一步开发。在南海少鳞鱚（*S. japonica*）也是常见种。

（25）鲯鳅科：中国海域有鲯鳅（*Coryphaena hippurus*）和棘鲯鳅（*C. equiselis*）两种，前者是大洋性鱼种，分布于中国沿海。

（26）鲹科：中国海域记录 68 种，多数是暖水性中上层鱼类，许多种是捕捞对象。

红背圆鲹（*Decapterus maruadsi*）：暖水性中上层鱼类，分布于南海和东海，黄海南部也有少量分布。分东海种群和闽粤种群。生殖群体由 1~5 龄组成，1 龄性成熟。体长 100~320mm。南海和东海灯光围网的主要捕捞对象，1978~1983 年南海和东海的平均产量 12 万 ~13 万吨，其中南海占 80%。资源已被充分利用。红鳍圆鲹（*D. russelli*）也是同一海区灯光围网、拖网和大围缯的捕捞对象，但产量不及上种。无斑圆鲹（*D. kurroides*）也有一定的捕捞价值。

大甲鲹（*Megalaspis cordyla*）：分布于南海和东海，是捕捞对象之一。

日本竹荚鱼（*Trachurus japonicus*）、乌鲳（*Parastromateus niger*）、马拉巴若鲹（*Carangoides malabaricus*）等也都是南海和东海的捕捞对象。

（27）眼镜鱼科：中国海域仅眼镜鱼（*Mene maculata*）一种，分布于南海和东海，是捕捞对象。

（28）鲾科：中国海域记录 22 种，暖水性小型沿岸性鱼类，分布于南海、台湾周边海域、东海，黄海也有少数种。沿海捕捞对象，如长身马鲾（*Equulites elongatus*）、静仰口鲾（*Secutor insidiator*）等。

（29）乌鲂科：中国海域记录 9 种，大洋暖水性中上层鱼类，分布于东海、台湾周边海域和南海，如日本乌鲂（*Brama japonica*）。

（30）笛鲷科：中国海域记录 53 种，暖水性、浅海近底层岩礁和珊瑚礁中型鱼类。许多种是经济价值大的中型优质鱼。例如，红鳍笛鲷（*Lutjanus erythropterus*）分布于南海和东海，在珠江口以南至海南岛、北部湾等都有其底拖网或延绳钓渔业。渔获物 0~6 龄，体长 200~560mm，性成熟 2 龄。广东 20 世纪 50 年代收购量为 2721t，至 1980~1981 年不足 400t。这种优质鱼生长快，生命周期长，应加强保护。

（31）金线鱼科：中国海域记录 31 种，暖水性底层鱼类，分布于南海和东海，是底拖网、刺网和钩钓对象。例如，金线鱼（*Nemipterus virgatus*）广泛分布于南海北部海域，水深不超过 150m。年龄组成 1~6 龄，1 龄、2 龄占 94%，1 龄的体长 148~161mm，产卵群体的体长 110~269mm。生命周期短、性成熟早，个体绝对生殖力大，产卵场分布广。估计现存资源量 0.8 万吨，仍有资源可利用。

（32）鲷科：中国海域记录 19 种，暖水性底层鱼类，多数是大中型优质鱼。

真鲷（*Pagrus major*）：在中国海域以 33°N 为界分为黄渤海和东海两个种群。东海种群又分为台湾北部和台湾海峡南部两个群体。黄海种群由 1~10 龄鱼组成。东海种群由 1~15 龄鱼组成，产卵群体以 7~9 龄鱼为主。20 世纪 50 年代在中国黄海、渤海、东海真鲷的渔获量 5000t 左右，其中中国仅占 8%~45%，其他为日本和朝鲜捕捞。黄海、渤海长期过度捕捞，东海的资源量小。

二长棘犁齿鲷（*Evynnis cardinalis*）：分布于南海和东海，特别是北部湾和海南岛以东到粤东、闽南的浅海和近海更多，成鱼多出现在 60~90m 的近海。由 0~4 龄组成，1 龄占绝大多数。产卵群体体长 100~229mm，性成熟最小体长 112mm。广东 1979~1983 年的平均渔获量为 3030t。具有生命周期短、生长快、补充群体数量大和资源更新迅速等特点。

此外，黄鳍棘鲷（*Acanthopagrus latus*）［黄鳍鲷 *Sparus latus*］、黄犁齿鲷（*Evynnis tumifrons*）等多种也是南海和东海近海捕捞对象。

（33）马鲅科：中国海域记录 6 种，沿岸暖水性鱼类。虽产量不是特别大，但肉质好，是优质鱼，近岸捕捞对象，如四指马鲅（*Eleutheronema tetradactylum*）。

（34）石首鱼科：中国海域记录 10 种，都是捕捞对象。

大黄鱼（*Larimichthys crocea*）：分布于东海、黄海和南海，是中国特有的捕捞鱼种。历史上，单种鱼产量曾列全国第二和东海四大捕捞对象之首。中国沿海有 3 个大黄鱼地理种群，它们在形态、寿命、种群结构、分布区和资源数量方面都有明显差异：①分布在浙江和江苏南部的岱衢族（包括吕泗洋、岱衢洋、大目洋、猫头洋的生殖鱼群）寿命最长（雄性 19~30 龄、雌性 15~25 龄），种群结构最复杂，数量最多。②分布在雷州半岛以东的硇洲族（包括硇洲生殖鱼群）寿命最短（雄性 9 龄、雌性 8 龄），种群结构最简单，数量最少。③分布在闽、粤沿海的闽—粤东族（包括官井洋、南澳岛、汕尾的主要生殖鱼群），则介于两者之间。

大黄鱼的生殖群体分春、秋两次产卵，秋季产量极低。越冬场处于冷、暖水交汇处，水温 9~11℃，盐度 33 左右。3~4 龄性成熟。20 世纪 70 年代以来，群体的组成发生了很大变化，表现在年龄组分布范围缩小、年龄下降、个体小龄化、高龄鱼逐渐消失。1975 年岱衢洋大黄鱼平均体长 342mm，体重 593g。全国大黄鱼平均产量 60 年代为 11.94 万吨，70 年代为 13.15 万吨，1980~1982 年下降到 4.90 万 ~8.35 万吨，并继续下降，1979 年以来重要产卵场已形不成渔汛。1981 年全面禁渔。大黄鱼资源利用过程中经历了 4 种酷渔阶段：敲𦊆船作业、过度捕捞未产卵亲鱼、过度利用越冬场、捕捞幼鱼。近年除禁渔外，已成功进行人工育苗和养殖。养殖产量约 15 万吨，同时开展野生种质资源的保护（刘家富，2013）。

小黄鱼（*Larimichthys polyactis*）：暖温性底层鱼类，分布于渤海、东海和黄海，历史上至今都是中国海洋主要的捕捞种类，是中国、朝鲜、日本的共同捕捞对象。小黄鱼年龄组成 1~23 龄，2 龄性成熟，体长一般 154~237mm，体重一般 85~318g。1959~1960 年小黄鱼的可捕量 12 万吨，1989 年仅 2.5 万吨，且个体小、低龄化。

黄姑鱼（*Nibea albiflora*）：暖温性底层鱼类，中国沿海都有分布。黄渤海的黄姑鱼洄游明显；东海的黄姑鱼洄游不明显，主要分布在舟山群岛岛礁附近。年龄组成 1~10 龄，3 龄性成熟。黄渤海历史上最高年产 0.6 万吨。

白姑鱼（*Argyrosomus argentatus*）：暖温性近底层鱼类，分布于渤海、黄海、东海和南海。分黄渤海群和东海种群，20 世纪 50 年代，黄渤海群年龄组成 2~7 龄，其中 3 龄鱼占 60%，1984 年 1 龄鱼占 70%。长江口及舟山群岛 1979~1983 年年龄组成以 1~2 龄为主，体长 60~320mm。全国 50 年代渔获量低于 200t，80 年代上升到 3000~4000t。

梅童鱼（*Collichthys*）：暖温性底层中小型鱼类，中国海域有两种，都是 1 龄性成熟。黑鳃梅童鱼（*C. niveatus*）分布于渤海、黄海和东海，生殖群体体长 30~115mm，体重 6~28g，产量

0.5 万吨；棘头梅童鱼（*C. lucidus*）分布于黄海、东海和南海，生殖群体体长 75~154mm，体重 11~73g，产量 4 万~5 万吨，2003~2012 年全国梅童鱼年产量已达 21.17 万~29.10 万吨。

鮸（*Miichthys miiuy*）：暖温性底层中、大型鱼类，分布遍及渤海、黄海、东海、南海。冬季渤海、黄海、东海的鮸有两个分布区（越冬区），第一个在中国黄海海槽边缘，并延伸到韩国济州岛西南部；第二个在东海的温台渔场近海。4 月开始，第一越冬场的鱼群北上并西进渤海，第二越冬场的鱼群游到浙江沿海至长江口佘山海区。它们在南海分布在 5~35m 沿海岛礁。黄渤海群体平均体长 297.4mm、东海群体平均体长 421.6mm、南海群体体长 450~550mm。黄渤海 1953~1962 年的产量为 142~1120t，至 20 世纪 70 年代低于 100t，为罕见鱼种。广东 70 年代前年收购量 100~200t，之后逐年下降，2003~2012 年全国产量为 2.11 万~4.32 万吨。

（35）羊鱼科：中国海域记录 26 种，暖水性中小型底层鱼类，有两种主要捕捞对象。

日本绯鲤（*Upeneus japonicus*）：分布于黄渤海、东海和南海。从北部湾、广东沿海到闽南—台湾浅滩渔场，由浅海到 200m 以外的深海均有分布。南海北部鱼群体长 60~170mm，年龄组成 0~4 龄，1 龄性成熟。南海北部底拖网渔获物中经常出现，占总量的 1% 左右。

马六甲绯鲤（*Upeneus moluccensis*）：分布于南海，南海北部水深 120m 以内海域均有分布。渔获群体优势体长 100~140mm，最大体长 210mm。由 0~4 龄组成，0 龄和 1 龄占 80% 左右。历年收购量 1957 年最低（2527t），1966 年最高（13 581t）。

（36）鹦嘴鱼科：热带种，分布于南海诸岛水深 60m 以内的礁区，是南海外海捕捞对象。南海和台湾周边海域记录 7 属 36 种，如杂色鹦嘴鱼（*Scarus festivus*）、小鼻绿鹦嘴鱼（*Chlorurus microrhinos*）等大中型鱼。

（37）绵鳚科：中国海域记录 3 种，其中台湾周边海域 2 种，黄渤海和东海 1 种。吉氏绵鳚（*Zoarces gilli*）主要分布于黄海和渤海，东海较少，是冷温种。在黄海分 3 个地方群，其中以黄海中部群较大。年龄组成 0~4 龄，2 龄占 64.8%，体长 156~450mm，体重 21~475g，2 龄性成熟。1975~1977 年黄渤海产量 2 万多吨，由于捕捞强度失控，20 世纪 70 年代末仅万吨左右。

（38）虾虎鱼科：中国海域记录 282 种，是中国近岸和潮间带很常见的小型鱼类。定置网的主要捕捞对象，如孔虾虎鱼（*Trypauchen vagina*）等。

（39）篮子鱼科：中国海域记录 1 属 14 种，暖水性小型近岸礁区鱼类，分布于东海、台湾周边海域和南海，是近岸小船渔业的捕捞对象，如长鳍篮子鱼（*Siganus canaliculatus*）、褐篮子鱼（*S. fuscescens*）等。

（40）魣科：中国海域记录 11 种，暖水性中小型近岸礁区鱼类，多数分布于南海，仅 1 种分布于全国沿海，2 种分布于东海和南海。近岸渔业捕捞对象，如大魣（*Sphyraena barracuda*）、日本魣（*S. japonica*）等。

（41）带鱼科：中国海域记录 10 种，暖水性中下层鱼类，是极重要的捕捞对象。包括日本带鱼、小带鱼、沙带鱼和珠带鱼等。

日本带鱼（*Trichiurus japonicus*）：中国海洋渔业鱼种产量第一位，中国日本带鱼约占世界同种鱼产量的 70%~80%，余下 20%~30% 为日本、韩国和朝鲜捕获。这种鱼在中国四海都有分布。有两个主要种群：黄渤海种群和东海—粤东种群（东海群）。另外，在南海和闽南、台湾浅滩还存在地方性的生态群。东海日本带鱼由 0~6 龄组成，以 1 龄占优势，还发现过 7 龄鱼。肛长 100~500mm，最大个体 540mm，2 龄性成熟（黄海群 3 龄）。日本带鱼生长迅速，5 月出生的幼鱼，到冬季可达 100mm，超过 100g。主要用底拖网、围缯网和延绳钓捕捞，1956~1983 年年产量为 16.8 万 ~57.7 万吨，其中东海约占 70%。2011 年产量 111.8 万吨（农业部渔业局，2012）。日本带鱼生长快、性成熟早、产卵期长、繁殖场广、幼鱼发生量大和群体组成简单等特点，使其能承受长期而强大的捕捞压力，历史上至今都是中国海洋渔业的主要捕捞种。南海尚有几种带鱼是捕捞对象。

（42）鲭科：暖水性、大洋性中上层鱼类，多数是游泳能力很强的洄游性鱼类。中国海域记录 23 种，如日本鲭、澳洲鲭、蓝点马鲛和扁舵鲣等都是捕捞对象。

日本鲭（*Scomber japonicus*）：分布于东海、黄海和南海，洄游至渤海。大致分东海种群和闽南－粤东种群。两个越冬场分别为：①中国东海中南部和钓鱼岛以北海域，水深 100~150m 的范围，水温 15~23℃；②韩国济州岛到日本五岛外海。两个产卵场分别为：①黄海中北部产卵场，产卵水温 12~25℃；②东海产卵场。此外，在珠江口、粤西、北部湾和海南岛东部亦有零星分布。东海种群 1~8 龄，体长 240~470mm，体重 270~1600g；闽南－粤东种群 1~5 龄，体长 200~370mm，体重 100~670g。以围网和流刺网捕捞，东海和黄海 1971~1982 年年产量 2.5 万 ~ 8.5 万吨（夏世福，1989）。2011 年日本鲭全国产量 56.3 万吨（农业部渔业局，2012）。

澳洲鲭（*Scomber australasicus*）：分布比日本鲭更靠外海，在南海的产卵鱼群体长 150~200m，分布于大陆架边缘区，2 月和 10 月在珠江口外海和粤西外海出现过相对集中区。

蓝点马鲛（*Scomberomorus niphonius*）：暖水性中上层鱼类，中国四海近岸和沿海都有分布。有两个越冬场：南部越冬场在浙中－闽南近海、水深 80m 左右的水域；北部越冬场在东海中北部水深 80~100m 一带。东海和黄渤海主要产卵场有闽南产卵场、闽中产卵场、闽东产卵场、浙江近海产卵场、吕泗洋产卵场、海州湾产卵场、石岛－乳山产卵场、山东半岛北部产卵场、渤海产卵场。本种的年龄组成 1~6 龄，1982 年前 2 龄鱼占 60%~87%，1~3 龄性成熟，成熟个体雄性体长 450mm、体重 750g，雌性体长 500mm、体重 1100g。由流刺网和变水层拖网专捕，其他网具兼捕，1964~1978 年年产量 3.4 万吨。中国的产量占西太平洋该种世界渔获量的 60%~78%。

（43）长鲳科：中国海域记录 2 种，其中刺鲳（*Psenopsis anomala*）是南海和东海近海捕捞对象。

（44）鲳科：中国海域记录 1 属 5 种，暖水性中下层鱼类。以往报道镰鲳和灰鲳是主要捕捞对象。

镰鲳（*Pampus echinogaster*）：中国沿海都有分布。其越冬场都在沿岸流与外海高温高盐水的交汇区。东海北部（30°N~32°N）的 100~120m 等深线一带海域、鱼山和温台外海 90~100m 等深线海域，以及黄海西部洼地（34°N~37°N、122°E~124°E）水深 60m 区内都有镰鲳越冬。分为黄渤海和东海 2 个群系。产卵场在沿海河口与浅海的混合水域的高温低盐区。产卵群有夏季和秋季两个宗。黄渤海镰鲳的年龄组成 1~6 龄，1~2 龄占 80% 以上，1~2 龄性成熟，优势体长 150~230mm。镰鲳主要用流刺网捕捞，其他网具兼捕。吕泗渔场 1975~1983 年年渔获量为 13 261t，占全国同期镰鲳渔获量的 41.2%。

灰鲳（*Pampus cinereus*）：分布于黄海、东海和南海。有两个越冬场：一个在中国东海北部外海和韩国济州岛邻近水深 60~100m 的水域，甚至深于 100m 的混合变性水内；另一个在温台外海和闽南外海水深 60~100m 的水域。4 月开始产卵洄游。黄海和东海灰鲳的年龄组成 1~11 龄，2 龄鱼占 42.7%~80.2%，1~2 龄性成熟。江苏灰鲳的年渔获量 500~1500t，福建曾达 1500t。

（45）鲽科：中国海域记录 15 种，营底栖生活。多数种是可食用的专捕或兼捕对象。如赫氏高眼鲽、木叶鲽等。

赫氏高眼鲽（*Cleisthenes herzensteini*）：冷温种，分布于黄海和渤海，东海北部少量分布，是中国鲆鲽类（鲽形目）产量最多的一种。主要集中在 34°00′N 以北的黄海海域内，在黄海中部和北部有一个单独的大群体，黄海南部和北部近岸各有较小的群体，渤海内有一个小的地方群体。黄海中北部群体冬季在黄海海槽水深 60~80m、底温 8~12℃、盐度 33~34 处越冬。主要产卵场位于黄海北部与青岛外海冷水的边缘海区及渤海海峡冷水附近。4~5 月赫氏高眼鲽开始由越冬场游向产卵场。年龄组成 0~4 龄，1 龄鱼占 90% 以上。1 龄性成熟，体长 80~360mm，体重 25~650g。该种是优质鱼，由以往年产 2.5 万吨以上，从 20 世纪 80 年代开始下降，到目前只剩 0.2 万吨。

（46）鲆科：中国海域记录 45 种，营底栖生活，许多近岸种是底拖网的渔获物，如青缨鲆（*Crossorhombus azureus*）等。

（47）牙鲆科：中国海域记录 16 种，营底栖生活，许多近海种是底拖网的兼捕对象。

（48）鳎科：中国海域记录 22 种，营底栖生活，如条鳎（*Zebrias zebra*）等许多种都是底拖网渔获物。鳎科各种是优质鱼。

（49）舌鳎科：中国海域记录 3 属 36 种，许多种是底拖网的捕捞对象，如宽体舌鳎（*Cynoglossus robustus*）、双线舌鳎（*C. bilineatus*）都很常见。

（50）三刺鲀科：中国海域记录 4 种，暖水性近海中下层鱼类，是捕捞对象，如布氏三足刺鲀（*Tripodichthys blochii*）。

（51）单角鲀科：中国海域记录 28 种，暖水性浅海中下层鱼类，如下许多种是重要的捕捞对象。

绿鳍马面鲀（*Thamnaconus septentrionalis*）：外海底层暖水性鱼类。分布于中国渤海、黄海和东海及朝鲜半岛和日本沿海。但本种在中国东海的产卵季节为 4 月左右，而在日本海则为 6 月左右，因而，本种又可分为东海生殖群和日本沿海生殖群。两群冬季在对马海区混栖越冬。也有研究者认为该种在东海有外海和近海地理群之分（林新濯等，1984）。本种年龄组成 1~10 龄（个别 14 龄）。2 龄性成熟，体长 158.2~162.6mm，体重 68.8~74.1g；6 龄鱼体长 245.5mm，体重 286~296g。本种是底拖网和围缯网的专捕对象，流刺网和定置网也有兼捕，其产量仅次于带鱼。黄渤海 1968 年产量为 2 万~3 万吨，至 20 世纪 80 年代下降至 5000~6000t；东海 1978 年产量达 27.4 万吨，但 1983 年已降至 7.5 万吨。

黄鳍马面鲀（*Thamnaconus hypargyreus*）：暖水性底层鱼类，分布于南海和东海，以南海北部的数量为多，是底拖网的大宗捕捞对象。主要渔场有粤东、珠江口、粤西和北部湾口。渔期 7~11 月和 3~4 月，体长 51~185mm。1976 年的产量为 20 万吨，1984 年降至 11 万吨。具集群性强、群体结构简单、生命周期短、性成熟早、世代更新快等特点。

（52）鲀科：中国海域记录 7 属 56 种，近海洄游性底层鱼类，其中多纪鲀属（*Takifugu*）占 23 种。多数种是捕捞对象。表 4-6 列举了 7 种最主要的捕捞对象，如黄鳍多纪鲀（*Takifugu xanthopterus*），体长一般在 100~300mm，最大 500mm。黄渤海 20 世纪 60 年代鲀类钩钓渔业产量 1.5 万吨，因过度捕捞，到 20 世纪 80 年代初产量仅 100~200t。

（二）甲壳纲（CRUSTACEA）

节肢动物门的海洋捕捞对象有虾、蟹和虾蛄（口足目）3 类。表 4-7 列举了 55 种虾、10 种蟹和 3 种虾蛄。

表 4-7　中国海洋捕捞节肢动物门甲壳纲主要种及其分布

种名	分布				
	渤海	黄海	东海	台湾周边海域	南海
甲壳纲 CRUSTACEA					
虾类					
1. 对虾科 PENAEIDAE					
斑节对虾 *Penaeus monodon*			+	+	+
短沟对虾 *P. semisulcatus*			+	+	++
中国明对虾 *Fenneropenaeus chinensis*	++	++	+		+
墨吉明对虾 *F. merguiensis*			+		+
长毛明对虾 *F. penicillatus*			+	++	++
日本囊对虾 *Marsupenaeus japonicus*		+	+	+	++
宽沟对虾 *Melicertus latisulcatus*			+	+	+
近缘新对虾 *Metapenaeus affinis*					+++
刀额新对虾 *M. ensis*					++
中型新对虾 *M. intermedius*			+	+	+
周氏新对虾 *M. joyneri*		+	++	+	+++
沙栖新对虾 *M. moyebi*			+	+	+
鹰爪虾 *Trachypenaeus curvirostris*	++	++	++	+	++
长足鹰爪虾 *T. longipes*					+
马来鹰爪虾 *T. malaiana*					+
澎湖鹰爪虾 *T. pescadorensis*			+	+	+
哈氏仿对虾 *Parapenaeopsis hardwickii*		+	++		++

续表

种名	分布				
	渤海	黄海	东海	台湾周边海域	南海
亨氏仿对虾 *P. hungerfordi*			+	+	+
细巧仿对虾 *P. tenella*	+	+	+	+	+
角突仿对虾 *P. cornuta*			+		+
须赤虾 *Metapenaeopsis barbata*			+	+	+++
音响赤虾 *M. stridulans*					+
中国赤虾 *M. sinica*					+
门司赤虾 *M. mogiensis*					+
宽突赤虾 *M. palmensis*					++
吐露赤虾 *M. toloensis*					+
戴氏赤虾 *M. dalei*		+	+		+
2. 管鞭虾科 SOLENOCERIDAE					
亚非海虾 *Haliporus taprobanensis*					+
刀额拟海虾 *Haliporoides sibogae*			+		++
中华管鞭虾 *Solenocera crassicornis*		+	+	+	++
凹管鞭虾 *S. koelbeli*			+	+	+
高脊管鞭虾 *S. alticarinata*			+	+	+
3. 须虾科 ARISTEIDAE					
长额拟肝刺虾 *Parahepomadus vaubani*					+
拟须虾 *Aristaeomorpha foliacea*					++
密毛须虾 *Aristeus virilis*				+	++
长带近对虾 *Plesiopenaeus edwardsianus*					++
东方深对虾 *Benthesicymus investigatoris*					+
4. 樱虾科 SERGESTIDAE					
中国毛虾 *Acetes chinensis*	+++	++	++	+	
日本毛虾 *A. japonicus*	+	+	++	+	+
红毛虾 *A. erythraeus*					+
5. 玻璃虾科 PASIPHAEIDAE					
细螯虾 *Leptochela gracilis*		+	+	++	+

续表

种名	分布				
	渤海	黄海	东海	台湾周边海域	南海
6. 长臂虾科 PALAEMONIDAE					
安氏白虾 *Exopalaemon annandalei*		+	+		
脊尾白虾 *E. carinicauda*	+	+	+		+
葛氏长臂虾 *Palaemon gravieri*	+	++	+		
7. 长额虾科 PANDALIDAE					
东方异腕虾 *Heterocarpus sibogae*			+		+
强刺异腕虾 *H. woodmasoni*					+
背刺异腕虾 *H. dorsalis*			+	+	+
长足红虾 *Plesionika maritia*			+		+
8. 鼓虾科 ALPHEIDAE					
鲜明鼓虾 *Alpheus distinguendus*	+	+	+		
9. 褐虾科 CRANGONIDAE					
脊腹褐虾 *Crangon affinis*	+	++	+		
圆腹褐虾 *C. cassiope*	+++	+	+		
10. 龙虾科 PALINURIDAE					
中国龙虾 *Panulirus stimpsoni*			+		+
波纹龙虾 *P. homarus*				+	+
11. 蝉虾科 SCYLLARIDAE					
毛缘扇虾 *Ibacus ciliatus*			+		+
东方扁虾 *Thenus orientalis*			+	+	+
蟹类					
梭子蟹科 PORTUNIDAE					
三疣梭子蟹 *Portunus trituberculatus*	++	++	++	+	+
远洋梭子蟹 *P. pelagicus*			+	+	++
红星梭子蟹 *P. sanguinolentus*			+	+	++
拟穴青蟹 *Scylla paramamosain*			+++	+	+++
锈斑蟳 *Charybdis feriatus*			+	+	+
日本蟳 *C. japonica*	+	+	++	+	++

续表

种名	分布				
	渤海	黄海	东海	台湾周边海域	南海
武士蟳 *C. miles*			+	+	+
相模蟳 *C. sagamiensis*			+	+	+
双斑蟳 *C. bimaculata*	+	+	++	+	+
细点圆趾蟹 *Ovalipes punctatus*			+	+	+
口足目［虾蛄］STOMATOPODA					
虾蛄科 SQUILLIDAE					
口虾蛄 *Oratosquilla oratoria*	+++	++	++	+	++
脊条褶虾蛄 *Lophosquilla costata*				+	+
断脊小口虾蛄 *Oratosquillina interrupta*				+	+

55 种虾隶属 11 科，按科分述如下。

1. 对虾科（PENAEIDAE）

中国海域记录 14 属 72 种，还有从美洲引进的 2 种滨对虾（*Litopenaeus* spp.）。对虾科是中国海域虾类的最主要捕捞对象，有虾类专捕网具和捕虾船，主要分布于近海和港湾。按属分述如下。

（1）明对虾属（*Fenneropenaeus*）：中国海域记录 3 种，大型种，是虾类捕捞的重要对象。

中国明对虾（*F. chinensis*）：分 2 个地理群系，一个是朝鲜半岛西岸海域群，资源量少，个体小（越冬群雌性体长 166mm 左右）；另一个是中国黄渤海沿岸群，资源量多，个体大（体长 178~192mm）。后者遍及北自鸭绿江口南至海州湾的整个黄渤海沿岸产卵场，主要产卵场分布在渤海诸河口附近。2 个地理群系，2~3 月的越冬场互相混栖横跨两个经度（123° E~125° E），前者偏东、后者偏西。11 月中、下旬开始越冬洄游，翌年 3 月上、中旬开始生殖洄游，在其一年的生命周期中，往往要经过一次长达 1000km 的季节性洄游，这是中国明对虾有别于世界其他虾类的特点。东海和南海也有少量的中国明对虾，是地方性群体，只进行短距离移动。用流刺网和底拖网捕捞。最大世代产量 5 万吨。单种虾产量在全世界仅次于墨西哥湾的褐对虾（邓景耀等，1990；《中国海洋渔业资源》编写组，1990）。

长毛明对虾（*F. penicillatus*）：分布于南海和东海。雌性体长一般在 140~160mm、体重一般在 35~56g，最大体长 200mm、体重 56g。雄性体长一般在 120~140mm、体重一般在 22~35g，最大体长 160mm、体重 56g。性成熟个体体长 100~200mm，4~5 月体长 140mm 以上的雌虾大部分性成熟，全年除 10~11 月外，其他月份都有性成熟个体。主要产卵期 4~5 月。粤东南澳海区、红海湾、碣石湾、甲子和北部湾都有捕虾场，用拖网、底拖网和定置网捕捞。本种占南海虾类总渔获量的 2.28%，如广西 1975 年虾产量 1471t 中，大型虾占 60%，而长毛明对虾又占大型虾的 60%。虾汛 9~12 月。

墨吉明对虾（*F. merguiensis*）：与长毛明对虾类同。

（2）对虾属（*Penaeus*）：中国海域还有斑节对虾（*P. monodon*）和短沟对虾（*P. semisulcatus*）两种。斑节对虾俗称草虾，是对虾科中个体最大者，雌虾体长 40~260mm、体重 1~211g，在南海曾捕到 500g 的雌虾个体。雄虾比雌虾小，体长 40~225mm、体重 1~137g。2~4 月和 8~11 月有性成熟个体。本种分布于福建以南至广西、海南。其产量仅占南海虾的渔获量的 0.39%，主要产区在海南岛东部和南部海区。本种是养殖对象。短沟对虾是南海北部的主要捕捞对象，可捕量 1832t，占该海区虾类产量的 7.75%，产量居对虾和新对虾等大、中型虾的第二位。其他生态学、生物学特点参见斑节对虾。

（3）囊对虾属（*Marsupenaeus*）：中国海域仅日本囊对虾（*M. japonicus*）1 种，分布于南海、东海和黄海南部，以南海最多。主要分布在 50m 水深以内，不超过 90m。产卵场在水深 15~20m。南海全年都有性成熟个体，主要产卵期 2~3 月。产卵虾群体长 120~200mm。本种产量占南海捕虾总量的 7.13%，居大、中型虾类产量第三。

（4）沟对虾属（*Melicertus*）：仅宽沟对虾（*M. latisulcatus*）1 种，分布于浙江往南至北部湾，盛产区是北部湾水深 20m 的海域，虾汛 9~11 月和 3~5 月。体长一般在 130~160mm，最大可达 180mm。产卵期 1~8 月，资源量不大。

（5）新对虾属（*Metapenaeus*）：中型虾，中国海域记录 7 种，大部分是主要捕虾对象。其中，近缘新对虾（*M. affinis*），雌虾平均体长 113.8mm、体重 19.8g，雄虾平均体长 102.5mm、体重 13.5g，南海北部的捕捞对象，占南海虾类渔获物的 7.02%，可捕量 1659t。刀额新对虾（*M. ensis*），雌虾体长 46~164mm、体重 4~50g，雄虾体长 46~145mm、体重 53~133g，是广盐性虾类，南海和东海都有，南海重要捕虾对象，占南海虾类渔获物的 16.2%。周氏新对虾（*M. joyneri*）分布于黄海、东海和南海水深 20m 以内的海区，雄虾体长 50~120mm、体重 2~10g，雌虾体长 50~95mm、体重 2~6g，是其 3 个分布区的主要捕捞对象。

（6）鹰爪虾属（*Trachypenaeus*）：中国海域记录 8 种。其中鹰爪虾（*T. curvirostris*）分布于中国四海，是暖水性中型虾，各海区的重要捕虾对象。在黄渤海生殖群体体长 33~104mm，其中 50~80mm 的占 67%~77%；越冬群体体长 13~96mm。东海生殖群体体长 31~105mm。南海生殖群体体长雌性 60~95mm、雄性 50~80mm。5~7 月产卵，多数栖息于水深 20~60m 的海域。在生殖和越冬季节（虾汛期）常结成大群游动。本种黄渤海的渔获量仅次于中国毛虾和中国明对虾，1983 年产量达 2 万吨。东海浙江和福建沿海 6~9 月为主要捕虾季节。南海 5~8 月是虾汛期，作业水深 25~35m。

（7）仿对虾属（*Parapenaeopsis*）：中国海域记录 6 种。其中哈氏仿对虾（*P. hardwickii*）分布于黄海南部以南至南海，是东海和南海的捕捞虾种。其体长在浙江是 31~120mm，61~90mm 的占 70.6%，体重 4.5g；南海雌性体长 70~107mm、体重 16g，雄性体长 87mm、体重 8g。生命周期短，当年春季出生的幼虾，多数第二年春季产卵，少数当年秋季即能产卵。产卵后的亲虾大部分死亡。捕虾网具以拖网为主，尚有单拖网和双拖网。南海北部南澳、海丰和陆丰沿岸、北部湾，福建和浙江沿海都有虾场。浙江北部沿海的产量可占虾类产量的 1/4（不含毛虾）。雷州半岛徐闻县的年收购量 575t，粤东的年收购量占虾总量 45% 左右（《中国海洋渔业资源》编写组，1990）。

（8）赤虾属（*Metapenaeopsis*）：中国海域记录 22 种，都是中小型种。其中须赤虾（*M. barbata*）是最重要的捕捞对象。南海北部从粤东沿海到北部湾及海南岛周围水深 20~50m 的海域几乎都有，为南海四大经济虾类之一。东海分布于福建沿海水深 40~60m 一带海域；浙江以中、南部较多，主要栖息于大于水深 40m 的海域。雌虾体长 69.8~78.1mm、雄虾体长 66.3~73.2mm。本种生命周期一年，具有生命周期短、资源补充快、世代交替快、生长迅速等特点，利于持续开发利用。南海须赤虾的产量占本海区全部虾产量的 20%，也是福建虾场的主要虾种。

2. 管鞭虾科（SOLENOCERIDAE）

本科中国海域记录 27 种。以下两种为主要捕捞对象。

中华管鞭虾（*Solenocera crassicornis*）：体长 40~90mm，是南海捕捞种，产量较大、虾汛长。主要虾场在广东东平外海、南澳、红海湾、碣石湾、珠江口和海南沿岸。南澳虾汛 10 月至翌年 3 月，产量占本海区虾总产量的 30%~40%，粤东占 10%。

刀额拟海虾（*Haliporoides sibogae*）：体长 85~164mm，平均体重 27.5g。主要分布在南海大陆架边缘和斜坡水深 200~800m 海域，东海大陆架深水区也有少量分布。产卵期 4~6 月。研究者 1978~1979 年调查发现的新资源约占大陆斜坡虾类总量的 3.8%，估计可捕量 1154t（钟振如等，1979）。

3. 须虾科（ARISTEIDAE）

中国海域记录 10 种，是深海橘红色中型虾，分布于南海、东海和台湾大陆坡附近，多数属冷温性深水虾类。

拟须虾（*Aristaeomorpha foliacea*）：分布于南海大陆坡 250~1300m 水深处，以 400~799m 最多。昼夜垂直移动明显，白天上升、夜间栖息于海底。4~8 月产卵，体长 125~160mm，产卵场远离海岸，大约在 500m 底层（水温 7℃）。用底拖网捕捞，渔期 4~8 月，捕捞产量占 10 种陆坡深水虾的 7%~40.9%。1982 年试捕最高网产 813kg。估算可捕量为 2500t。

密毛须虾（*Aristeus virilis*）：分布于南海大陆坡水深 344~950m 的海域，东海陆坡也有。本种有白昼下沉、夜间上浮的垂直移动现象。雌虾体长 70~170mm，平均体重 29g，雄虾体长 70~150mm、平均体重 14g。用底拖网捕捞，渔期 4~8 月，捕捞产量占 10 种陆坡深水虾的 1.7%~20.0%，以水深 600~799m 海底数量较多。占南海北部大陆坡总渔获量的 6.0%。估算可捕量 470t。

长带近对虾（*Plesiopenaeus edwardsianus*）：分布于南海大陆坡水深 300~950m 的海域，东海陆坡也有。密集中心比拟须虾偏外。游泳能力强。雌虾体长 65~224mm，平均体重 40.9~71.3g。4 月、5 月性成熟，体长 150~225mm。用底拖网捕捞，渔期 4~8 月，占 1981 年和

1982 年大陆坡渔业试捕总捕捞产量的 15.0%~35.9%，捕捞产量占 10 种陆坡深水虾的 38%，其中在 400~799m 水深海底的捕捞产量占深水虾的 43.2%~48.4%。估算可捕量 2014t。

4. 樱虾科（SERGESTIDAE）

中国海域记录 33 种，其中毛虾属（*Acetes*）有 6 种，是主捕或兼捕对象。中国毛虾（*A. chinensis*）主要分布于渤海，黄海、东海、南海北部也有。毛虾有专捕渔业，是虾类产量最大的物种，在海洋渔业的产量也仅次于带鱼、鲐和马面鲀而居第四位。中国毛虾仅分布于中国、朝鲜半岛和日本，是沿海定置网的主要捕捞对象，黄渤海和东海 1978 年产量达 19.5 万吨（可能混入其他毛虾）（《中国海洋渔业资源》编写组，1990；宋海棠等，2006）。中国毛虾是广温低盐种。渤海的毛虾分为辽东湾群和渤海西部群，两个群体分布区和生殖生物学都是独立的。中国毛虾 5 月下旬到 7 月中旬期间产卵，一年产生两个世代，即夏一世代和夏二世代。因有两个世代，亲体产卵后即死亡，所以其寿命短者仅 2 个月，长者也不超过一年。渔获物的体长 10~45mm。中国毛虾的产量年际波动大，如浙江沿海 20 世纪 80 年代平均年产量 6.1 万吨，占虾类总产量的 60%~80%，最高年份可达 90% 以上，整个东海区产量波动在 1.6 万 ~9.0 万吨，渤海区波动在 1.3 万 ~10 万吨。

5. 玻璃虾科（PASIPHAEIDAE）

中国海域记录 14 种，其中细螯虾属（*Leptochela*）6 种，分布于中国沿岸水域。例如，细螯虾（*L. gracilis*）体长 25~45mm，分布于中国沿海河口低盐区 20m 以内水域，常与毛虾混栖，是东海内侧水域的优势种，用定置网与毛虾一起捕捞（宋海棠等，2006）。

6. 长臂虾科（PALAEMONIDAE）

中国海域记录 140 种，其中 2 种白虾和葛氏长臂虾是主要捕捞对象。脊尾白虾（*Exopalaemon carinicauda*）分布于黄渤海及东海沿岸和河口水深 10m 以内的水域，是主要捕捞对象，雌虾平均体长 62.5mm、体重 4.0g，雄虾比雌虾小（宋海棠等，2006）。再如葛氏长臂虾（*Palaemon gravieri*）是真虾类产量最高的虾种，分布于东海和黄渤海，以吕泗渔场、长江口渔场及浙江舟山以北一带最密集。体长 20~73mm，体重 0.1~2.8g。繁殖期间腹部抱卵，产卵跨春、夏、秋 3 季，秋末冬初是浙江捕虾季节。资源量 1 万 ~2 万吨。

7. 长额虾科（PANDALIDAE）

中国海域记录 53 种，多数是深水虾，分布于南海、台湾周边海域和东海大陆坡。在南海大陆坡水深 238~950m 的东方异腕虾（*Heterocarpus sibogae*）、强刺异腕虾（*H. woodmasoni*）等都有一定数量，是待开发资源。

8. 鼓虾科（ALPHEIDAE）

中国海域记录 135 种，是浅海的小型虾。鲜明鼓虾（*Alpheus distinguendus*）等经常与毛虾等一起被捕获。

9. 褐虾科（CRANGONIDAE）

中国海域记录 22 种，有 2 种是捕捞对象。

脊腹褐虾（*Crangon affinis*）：分布于黄海、渤海及东海北部。在黄海北部尤为密集。一年生小虾。雌虾最大体长 78mm、体重 7.5g，雄虾最大体长 47mm、体重 1.2g。雌虾抱卵最小体长 27mm，一年中有 3~4 月与 8 月两个抱卵期，8 月产卵后亲虾即逐渐死亡。渤海 1982 年捕捞产量 250t；吕泗渔场 10~12 月是主要虾汛，占该渔场虾总量的 95%。

圆腹褐虾（*C. cassiope*）：只分布在渤海和黄海，以渤海为主，是渤海的地方种群，终生不游出渤海，是低温、低盐近岸种。一年生小型虾。12 月的群体都是由当年生的个体组成，雌虾体长 25~42mm，雄虾体长 25~33mm。全年雌虾最大体长 53mm，体重 2.3g，雄虾最大体长 37mm。抱卵期为 3 月底至 5 月中旬。本种是莱州湾早春虾拖网捕捞对象，1973~1982 年的捕捞产量为 14.0~116.3t。

10. 龙虾科（PALINURIDAE）

中国海域记录 17 种，是暖水性大型底栖虾类，主要分布在南海和台湾周边海域暖水近岸海底，少数种分布到东海及深水区。例如，中国龙虾（*Panulirus stimpsoni*）（体长 20~40cm）、波纹龙虾（*P. homarus*）（体长 13~31cm）等都是常见大型种，也是名贵的海珍品。

11. 蝉虾科（SCYLLARIDAE）

中国海域记录 23 种，是暖水性热带和亚热带大型虾类，底拖网的兼捕渔获物。市场上常见的有东方扁虾（*Thenus orientalis*）（体长 16~20cm）和毛缘扇虾（*I. ciliatus*）（体长 15~23cm）等多种。

分类学上的甲壳纲十足目短尾次目（Brachyura）俗称蟹。中国海域记录蟹 1157 种，主要捕捞对象是梭子蟹科的 10 多种大型和中型种，是名贵海珍品，专捕或兼捕对象。

（1）三疣梭子蟹（*Portunus trituberculatus*）：暖温性多年生大型蟹类，中国四海都有分布。渤海的蟹群是一个地方种群，越冬后 4 月上旬开始洄游向渤海湾和莱州湾近岸，4 月底在水深 10m 以内的河口产卵。12 月下旬至翌年 3 月下旬是越冬期，越冬场遍及整个渤海中部水深 20~25m 软泥深水区。东海的蟹群越冬期为 1~2 月。越冬场有两处：一处在浙江中部和南部渔场水深 40~60m 一带海域，另一处在闽北、闽中沿海水深 25~50m 一带海域。春季从越冬场游向浅海和河口港湾产卵。10 月后又向深水区越冬场洄游。用流刺网、蟹笼等专捕，东海和黄海渔场自闽北外海至长江口东以北至连云港以南。浙江捕获的蟹背甲宽 50~230mm、体重 15~650g，140~190mm、140~340g 的蟹占 70% 以上。本种大致可越过 1~3 个冬天（3 龄）。具有生命周期短、世代交替快、个体成熟早、繁殖力强、生长快等特点，利于持续利用（《中国海洋渔业资源》编写组，1990；宋海棠等，2006）。

（2）红星梭子蟹（*Portunus sanguinolentus*）：其生物学特征与三疣梭子蟹类似。和三疣梭子蟹混捕，但产量低于三疣梭子蟹，东海的资源量约 2350t（宋海棠等，2006）。

（3）远洋梭子蟹（*Portunus pelagicus*）：分布于福建以南各地沿海，是主要捕捞对象。其生物学特征与以上两种类似，产量也小于三疣梭子蟹。

以上三种大型蟹，性腺饱满时，是东南沿海市场上的珍贵大型海蟹。

（4）拟穴青蟹（*Scylla paramamosain*）［以往误订为锯缘青蟹 *Scylla serrata*］：分布于浙江宁波以南至广西、海南各省区沿岸和河口泥滩低潮区至潮下带。头胸甲长 40~94mm、体重 10~618g，大型蟹，是捕捉和养殖对象。以前作为锯缘青蟹报道，锯缘青蟹目前仅在海南有记录，是极名贵的海珍品。

（5）锈斑蟳（*Charybdis feriatus*）：大型蟹，头胸甲长 50~95mm、体重 80~450g。分布于福建以南各地沿海。在东海分布于长江口以南水深 30~80m 以内的沿岸和近海。有 3 个渔场：鱼山渔场、温台渔场及闽东渔场，后者的资源量最大。渔期 11 月至翌年 2 月，作业网具蟹笼、定置刺网。资源量约 3400t（宋海棠等，2006）。

日本蟳（*Charybdis japonica*）、武士蟳（*C. miles*）、相模蟳（*C. sagamiensis*）、双斑蟳（*C. bimaculata*）等中、小型蟹，也是东南沿海捕捞的常见种（宋海棠等，2006）。

口足目（STOMATOPODA）种类俗称虾蛄，中国海域记录 104 种，隶属 12 科。其中虾蛄科（Squillidae）的种数最多（60 种），也是最重要的捕捞对象。2011 年全国虾蛄捕捞产量 29.48 万吨，其中黄渤海占 53%，东海占 34.9%。其中口虾蛄（*Oratosquilla oratoria*）是口足目中中国沿海最常见的种类，捕捞产量也最大。例如，渤海本种几乎遍及整个海区，12 月至翌年 3 月是越冬期，5~7 月是繁殖季节，集中于浅水区产卵。口虾蛄是多年生，年龄组成 1~4 龄。当年生，个体体长 30~70mm，1 龄 70~110mm，2 龄 90~150mm，少数 150~175mm 的个体是 3~4 龄。体长 80mm 以上才达性成熟，4 月底开始产卵。卵孵化和变态所需时间很长，5 月底开始发现本种的假水蚤幼体，11 月初才发现体长 30mm 的幼虾蛄，表明其整个变态过程达 4~5 个月。渤海 1982 年 4 月其产卵群体的资源量为 2500t，估计最多年份可达 5000t（《中国海洋渔业资源》编写组，1990）。

（三）软体动物门头足纲（CEPHALOPODA）

中国海域软体动物门记录 4589 种，其中头足纲 135 种。2011 年全国头足纲的产量 69.53 万吨，其中乌贼 12.7 万吨、鱿 39.0 万吨、章鱼 12.6 万吨。现将主要种分述如下（表 4-8）。

表 4-8　中国海洋捕捞软体动物门头足纲主要种及其分布

种名	分布				
	渤海	黄海	东海	台湾周边海域	南海
乌贼科 SEPIIDAE					
金乌贼 *Sepia esculenta*	+	+++	++	+	+
虎斑乌贼 *S. pharaonis*			+	+	++

续表

种名	分布				
	渤海	黄海	东海	台湾周边海域	南海
白斑乌贼 *S. latimanus*			+	+	++
针乌贼 *S. aculeata*		+	+	+	+
拟目乌贼 *S. lycidas*			+	+	+
日本无针乌贼 *Sepiella japonica*［曼氏无针乌贼 *S. maindroni*］	+	+	+		+
枪乌贼科 LOLIGINIDAE					
中国枪乌贼 *Uroteuthis chinensis*			++	+	++
剑尖枪乌贼 *U. edulis*		+	++	+	+
日本枪乌贼 *Loliolus japonica*	+	++	+	+	+
火枪乌贼 *L. beka*	+	++	++	+	+
莱氏拟乌贼 *Sepioteuthis lessoniana*		+	+	+	++
柔鱼科 OMMASTREPHIDAE					
太平洋褶柔鱼［太平洋丛柔鱼］*Todarodes pacificus*		++	++	+	++
奥兰鸢鱿 *Symplectoteuthis oualaniensis*			+	+	+
蛸科 OCTOPODIDAE					
短蛸 *Octopus ocellatus*	+	+	++	+	+
长蛸 *Octopus minus*	+	+	+	+	+
真蛸 *O. vulgaris*		+	+	+	+

1. 乌贼科（SEPIIDAE）

中国海域记录 25 种，都是大、中型种类，捕捞渔获物中都能遇到可食用种类。如以下 6 种。

金乌贼（*Sepia esculenta*）：分布于中国四海。胴长 200mm、重 500~1200g，一年生。交配后不久即产卵，产卵后亲体即死亡。新生代半年后胴长可达 100mm。深秋游向深水越冬，翌年春季再游向近岸产卵。以往中国年产量约 1000t，主要捕自黄海南部。

虎斑乌贼（*Sepia pharaonis*）：分布于南海和东海南部的大型种，胴长 189mm，最大 400mm、重 875g。冬季在 100m 左右水深越冬，春季游向浅水产卵。常与白斑乌贼、拟目乌贼一起被拖网捕获。

白斑乌贼（*Sepia latimanus*）：分布于南海和东海南部的大型种，胴长 170~400mm、重 687g。生物学特征与虎斑乌贼近似。

针乌贼［目乌贼］（*Sepia aculeata*）：生物学特征与虎斑乌贼近似。

拟目乌贼（*Sepia lycidas*）：最大胴长 400mm、重 5kg。生物学特征参见虎斑乌贼。

日本无针乌贼（*Sepiella japonica*）：中国四海都有分布，以东海北部最多。以前一般年产4万~6万吨，是中国（东海）四大渔业之一。20世纪80年代初产量急剧下降，80年代末降至低谷，渔汛也完全消失（《中国海洋渔业资源》编写组，1990；宋海棠等，2006）。

2. 枪乌贼科（LOLIGINIDAE）

中国海域记录11种，在渔获物中常见。

中国枪乌贼（*Uroteuthis chinensis*）：分布于台湾海峡以南和南海。胴长36~485mm，110~190mm的占64%。体重5~900g，151~300g的占34%。4~6月的个体偏大，是去年的补充群体；7~9月的个体偏小，是当年的补充群体。全国有3个主要渔场：北部湾渔场、南澳外海的南澎列岛和台湾浅滩附近渔场、厦门外海渔场。本种在台湾海峡有春、秋两个生殖群体。中国年产量1万~1.5万吨，以鱿钓、单拖和光诱作业进行捕捞（《中国海洋渔业资源》编写组，1990；宋海棠等，2006）。

剑尖枪乌贼（*Uroteuthis edulis*）：黄海南部以南至南海都有分布，以浙江外海渔场资源量最大。胴长30~350mm，60~130mm的占75%，体重5~820g，10~110g的占79%。东海主要分布在30°00′N以南的大陆架外缘海域。4~5月从越冬场游向温外渔场、闽外渔场及鱼外渔场水深100~200m的海域，并继续朝北，在温台渔场、鱼山—鱼外渔场、舟山—舟外渔场水深60~100m的海域产卵，6~9月形成捕捞作业渔场。渔期5~9月、盛期6~8月。本种是20世纪90年代初浙江外海渔场新开发的资源，单拖年产2万~3万吨，估计6~9月的资源量达5.7万~9.6万吨（宋海棠等，2006）。

日本枪乌贼（*Loliolus japonica*）：分布于中国四海。以黄海的群体较大，东海主要分布于舟山渔场以北海域。胴长98~120mm、重39~100g。产量波动大，1977年仅1.8万吨，1973年达10.8万吨。

莱氏拟乌贼（*Sepioteuthis lessoniana*）：分布于黄海、东海和南海。南海较多。胴长240mm、重850g，大的个体可达450mm。个体大，其干制品在市场上为上品。

3. 柔鱼科（OMMASTREPHIDAE）

中国海域记录8种。2种是主要捕捞对象，分述如下。

太平洋褶柔鱼（*Todarodes pacificus*）：温水种，主要分布于东海北部和黄海南部暖流水系和寒流水系、外海水系和沿岸水系的交汇区。东海外海深水区是本种冬季的越冬、产卵和孵化场，孵化后的幼体主群进入对马海峡，朝日本海方向索饵洄游。另一群朝西北方向游，6~7月到达长江口—舟山渔场索饵育肥，8~10月在黄海中部渔场索饵和交配，这时正是黄海捕捞汛期。10月后南下越冬和产卵。本种是世界头足类产量最高的种，1996年产量达71万吨，是日本和韩国的主要捕捞对象。中国目前利用不够，估计资源量仅3万吨。

奥兰鸢鱿（*Symplectoteuthis oualaniensis*）：暖水性、大洋性大型种。胴长一般为150~300mm，最大个体可达460mm、重1.3kg。分布于东海和南海外海。有明显的垂直移动，白天栖息于中下层，夜间和早、晚游至中上层。分春生群、夏生群和秋生群。从深海向浅海进行生殖洄游，又从浅海返回深海进行越冬洄游。渔期东海 6~11 月、台湾周边海域 4~9 月。本种的资源潜力较大。

4. 蛸科（OCTOPODIDAE）

中国海域记录 22 种，营底栖生活。其中短蛸（*Octopus ocellatus*）、长蛸（*Octopus minus*）是主要捕捞对象。

（四）刺胞动物门（CNIDARIA）[腔肠动物门 COELENTERATA]

钵水母纲（SCYPHOZOA）：中国海域记录 39 种，大型水母，营浮游生活。其中根口水母科（Rhizostomatidae）的海蜇（*Rhopilema esculentum*）是最主要的捕捞种，渤海、黄海、东海和南海都有渔场。南海主要是黄斑海蜇（*R. hispidum*）。目前市场上的海蜇皮还有其他种。

二、中国[①]海洋捕捞产量

（一）海洋捕捞产量的年变化

1949 年中国海洋捕捞产量仅 45 万吨，1950 年 54.6 万吨，1955 年 154.9 万吨，1966 年突破 200 万吨，1974 年突破 300 万吨，1987 年突破 400 万吨，1989 年突破 500 万吨，1993 年突破 700 万吨，1994 年突破 1000 万吨。1998~2006 年达到 1400 万 ~1500 万吨，到 2011 年捕捞产量为 1241.9 万吨。1988 年以来，海水养殖产量一直超过海洋捕捞产量（表 4-9）。

2011 年海洋总捕捞产量 12 419 386 t，其中鱼类占 69.6%。在鱼类中，有 26 种（类）捕捞产量超过万吨（表 4-10）。

2011 年，海洋总捕捞产量中，鱼类占 69.6%、甲壳类 16.8%、头足类 5.6%、贝类 4.7%，四大类合计产量占总捕捞产量的 96.7%（表 4-11）。

表 4-9　中国历年海洋捕捞产量（万吨）

省份	年份									
	1950	1955	1960	1965	1970	1975	1980	1985	1990	2011
全国合计	54.6	154.9	174.9	191.0	209.7	306.8	281.3	348.5	550.9	1241.9
天津	1.0	2.0	2.8	2.8	3.5	5.1	2.5	2.7	2.9	1.7
河北	4.4	8.5	7.4	4.6	6.5	12.1	8.6	9.9	13.3	25.2
辽宁	10.8	17.9	22.5	15.5	19.9	36.8	30.0	38.8	49.3	106.2
山东	19.2	25.0	26.0	19.5	27.0	42.1	41.7	53.2	103.3	238.4
江苏	3.0	9.2	7.9	8.3	10.7	17.2	20.6	22.5	30.7	56.8
上海	0.2	2.2	7.8	10.4	10.7	13.6	18.6	15.2	16.7	2.1

---

① 本节数据不含港澳台地区数据。

省份	年份									
	1950	1955	1960	1965	1970	1975	1980	1985	1990	2011
浙江	7.8	33.0	47.9	51.1	45.8	70.4	71.0	79.4	99.4	303.0
福建	7.2	17.9	21.3	26.3	32.3	31.5	34.3	51.1	83.0	191.7
广东	7.0	39.3	31.3	39.6	47.4	64.4	46.4	63.8	110.7	145.3
广西				3.8	6.0	13.5	7.9	12.1	19.9	66.5
海南							5.6	7.6	14.1	105.0

资料来源：中华人民共和国农业部水产司，1991；中华人民共和国农业部渔业局，1996；农业部渔业局，2011

表 4-10　中国海洋捕捞 2011 年鱼类渔获物万吨以上的种类

排序	种（类）	捕捞产量		排序	种（类）	捕捞产量	
		万吨	占比（%）			万吨	占比（%）
1	带鱼	111.82	9.0	14	沙丁鱼	14.02	1.1
2	鳀	76.66	6.2	15	玉筋鱼	13.53	1.1
3	鲐	56.32	4.5	16	白姑鱼	12.49	1.0
4	红背圆鲹	56.17	4.5	17	鲻	11.67	0.9
5	马鲛	46.79	3.8	18	石斑鱼	9.51	0.8
6	小黄鱼	39.95	3.2	19	黄姑鱼	8.47	0.7
7	海鳗	35.93	2.9	20	鲾	8.46	0.7
8	鲳	35.85	2.9	21	大黄鱼	6.52	0.5
9	金线鱼	32.31	2.6	22	金枪鱼	4.33	0.3
10	梅童鱼	28.31	2.3	23	方头鱼	4.07	0.3
11	马面鲀	20.25	1.6	24	鮻	3.62	0.3
12	鲷	16.76	1.3	25	竹荚鱼	2.98	0.2
13	梭鱼	15.06	1.2	26	鲱	1.83	0.1

资料来源：农业部渔业局，2011。"占比"为占 2011 年海洋总捕捞产量 12 419 386t 的百分比

表 4-11　中国 2011 年海洋捕捞产量的类别组成

项目	鱼类	甲壳类	头足类	双壳类和腹足类	其他（包括海蜇）	海藻
捕捞产量（万吨）	864	209	70	58	38	3
占比（%）	69.6	16.8	5.6	4.7	3.1	0.2

资料来源：农业部渔业局，2011。"占比"为占 2011 年海洋总捕捞产量 1241.9 万吨的百分比

（二）中国沿海各省区和四大海域海洋捕捞产量

全国沿海 11 个省、自治区和直辖市中，2011 年有 6 个省海洋捕捞产量超百万吨，依序为浙江（303 万吨）、山东（238 万吨）、福建（192 万吨）、广东（145 万吨）、辽宁（106 万吨）、海南（105 万吨）（表 4-9）。

全国四海区 2011 年各海区的捕捞产量都达到百万吨以上，东海的产量最大（492 万吨），占总产量的 39.6%，次为南海，而后是黄海和渤海（表 4-12）。

表 4-12　中国四海的面积及 2011 年各海区的海域面积及捕捞产量

项目	渤海	黄海	东海	南海
海域面积（$\times 10^4 km^2$）	7.7	38.0	77.0	350.0
捕捞产量（万吨）	106	305	492	339
占比（%）	8.5	24.6	39.6	27.3

资料来源：中华人民共和国农业部水产司，1991；农业部渔业局，2011

海区的捕捞产量，受海区的自然条件和人为因素两方面影响和制约。海区的自然条件包括地理位置（纬度）、陆源营养物质的入海量、初级生产力和新生产力的大小、饵料生物（浮游和底栖生物）的丰度、海流和其他海况等（表 4-13~表 4-15）。人为因素包括渔业管理、人力和物力的投入、渔船和网具及科技力量的支撑等。例如，2011 年全国总捕捞产量中，各种渔具生产占总渔获量的百分比是：拖网 49.4%、刺网 21.1%、张网 13.0%、围网 7.2%、钓具 2.6%、其他渔具 6.8%。

表 4-13　中国四海的初级生产力 [mg C/($m^2 \cdot$ d)]

海区	初级生产力					文献
	春	夏	秋	冬	年平均	
渤海	208	537	297	207	312	费尊乐等，1988
黄海	580	628	426	326	490	唐启升，2006
东海	530	339	515	162	387	唐启升，2006
南海北部	331	613	372	492	452	王增焕等，2005
南海中部	263	190	275	550	320	Chen，2005

表 4-14　中国四海 1979 年浮游动物生物量（mg/m^3）

海区	渤海	黄海北部	黄海中部	黄海南部	东海	南海
生物量	113	96	90	112	175	66

资料来源：《中国海洋渔业资源》编写组，1990

表 4-15　中国四海底栖动物生物量（g/m²）

海区	渤海	黄海北部	黄海南部	东海大陆架	南海北部大陆架	南海南部大陆架
生物量	24.6	61.8	27.7	11.8	10.4	7.4

资料来源：王颖，2013

渔获物除了数量大小可比外，其价格也极其重要，如小杂鱼与对虾的价值就相差极大。

三、台湾和港澳地区的海洋渔业

（一）台湾的海洋渔业

台湾周边海域水深流急，是西北太平洋洄游鱼类的必经通道；西部离大陆 100 多千米，台湾岛西岸海底平坦。东部和东北部是黑潮及其分支——台湾暖流流经海域，西南部有澎湖列岛和台湾浅滩是良好的渔场。台湾东部和南部海域是暖水热带海域。台湾周边海域是中国海域物种多样性特别丰富的区域，有 3052 个物种，接近南海的物种（3208 种），其中软骨鱼纲 161 种，辐鳍鱼纲 2611 种。台湾近海和远洋渔业发达，分为沿岸渔业、近海渔业、远洋渔业及海水养殖业和淡水养殖业，海洋捕捞所占的比重最大。

1. 产量

如表 4-16 所示，台湾 1955 年海洋捕捞产量仅 13.3 万吨，至 2000 年已达 110 万吨。经过近半世纪，产量增加 7.3 倍。从 1990 年开始，产量稳定在百万吨左右（程家骅等，2006），进入我国年产百万吨的大省行列。

表 4-16　台湾海洋总捕捞产量及不同渔业类型占比

项目		年份									
		1955	1960	1965	1970	1975	1980	1985	1990	1995	2000
总产量（万吨）		13.3	20.8	32.7	53.9	65.0	75.8	78.4	110.7	100.9	110.0
占比（%）	沿岸	37.6	15.3	10.4	5.6	4.6	4.9	6.9	4.3	4.2	4.0
	近海	35.3	43.8	48.0	43.2	45.1	48.9	40.3	26.4	25.4	15.5
	远洋	27.1	40.9	41.6	51.2	50.3	46.2	52.8	69.3	70.4	80.5

从 1995 年开始至 2000 年，台湾远洋渔业在捕捞产量中的比例越来越大，1995 年仅占 27.1%，2000 年已占 80.5%。沿岸渔业产量所占比例从 1995 年的 37.6% 降到 2000 年的 4.0%。近海渔业所占比例也有逐年下降的趋势。这是由于沿岸和近海渔业资源量逐年降低和对远洋渔业投入不断加强的结果。

2. 主要种

台湾各类水产品种类中，占 1% 以上的有 19 种。其中海洋捕捞的有 13 种。鱿居首位（15.1%），依次为扁舵鲣及 3 种金枪鱼,这 5 种都是外海和大洋种。淡水渔业包括遮目鱼、罗非鱼和鳗鲡(表 4-17)。

表 4-17　台湾 1998 年渔业全部种类的总渔获量和占比(含海洋和淡水、捕捞和养殖)

排序	种类	渔获量(万吨)	占比(%)	排序	种类	渔获量(万吨)	占比(%)
1	鱿	20.3	15.1	11	文蛤	2.7	2.0
2	扁舵鲣	10.7	14.7	12	剑鱼	2.1	1.6
3	黄鳍金枪鱼	12.3	9.1	13	牡蛎	1.9	1.4
4	大眼金枪鱼	7.6	5.7	14	鳗鲡	1.7	1.3
5	长鳍金枪鱼	6.0	4.5	15	鲯鳅	1.7	1.3
6	遮目鱼	5.8	4.3	16	龙须菜	1.5	1.1
7	鲨鱼	3.7	2.8	17	蓝枪鱼	1.3	1.0
8	罗非鱼	3.6	2.7	18	蚬	1.3	1.0
9	日本鲭	3.5	2.6	19	秋刀鱼	1.3	1.0
10	太平洋褶柔鱼	2.7	2.0	20	红背圆鲹	1.2	0.9

台湾沿岸和近海渔获物的物种(远洋除外)捕捞产量总捕捞产量的 65.7%,包括鱼类、头足类和虾类。鱼类有 19 种,占总捕捞产量的 74.4%。2 种头足类占总捕捞产量的 22.2%。鹰爪虾和仿对虾占捕捞产量的 3.4%。34 种中,产量占第一的是日本鲭,次为太平洋褶柔鱼,4~16 名的都是鱼类,主要是近海鱼类。鲭、金枪鱼、鲣、飞鱼、旗鱼都是热带大洋种,是海洋捕捞渔获主要物种,这显示台湾的渔获物组成有别于大陆(表 4-18)。

表 4-18　台湾 1998 年沿岸和近海渔业主要种类的渔获量和占比(不含远洋捕捞)

排序	种类	渔获量(万吨)	占比(%)	排序	种类	渔获量(万吨)	占比(%)
1	日本鲭	3.56	14.0	7	无斑圆鲹	0.62	2.4
2	太平洋褶柔鱼	2.01	7.9	8	黄鳍金枪鱼	0.57	2.3
3	鲯鳅	1.58	6.3	9	灰鲭鲨	0.53	2.1
4	红背圆鲹	1.21	4.8	10	蓝枪鱼	0.49	1.9
5	马拉巴裸胸鲹	0.81	3.2	11	白姑鱼	0.41	1.6
6	竹荚鱼	0.71	2.8	12	带鱼	0.37	1.5
13	刺鲳	0.33	1.3	17	金乌贼	0.21	0.8
14	真鲷	0.26	1.0	18	康氏马鲛	0.22	0.9
15	双鳍舵鲣	0.25	1.0	19	鹰爪虾	0.22	0.9
16	长尾大眼鲷	0.23	0.9	20	海鳗	0.21	0.8

排序	种类	渔获量（万吨）	占比（%）	排序	种类	渔获量（万吨）	占比（%）
21	大眼金枪鱼	0.20	0.8	28	剑鱼	0.12	0.5
22	黄鲷	0.17	0.7	29	仿对虾	0.12	0.5
23	镰鲳	0.16	0.6	30	鳀	0.12	0.5
24	鲣	0.15	0.6	31	朝鲜马鲛	0.11	0.4
25	点带石斑鱼	0.14	0.6	32	飞鱼	0.11	0.4
26	脂眼鲱	0.13	0.5	33	蓝点马鲛	0.10	0.4
27	金枪鱼	0.12	0.5	34	东方旗鱼	0.10	0.4

注：1998 年台湾沿岸和近海捕捞总渔获量 253 330t；34 个主要种类合计 166 454t，占总量的 65.7%

3. 渔法和渔船

台湾沿岸和近海的渔捞方法主要有多种网具和延绳钓。例如，1998 年中小型拖网的渔获量占沿岸和近海产量的 26.3%，而鲔延绳钓占 14.9%。用延绳钓捕近海和外海鱼类是渔法上台湾和大陆的差别之一（表 4-19）。

表 4-19　台湾 1998 年沿岸和近海主要作业网具及渔获量（不含远洋作业）

项目	中小型拖网	鲐鲹围网	鲔延绳钓	刺网	灯诱网	巾着网	鲷及杂鱼延绳钓	定置网	其他
渔获量（万吨）	6.65	4.23	3.77	3.12	2.90	1.35	0.82	0.56	1.94
占比（%）	26.3	16.7	14.9	12.3	11.5	5.3	3.2	2.2	7.7

注：1998 年台湾沿岸和近海捕捞总渔获量 253 330t

台湾 1999 年有 2.7 万多艘渔船，其中机动船占 47.0%。机动船的功率 286 万千瓦。台湾 1999 年各种作业的机动船 12 690 艘，其中 5 种钓业船（鲔延绳钓、鱿鱼钓、鲷及其他鱼钓、一支钓、曳绳钓）多达 6595 艘，占机动渔船总数的 52%。还有镖旗鱼船 125 艘。

（二）香港和澳门的海洋渔业

香港的海洋渔业主要是海洋捕捞，还有网箱养殖、牡蛎养殖和池塘养殖。

1. 海洋捕捞

2012 年，香港海洋捕捞产量 15.5 万吨。采用的渔法有拖网、手钓、刺网、围网及其他，主要有几种大、中型的拖网船，还有许多小艇，合计约 4000 艘（表 4-20）。捕捞海域在南海大陆架海域和香港海域（表 4-20）。2012 年香港禁止在其海域进行拖网作业。渔获物包括鱼、虾、鱿鱼。捕捞渔业产量占全部渔业产量的 98%，产值占全部渔业产值的 93%。

表 4-20　香港 2012 年海洋捕捞船只数量（艘）

	双拖	单拖	虾拖	掺缯	刺网船	延绳钓艇	手钓艇	围网艇	小艇
船只数量	617	149	352	42	202	113	55	90	2372

2. 海水养殖

香港海水养殖分网箱养鱼、滩涂牡蛎养殖和池塘养鱼。

网箱养鱼：香港有 26 个网箱养殖区，主要分布在大鹏湾西部香港新界沿岸，南部也有少数网箱养殖区。主要养殖几种石斑鱼、鲷等优质鱼，2012 年产量 1300t，产值 1.2 亿港币，供香港海鱼需求量的 8%。

滩涂牡蛎养殖：在深圳湾南部滩涂养殖牡蛎（近江牡蛎和香港巨牡蛎）至少有 200 年的历史。在潮间带低潮区投放石块或水泥柱使牡蛎附苗并养成。目前也采用筏式吊养。2012 年产净蚝肉 92t，价值 700 万港元。

池塘养鱼：在香港新界西北深圳湾元朗一带沿岸有些池塘养殖鲻鱼等半咸水鱼（香港特别行政区政府渔农自然护理署，2012）。

3. 澳门

澳门历史上是个渔港，目前已完全没有渔业产业。

参 考 文 献

程家骓, 张秋华, 李圣法, 等. 2006. 东黄海渔业资源利用. 上海: 上海科学技术出版社.

《当代中国》丛书编辑部. 1991. 当代中国的水产业. 北京: 当代中国出版社.

邓景耀, 叶昌臣, 刘永昌. 1990. 渤黄海的对虾及其资源管理. 北京: 海洋出版社.

费尊乐, 毛兴华, 朱明远, 等. 1988. 渤海生产力研究: Ⅱ. 初级生产力及潜在渔获量的估算. 海洋学报 (中文版), 10(4): 481-489.

李玉发. 1989. 捕虾. 福州: 福建科学技术出版社.

林金錶. 1979. 南海北部大陆架外海底拖网鱼类资源状况的初步探讨 // 国家水产总局南海水产研究所. 南海北部大陆架外海底拖网鱼类资源调查报告集 (1978.2—1979.1). 国家水产总局南海水产研究所: 43-129.

林新濯, 甘全宝, 郑元甲, 等. 1984. 绿鳍马面鲀洄游分布的研究. 海洋渔业, (3): 99-108.

刘家富. 2013. 大黄鱼养殖与生物学. 厦门: 厦门大学出版社.

刘瑞玉. 1956. 黄海和渤海的毛虾 (甲壳纲, 十足目, 樱虾科). 动物学报, 8(1): 29-40, 125-130.

刘瑞玉, 钟振如. 1988. 南海对虾类. 北京: 农业出版社.

吕荣书, 李永明. 1979. 南海北部大陆架外海头足类资源调查报告 // 国家水产总局南海水产研究所. 南海北部大陆架外海底拖网鱼类资源调查报告集 (1978.2—1979.1). 国家水产总局南海水产研究所: 303-337.

农业部渔业局. 2010. 2010 中国渔业统计年鉴. 北京: 中国农业出版社.

农业部渔业局. 2011. 2011 中国渔业统计年鉴. 北京: 中国农业出版社.

农业部渔业局. 2012. 2012 中国渔业统计年鉴. 北京: 中国农业出版社.

邱永松, 曾晓光, 陈涛, 等. 2008. 南海渔业资源与渔业管理. 北京: 海洋出版社.

沈世杰. 1982. 台湾鱼类志. 台北: 台湾海洋大学.

"世界各国和地区渔业概况" 课题组. 2002. 世界各国和地区渔业概况 (上册). 北京: 海洋出版社.

宋海棠, 丁天明, 徐开达. 2009. 东海经济头足类资源. 北京: 海洋出版社.

宋海棠, 俞存根, 薛利建, 等. 2006. 东海经济虾、蟹类. 北京: 海洋出版社.

唐启升. 2006. 中国专属经济区海洋生物资源与栖息环境. 北京: 科学出版社.

王颖. 2013. 中国海洋地理. 北京: 科学出版社.

王增焕, 李纯厚, 贾晓平. 2005. 应用初级生产力估算南海北部的渔业资源量. 海洋水产研究, 26(3): 9-15.

伍汉霖, 邵广昭, 赖春福, 等. 2012. 拉汉世界鱼类系统名典. 基隆: 水产出版社.

夏世福. 1989. 渔业生态经济学概论. 北京: 海洋出版社.

香港特别行政区政府渔农自然护理署. 2012. 渔农自然护理署年报 2011—2012. https://sc.afcd.gov.hk/gb/www.afcd.gov.hk/misc/download/annualreport2012/fisheries.html.

张其永, 洪万树, 杨圣云. 2011. 大黄鱼地理种群划分的探讨. 现代渔业信息, 26(2): 3-8.

郑重, 李少菁, 郭东辉. 2011. 海洋磷虾类生物学. 厦门: 厦门大学出版社.

中国海洋年鉴编纂委员会. 2012. 2012 中国海洋年鉴. 北京: 海洋出版社.

《中国海洋渔业资源》编写组. 1990. 中国海洋渔业区划. 杭州: 浙江科学技术出版社.

中华人民共和国农业部水产司. 1991. 中国渔业统计四十年. 北京: 海洋出版社.

中华人民共和国农业部渔业局. 1996. 中国渔业统计汇编 (1989—1993). 北京: 海洋出版社.

中华人民共和国农业部渔业局. 1999. 中国渔业五十年. 中国水产, (9): 3-4, 6.

钟振如, 江纪炀, 闵信爱. 1979. 南海北部大陆架边缘海域虾类调查报告 // 国家水产总局南海水产研究所. 南海北部大陆架外海底拖网鱼类资源调查报告集 (1978.2—1979.1). 国家水产总局南海水产研究所: 338-352.

Castro P, Huber M E. 2010. Marine Biology. 8th ed. New York: McGraw-Hill.

Chan T Y. 1998. The Living Marine Resources of the Western Central Pacific, Vol 2: Shrimp and Prawns. Rome: FAO: 852-972.

Chen Y-L L. 2005. Spatial and seasonal variations of nitrate-based new production and primary production in the South China Sea. Deep Sea Research Part Ⅰ: Oceanographic Research Papers, 52: 319-340.

FAO. 2010. Fishery and Aquaculture Statistics 2010. Rome: FAO.